中等职业教育课程改革国家规划新教材

全国中等职业教育教材审定委员会审定

电工技术基础与技能

俞艳 主编

人民邮电出版社

北京

图书在版编目（ＣＩＰ）数据

电工技术基础与技能：电气电力类 / 俞艳主编. --
北京 ：人民邮电出版社，2010.8
中等职业教育课程改革国家规划新教材
ISBN 978-7-115-22625-9

Ⅰ. ①电… Ⅱ. ①俞… Ⅲ. ①电工技术－专业学校－
教材 Ⅳ. ①TN

中国版本图书馆CIP数据核字(2010)第129499号

◆ 主　编　俞　艳
　　责任编辑　王　平

◆ 人民邮电出版社出版发行　　北京市丰台区成寿寺路 11 号
　　邮编　100164　电子函件　315@ptpress.com.cn
　　网址　http://www.ptpress.com.cn
　　北京七彩京通数码快印有限公司印刷

◆ 开本：787×1092　1/16
　　印张：15.25　　　　　　2010 年 8 月第 1 版
　　字数：380 千字　　　　2024 年 8 月北京第 13 次印刷

ISBN 978-7-115-22625-9

定价：21.00 元

读者服务热线：(010)81055256　印装质量热线：(010)81055316
反盗版热线：(010)81055315
广告经营许可证：京东市监广登字20170147号

中等职业教育课程改革国家规划新教材
出版说明

为贯彻《国务院关于大力发展职业教育的决定》（国发〔2005〕35号）精神，落实《教育部关于进一步深化中等职业教育教学改革的若干意见》（教职成〔2008〕8号）关于"加强中等职业教育教材建设，保证教学资源基本质量"的要求，确保新一轮中等职业教育教学改革顺利进行，全面提高教育教学质量，保证高质量教材进课堂，教育部对中等职业学校德育课、文化基础课等必修课程和部分大类专业基础课教材进行了统一规划并组织编写，从2009年秋季学期起，国家规划新教材将陆续提供给全国中等职业学校选用。

国家规划新教材是根据教育部最新发布的德育课程、文化基础课程和部分大类专业基础课程的教学大纲编写，并经全国中等职业教育教材审定委员会审定通过的。新教材紧紧围绕中等职业教育的培养目标，遵循职业教育教学规律，从满足经济社会发展对高素质劳动者和技能型人才的需要出发，在课程结构、教学内容、教学方法等方面进行了新的探索与改革创新，对于提高新时期中等职业学校学生的思想道德水平、科学文化素养和职业能力，促进中等职业教育深化教学改革，提高教育教学质量将起到积极的推动作用。

希望各地、各中等职业学校积极推广和选用国家规划新教材，并在使用过程中，注意总结经验，及时提出修改意见和建议，使之不断完善和提高。

教育部职业教育与成人教育司

2010年6月

前　言

本书根据教育部最新颁布的《中等职业学校电工技术基础与技能教学大纲》，同时参考有关行业的职业技能鉴定规范及中级技术工人等级考核标准编写而成。

本书根据中等职业教育的培养目标，坚持"以全面素质为基础，以就业为导向，以能力为本位，以学生为主体"，贴近中职教学实际，努力体现"注重基础、突出应用、体例新颖、选用灵活"的特点。

注重基础——"电工技术基础与技能"课程是中等职业学校电类专业学生必修的一门基础课。其任务是：使学生掌握电子信息类、电气电力类等专业必备的电工技术基础知识和基本技能，具有分析和解决生活生产中一般电工问题的能力，具备学习后续电类专业技能课程的能力；对学生进行职业意识和职业道德教育，提高学生的综合素质与职业能力，增强学生适应职业变化的能力，为学生职业生涯的发展奠定基础。为使中职学生的能力结构适应职业变化的需求，本书注重"四基"，即基本知识、基本技能、基本能力和基本素养，为学生具备进入学习型社会所需要的各种能力打下良好基础，为学生面对社会就业所需要的专业能力、方法能力和社会能力打下良好基础，为学生职业生涯的发展打下良好基础。

突出应用——中等职业教育旨在培养生产、技术、管理和服务第一线的初中级专门人才，其特点突出体现在应用型、实践性上。本着"必需够用"的原则，本书充分考虑学生的认知水平及已有的知识、技能、经验和兴趣，精简理论，注重与生活生产实际应用相结合，简化以学科知识体系为背景的知识要点的陈述，强化知识的应用性、可操作性；以应用为主线，体现基本理论在工作现场的具体指导与应用，加强电工基本理论与技术革新的沟通，突出与现实生活和职业岗位的联系，引导教与学向生产技术与生产岗位的实际需求方向靠拢，将技能实训融合在各知识点中，坚持"做中学、做中教"，积极探索理论和实践一体化的教学模式，使电工技术基本理论的学习、基本技能的训练与生活生产的实际应用相结合。

体例新颖——本书的编写充分贯彻"以学生发展为本"的理念，考虑中职学生的知识基础、学习特点和兴趣需求，在版式设计上采取较为生动的形式，图文并茂，在文字中插入大量照片、示意图、表格，增强内容的直观性；在语言表达上更贴近中职学生的年龄特征，行文力求文句简练，通俗易懂；在编撰的体系结构上，采用单元结构，更能体现连贯性、针对性和选择性，以使学生学得进、用得上；在方法上注意学生兴趣，灵活多变，融知识、技能于兴趣之中；在评价方式上，不仅关注学生对知识的理解、技能的掌握和能力的提高，还重视规范操作、安全文明生产等职业素养的养成，培养学生的职业意识、职业素养和创新精神，为学生的职业生涯发展奠定基础。

选用灵活——本书紧扣新大纲，从电气电力类职业岗位群对人才的需求出发，努力适应现代

电气电力工程技术的发展，既考虑保证统一的培养规格，又综合考虑学生生源、实训设备、师资条件等因素，考虑不同地区、不同学校、不同专业之间的差异性。本书采用单元结构，将内容分为基础模块与选学模块（加 * 的内容），具有较大的灵活性。基础模块中的基本内容是各专业学生必修的通用性、基础性教学内容和应该达到的教学要求；选学模块是适应不同专业需要的选修内容，选定后也是该专业的必修内容，以适应不同地域、不同专业、不同学校、不同学制的教学需要，满足学生个性发展及继续学习的需要。

本课程建议教学总学时不少于 64 学时，各学校可根据教学实际灵活安排。各部分内容学时分配参考建议如下。

序 号	教学单元	建议学时	
		必 修	选 修
1	安全用电常识	6	0
2	直流电路基本知识	10	0
3	直流电路	4	7
4	电容	4	3
5	磁与电	4	6
6	单相正弦交流电路	20	8
7	三相正弦交流电路	6	4
*8	非正弦交流电路	0	2
*9	综合实训——组装和调试万用表	0	4
	合 计	54	34

本书由俞艳担任主编，张赛梅、俞小潮、鲁晓阳、金国砥、王建生、赵红琴、汤芳丽参编。杭州师范学院美术学院金成负责全书插图。在本书的编写过程中，得到了浙江省杭州市萧山区第一中等职业学校、浙江省兰溪市职业中专、杭州市中策职业学校、杭州市千岛湖职业中学、杭州前进齿轮箱集团领导、老师和技术人员的大力支持，浙江天煌科技实业有限公司为本书的实训项目提供了插图，青岛布克计算机信息技术有限公司郝庆文等制作本书教学辅助资源，在此表示真挚的感谢！

本教材经全国中等职业教育教材审定委员会审定通过，由常州刘国钧高等职业技术学校耿淬副教授、上海电机学院仲葆文老师审稿，在此表示诚挚感谢！

由于编者水平有限，书中难免存在不足之处，恳请使用本书的师生和读者批评指正，以期不断提高。

编　者

2010 年 6 月

目　录

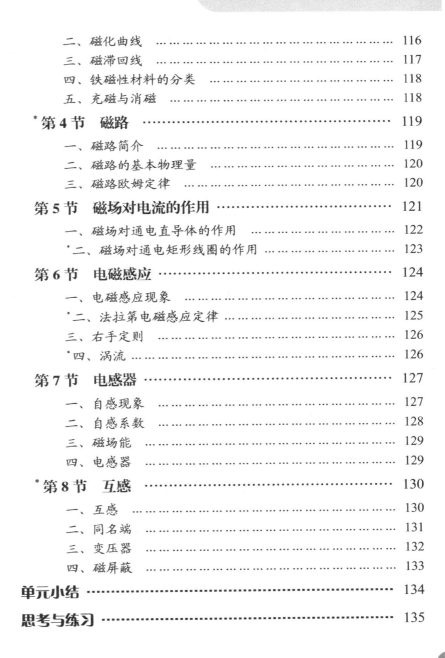

第1单元

安全用电常识

知识目标

● 了解人体触电的类型及常见原因。
● 了解电气火灾的防范及扑救常识。
● 了解电工实训室的电源配置,认识交、直流电源,认识常用电工工具。
● 了解电工实训室安全操作规程。

技能目标

● 了解触电的现场处理措施,掌握防止触电的保护措施。
● 能正确选择电气火灾现场处理方法。

情 景 导 入

随着生产技术的不断进步,电能被广泛应用到生产和生活的各个领域,给人们的生产和生活带来了极大的方便和舒适。但"电"是一种看不见摸不着的物质,只能用仪表测量。"电"如果使用不合理、安装不恰当、维修不及时或违反操作规程,都会造成电气意外,带来不良的后果,严重的还将导致触电死亡和电气火灾。先来看看发生在现实生活中的电气意外。

某报七月二十七日报道:6月17日晚上,某镇城河西路一村民家发生了悲惨一幕,53岁的村民江某在洗澡时,不慎触电倒地,丈夫发现后赶紧伸手去扶,结果也被电无情地夺走了生命。经调查发现,江家把电源插头插在浴室窗外的一个临时电源插座上,插座既没有接地线,也没有漏电保护装置,而更致命的是,电源插座内还有一段20mm长的铜导线搭在电源火线和热水器插头的接地端之间,导致热水器外壳带电。

某通讯社十二月十七日电:12月15日晚16时30分,某市中心医院发生特大电气火灾,如图1.1所示。火灾过火面积达5 000m²,医院门诊楼、住院部等被烧毁。火灾中共有39人死亡,另有182名原医院患者和事故伤者在其他医院接受治疗。经警方现场调查取证,15日16时30分,医院电工班班长张某值班时突然发现医院全楼断电,他来到二楼的配电室,在未查明停电原因的情况下强行送电,之后离开配电室。几分钟后,配电室发出"劈啪"的响声,张某返回时发现配电室已冒烟,他未采取扑救措施,而是跑到院外去拉变电所闸刀开关,再返回二楼时火势已经蔓

延开来，从而酿成大祸。17日，这名电工因涉嫌重大责任事故罪被刑事拘留。

因此，一定要绷紧"安全用电"这根弦，让"电老虎"乖乖地听指挥，更好地为人类服务。那么，如何让"电老虎"听话呢？安全用电有哪些基本常识呢？一起来学一学吧！

图 1.1　某医院发生特大电气火灾

知 识 链 接

 ## 第1节　触电与现场处理

"生命无价"。人是导体，如果使用不当，电将对人们造成伤害，严重的将危及生命。大家即将从事"电"的工作，将比普通人有更多的机会接触"电"。那么，什么是触电？如何进行触电现场处理？如何防止触电？

一、电流对人体的伤害

1.电流对人体的伤害形式

人体触及带电体时，电流通过人体，会对人体造成伤害，其伤害的形式有电击和电伤2种。

（1）电击。当人体直接接触带电体时，电流通过人体内部，对内部组织造成的伤害称为电击。电击伤害主要是伤害人体的心脏、呼吸和神经系统，如使人出现痉挛、窒息、心颤、心跳骤停，乃至死亡。电击伤害是最危险的伤害，多数触电死亡事故是由电击造成的。

（2）电伤。电伤是指电流对人体外部造成的局部伤害，包括灼伤（电流热效应产生的电伤）、电烙印（电流化学效应和机械效应产生的电伤）和皮肤金属化（在电流的作用下产生的高温电弧使电弧周围的金属熔化、蒸发并飞溅到皮肤表层所造成的伤害）。

2.电流对人体伤害程度的主要影响因素

电流对人体的伤害程度主要是由通过人体的电流大小决定的，还与电流通过人体的路径、通电时间等因素有关。

（1）电流大小。通过人体的电流越大，人体的生理反应就越明显，感觉也就越强烈，危险性就越大。

（2）电流通过人体的路径。电流流过头部，会使人昏迷；电流流过心脏，会引起心脏颤动；电流流过中枢神经系统，会引起呼吸停止、四肢瘫痪等。电流流过这些要害部位，对人体都有严重的危害。

（3）通电时间。通电时间越长，一方面可使能量积累越多，另一方面还可使人体电阻下降，导致通过人体的电流增大，其危险性也就越大。

（4）电流频率。电流频率不同，对人体的伤害程度也不同。一般来说，民用电对人体的伤害最严重。

（5）电压高低。触电电压越高，通过人体的电流就越大，对人体的危害也就越大。36V 及以下的电压称为安全电压，在一般情况下对人体无伤害。

（6）人体状况。电流对人体的危害程度与人体状况有关，即与性别、年龄、健康状况等因素有很大的关系。通常，女性较男性对电流的刺激更为敏感，感知电流和摆脱电流的能力要低于男性。儿童触电比成人要严重。此外，人体健康状态也是影响触电时受到伤害程度的因素。

（7）人体电阻。人体对电流有一定的阻碍作用，这种阻碍作用表现为人体电阻，而人体电阻主要来自于皮肤表层。起皱和干燥的皮肤电阻很大，皮肤潮湿或接触点的皮肤遭到破坏时，电阻就会突然减小，同时人体电阻将随着接触电压的升高而迅速下降。

二、人体触电的类型与原因

1. 人体触电的类型

因人体接触或接近带电体所引起的局部受伤或死亡的现象，称为触电。触电常分为低压触电和高压触电。

（1）低压触电。对于低压触电，常见的触电类型有单相触电和两相触电。

① 单相触电。人体的某一部位碰到相线或绝缘性能不好的电气设备外壳时，电流由相线经人体流入大地的触电现象，称为单相触电，也称单线触电。这是最常见的触电方式，如人站在地上手接触绝缘破损的家用电器造成的触电，如图 1.2（a）所示。

（a）单相触电　　　　　　　　　　（b）两相触电

图 1.2　低压触电常见类型

② 两相触电。人体的不同部位分别接触到同一电源的两根不同相位的相线，电流由一根相线经人体流到另一根相线的触电现象，称为两相触电，也称双线触电。这是最危险的触电方式，如

电工在工作时双手分别接触两根电线造成的触电，如图 1.2（b）所示。所以电工在一般情况下不允许带电作业。

（2）高压触电。高压触电比低压触电危险得多，常见的高压触电类型有高压电弧触电和跨步电压触电。

① 高压电弧触电。人靠近高压线（高压带电体），因空气弧光放电造成的触电，称为高压电弧触电，如图 1.3（a）所示。

② 跨步电压触电。人走近高压线掉落处，前后两脚间电压超过了 36V 造成的触电，称为跨步电压触电，如图 1.3（b）所示。

（a）高压电弧触电

（b）跨步电压触电

图 1.3　高压触电常见类型

阅读材料

雷电是自然界的放电现象，遭受雷击属于高压电弧触电。发生雷电时，在云层和大地之间雷电的路径上，有强大的电流通过，雷电的路径往往经过地面上凸起的部分，放电时经过人体就会引发触电。因此，为避免雷击，一般高大的物体如高大建筑物、室外天线、架空输电线路等，都要装设避雷装置。如图 1.4（a）所示为高大建筑物上的避雷针，图 1.4（b）所示为输电线路上的避雷器。

（a）建筑物上的避雷针

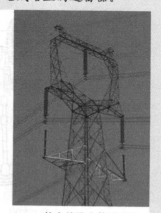
（b）输电线路上的避雷器

图 1.4　常见避雷装置

查一查　　上网查询：人在野外时，如何有效防止雷击？

2. 人体触电的原因

（1）电工违规操作。如电气线路、设备安装不符合安装安全规程，人碰到导线或由跨步电压造成触电；在维护检修时，不严格遵守电工操作规程，麻痹大意，造成事故；现场临时用电管理不善等。如图1.5所示为电线盒中的电线头裸露在外面，如果带电，这样的线头外露就非常可能造成触电事故。

（2）用电人员安全意识淡薄。如由于用电人员缺乏用电知识或在工作中不注意，不遵守有关安全规程，直接触碰上了裸露在外面的导电体；在高压线下违章施工或在高压线下施工时不遵守操作规程，使金属构件物接触高压线路而造成触电；操作漏电的机器设备或使用漏电电动工具等。如图1.6所示为一只没有柜门的临时电柜上正插着一台电焊机，里面的插座全部裸露在外，现场也没专人看管，这样也容易发生触电事故。

图 1.5　电线盒中裸露的电线头

图 1.6　无人看管的临时电柜

（3）电气设备绝缘受损。如由于电气设备损坏或不符合规格，又没有定期检修，以致绝缘老化、破损而漏电，人员没有及时发现或疏忽大意，触碰了漏电的设备等。如图1.7所示为路边的灯箱，外箱已经破烂不堪，电线和灯管均裸露在外面，如果行人不小心碰到，很可能发生触电事故，后果不堪设想。

（4）其他原因。如由于外力的破坏等原因，如雷击、弹打等，使送电的导线断落地上，导线周围将有大量的扩散电流向大地流入，出现高电压，人行走时跨入了有危险电压的范围，造成跨步电压触电；雷雨时，在树下或高大建筑物下躲雨，或在野外行走，或用金属柄伞，则容易遭受雷击，引起电损伤；在电线上晒衣服或大风把电线吹断形成跨步电压等。如图1.8所示，居民小区的箱式变压配电站和变压器之间有一道狭窄的空间，电力部门为安全起见用铁护栏将其围住，但有的居民对上面标注的"有电危险，请勿靠近"的警示语视而不见，有人翻越护栏在检修梯下晾晒衣物，如果发生触电事故，后果不堪设想。

图 1.7　路边破损的灯箱

图 1.8　变压器边晾晒的衣服

三、触电的现场处理

触电处理的基本原则是动作迅速、救护得法，不惊慌失措、束手无策。当发现有人触电时，必须使触电者迅速脱离电源，然后根据触电者的具体情况，进行相应的现场急救。

1. 脱离电源

使触电者迅速脱离电源的常用方法如表 1.1 所示。

表 1.1　　　　　　　　　　　　使触电者脱离电源的方法

序　号	示　意　图	操　作　方　法
1		迅速拉开闸刀或拔去电源插头
2		用绝缘棒拨开触电者身上的电线
3		切断电源回路
4		用手拉触电者的干燥衣服，同时注意操作者自己的安全（如踩在干燥的木板上）

2. 现场诊断

当触电者脱离电源后，除及时拨打"120"联系医疗部门外，还应进行必要的现场诊断和抢救。对触电者进行现场诊断的方法如图 1.9 所示。

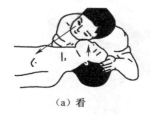
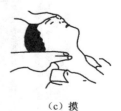

（a）看　　　　　　　　（b）听　　　　　　　　（c）摸

图 1.9　触电现场诊断方法

3. 现场急救

触电的现场急救方法有口对口人工呼吸抢救法和人工胸外挤压抢救法。

（1）口对口人工呼吸抢救法。若触电者呼吸停止，但心脏还有跳动，应立即采用口对口人工呼吸抢救法，如图 1.10 所示。

（a）消除口腔杂物　　（b）舌根抬起气通道　　（c）深呼吸后紧贴嘴吹气　　（d）放松换气

图 1.10　口对口人工呼吸抢救法

（2）人工胸外挤压抢救法。若触电者虽有呼吸但心脏停止跳动，应立即采用人工胸外挤压抢救法，如图 1.11 所示。

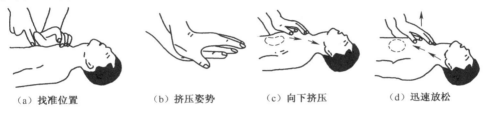

（a）找准位置　　　（b）挤压姿势　　　（c）向下挤压　　　（d）迅速放松

图 1.11　人工胸外挤压抢救法

若触电者伤害严重，呼吸和心跳都停止，或瞳孔开始放大，应同时采用"口对口人工呼吸"和"人工胸外挤压"抢救法，如图 1.12 所示。

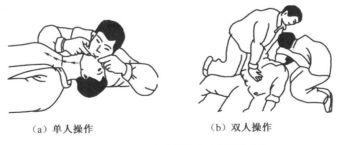

（a）单人操作　　　　　　　（b）双人操作

图 1.12　呼吸和心跳都停止时的抢救方法

提示

在进行触电现场急救时，有以下注意事项。

（1）应将触电人员身上妨害呼吸的衣服全部解开，越快越好。

（2）应迅速将口中的假牙或食物取出。

（3）如果触电者牙齿紧闭，须使其口张开，把下颚抬起，用两手四指托在下颚背后外，用力慢慢往前移动，使下牙移到上牙前。

（4）不能打强心针，也不能泼冷水。

四、防止触电常识

防止触电的基本原则是：不接触低压带电体，不靠近高压带电体，接触电线和电器前，要先把总开关断开，不得带电操作；判断电路是否有电，必须用验电笔检测；电工操作时注意绝缘，并尽可能单手操作。常用的触电防护措施如表 1.2 所示。

表 1.2 　　　　　　　　　　　　　　常用的触电防护措施

序 号	错误操作示意图	正确操作方法
1		禁止用湿手去接触开关或家用电器的金属外壳
2		清洁电器时，一定要先切断电源，禁止用潮湿的布擦洗家用电器
3		禁止电线与其他金属导体接触，禁止在电线上晾衣物、挂物品。电线有老化与破损时，要及时修复
4	接地孔不可靠接地	电器该接地的地方一定要做到可靠接地，并定期检查
5		禁止在高压线附近放风筝

阅读材料

　　验电笔又称电笔，是用来测试导线、开关、插座等电器及电气设备是否带电的工具。常用的验电笔有螺丝刀式和钢笔式2种，如图1.13(a)、(b)所示，主要由氖管、电阻、弹簧、笔身等组成。使用验电笔时握持方法要正确，即右手握住验电笔身，食指触及笔身金属体（尾部），验电笔的小窗口朝向自己的眼睛，如图1.13（d）所示。

(a) 螺丝刀式验电笔　(b) 钢笔式验电笔　(c) 感应式验电笔　　　(d) 验电笔使用方法

图1.13　验电笔

　　现在，还有一种集安全及检修等数种功能于一体的电子测电笔，即感应式验电笔，如图1.13(c)所示。感应式验电笔无需物理接触，可检查控制线路、导体和插座上的电压或沿导线检测断路位置。它操作简单，只要按下按钮即能开机（指示灯亮），松开按钮自动关机，它能在接近有电的设备时发出红光，警告有电，该产品适合在电工、厂矿、电信、家庭等一切有电的场所使用，是一种使用范围极广的电器现代化配套工具。

查一查　用验电笔如何区分照明电路中的火线和零线？验电笔还有哪些妙用？请上网或到图书馆查询。

课堂练习

一、填空题

1. 因人体接触或接近带电体所引起的局部受伤或死亡的现象，称为 _____。

2. 防止触电的基本原则是：不 _____ 低压带电体，不 _____ 高压带电体。

二、选择题

1. 电冰箱常使用三孔插座和三脚插头，把外壳与大地连接起来，这是因为（　　）。

A. 不接地线会浪费电　　　　　　　　B. 不接地线，冰箱一旦发生故障，人就有触电的危险

C. 不接地线冰箱就不能工作　　　　　D. 不接地线，在开冰箱时人就会触电

2. 电工站在干燥的木凳上检修照明电路，下列情况中安全的是（　　）。

A. 一手握火线，一手握零线　　　　　B. 一手握火线，一手握地线

C. 只用一只手接触火线　　　　　　　D. 一手接触火线，另一只手扶着水泥墙壁

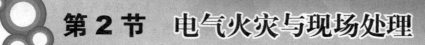

第2节　电气火灾与现场处理

电气设备和电气线路都离不开绝缘材料，如变压器油、绝缘漆、橡胶、树脂、薄膜等。这些绝缘材料如超过一定的温度或遇到明火等，就会引起燃烧，造成电气火灾。由电气故障引起的电气设备或线路着火统称为电气火灾。那么，引起电气火灾的原因是什么？如何进行电气火灾现场处理？如何防止电气火灾？

一、电气火灾的原因

电气火灾隐患的特点就是火灾隐患的分布性、持续性和隐蔽性。由于电气系统分布广泛、长期持续运行，电气线路通常敷设在隐蔽处（如吊顶、电缆沟内），火灾初期时不易被火灾报警系统发现，也不易为肉眼所观察到。引起电气火灾的原因主要如下。

1. 短路

由于电路中的导线选择不当、绝缘老化、安装不当等原因，都可能造成电路短路。发生短路时，其短路电流比正常电流大很多倍，由于电流的热效应，产生大量的热量，引起电气火灾。

造成短路的原因除导线的选择不当、绝缘老化、安装不当外，还有电源过电压，造成绝缘击穿；小动物跨接在裸线上；室外架空线的线路松弛，在大风作用下发生碰撞；线路与各种运输物品或金属物品相碰等。如图1.14所示为电缆线绝缘破损，如果有电，非常容易由于短路形成电气火灾。

2. 过载

不同规格的导线，允许流过的电流都有一定的范围。在实际使用中，流过导线的电流大大超过其允许值，就会造成过载，产生很多的热量。这些热量往往不能及时被散发掉，就可能使导线的绝缘物质燃烧，或使绝缘物受热而失去绝缘能力造成短路，引起火灾。

发生过载的原因有导线截面选择不当，实际负载已超过了导线的安全电流；"小马拉大车"，即在线路中接入了过多的大功率设备，超过了配电线路的负载能力。如图1.15所示为某工地上电线私拉乱接，容易造成电气火灾等意外。

3. 漏电

线路的某一个地方因某种原因（风吹、雨打、日晒、受潮、碰压、划破、摩擦、腐蚀等）使电线的绝缘下降，导致线与线、线与地有部分电流通过，泄漏的电流在流入大地途中，如遇电阻较大的部位（如钢筋连接部位），会产生局部高温，致使附近的可燃物着火，引起火灾。如图1.16所示为某居民小区外墙上凌乱的电线，时间久了，非常容易引起电气火灾。

图 1.14　电缆线绝缘破损

图 1.15　电线私拉乱接

图 1.16　凌乱的电线

二、电气火灾的现场处理

电气火灾的起因与一般火灾不同，紧急处理的方法也不一样，具体处理方法如下。

1. 尽快切断电源

当用电设备或电气线路发生火灾时，应尽快切断电源，以防火势蔓延和灭火时触电，并及时报警。

2. 选用合适的灭火机

带电灭火时，应选用干黄砂、二氧化碳、1211（二氟一氯一溴甲烷）、二氟二溴甲烷或干粉灭火机。严禁用泡沫灭火机对带电设备进行灭火，否则既有触电危险，又会损坏电气设备。

3. 保持适当的距离

灭火时，要保证灭火器与人体间距及灭火器与带电体之间的最小距离，避免与电线、电气设备接触，特别要留心地上的电线，以防触电。

三、电气火灾的防范措施

1. 防止短路引起的火灾

（1）严格按照电力规程进行安装、维修，根据具体环境选用合适的导线和电缆。

（2）选用合适的安全保护装置。

（3）注意对插座、插头和导线的维护，如有破损要及时更换，做到不乱拉电线及乱装插座；对有孩子的家庭，所有明线和插座都要安装在孩子够不着的位置；不在插座上接过多和功率过大的用电设备，不用铜丝代替熔丝等，如图 1.17 所示。

（a）不准乱拉电线

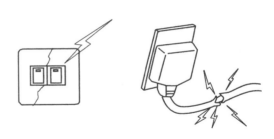
（b）不使用绝缘层已损坏的电器

图 1.17　防止短路的措施

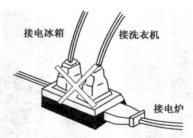

接电冰箱　　接洗衣机

接电炉

（c）插座上不多接或接功率过大的用电设备

铜丝

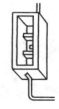

（d）不用铜丝代替熔断丝

图 1.17　防止短路的措施（续）

2. 防止过载引起的火灾

（1）对重要的物资仓库、居住场所和公共建筑物中的照明线路，有可能引起导线或电缆长时间过载的动力线路，以及采用有延烧性护套的绝缘导线敷设在可燃建筑构件上时，都应采取过载保护。

（2）线路的过载保护一般采用断路器，其延时动作整定电流不应大于线路长期允许通过的电流。如用熔断器做过载保护，熔断器熔体的额定电流应不大于线路长期允许通过的电流。

3. 防止漏电引起的火灾

（1）导线和电缆的绝缘强度不应低于线路的额定电压，绝缘子也要根据电源电压选配。

（2）在潮湿、高温、腐蚀场所内，严禁绝缘导线明敷，应使用套管布线；在多尘场所，要经常打扫线路。

（3）尽量避免施工中的损伤，注意导线连接质量；活动电气设备的移动线路应采用铝套管保护，经常受压的地方用钢管暗敷。

（4）安装漏电保护器，经常检查线路的绝缘情况。

课堂练习

一、填空题

1. 由电气故障引起的电气设备或线路着火统称 _____。

2. 当用电设备或电气线路发生火灾时，应尽快地 _____，以防火势蔓延和灭火时触电，并及时报警。

二、选择题

1. 下列因素中，不可能引起电气火灾的是（　　）。

A. 过载　　　　　　B. 短路　　　　　　C. 开路　　　　　　D. 漏电

2. 发生电气火灾时，不可以选用的灭火器是（　　）。

A. 1211 灭火器　　　B. 泡沫灭火器　　　C. 干粉灭火器　　　D. 二氧化碳灭火器

技 能 实 训
实训　认识实训室

○ 了解电工实训室的电源配置，认识交、直流电源，认识常用电工工具。

○ 了解电工实训室安全操作规程。

　　小明考上了职业学校的电工班，老师带着全班同学参观了学校的电子电工实验室、电子技能实训工场和电工技能实训工场等实训场地。老师介绍了实验台、训练台前的各种仪器、仪表和操作开关。看着实验台、训练台前的一排排仪表，小明产生了强烈的好奇心，这些实训装置有什么奥秘呢？

 知识准备

➢ 知识 1　常用电工工具

　　常用电工工具除验电笔外，还有尖嘴钳、剥线钳、电工刀和螺丝刀等，其使用方法如表 1.3 所示。

表 1.3　　　　　　　　　　　　　　常用电工工具使用方法

名　称	尖　嘴　钳	剥　线　钳
实物图		
使用要点	尖嘴钳是用来钳夹、剪切、固定导线的常用工具。由于尖嘴钳的钳头部分较细长，因而能在较狭小的地方工作，如用于灯座、开关内的线头固定等。使用时注意尖嘴钳不能当做敲打工具；要保护好钳柄绝缘管，以免碰伤而造成触电事故	剥线钳是用来剥削小直径导线线头绝缘层的工具。使用时注意根据不同的线径选择剥线钳不同的刃口
名　称	螺　丝　刀	电　工　刀
实物图		
使用要点	螺丝刀是用来旋紧或起松螺丝的工具，有一字螺丝刀和十字螺丝刀 2 种。螺丝刀使用时注意根据螺钉大小、规格选用相应螺丝刀；不能使用穿芯螺丝刀；不能把螺丝刀当凿子用	电工刀是用来剖削电工材料绝缘层的工具。使用时注意刀口应朝外操作；在削割电线包皮时，刀口要放平一点，以免割伤线芯；使用后要及时把刀身折入刀柄内，以免刀刃受损伤及人身

> **知识2　电工实训装置简介**

　　电工电子技术实训装置主要由电源仪表控制屏、实训桌、实训挂箱等组成，如图 1.18 所示为 THETDD-1 型电工电子技术实训装置电源仪表控制屏。

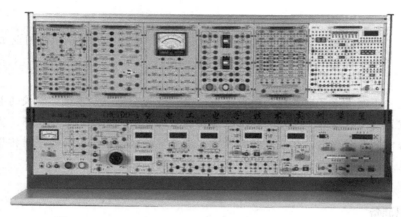

图 1.18　THETDD-1 型电工电子技术实训装置电源仪表控制屏

　　THETDD-1 电源仪表控制屏为实训挂箱提供交流电源、直流稳压电源、各种测试仪表及实训器件等，具体功能如下。

　　（1）控制及交流部分。

　　① 提供三相固定 380V 交流电源及单相 0~250V 连续可调交流电源，配备 1 台单相调压器，规格为 0.5kVA/0~250V；380V 交流电源输出处设有过流保护，相间、线间过电流及直接短路均能自动保护；配有一只指针式交流电压表，通过波段开关切换可指示三相固定 380V 交流电源输出电压。

　　② 设有实训用 220V 30W 的日光灯灯管一支，将灯管灯丝的 4 个接点经过快速熔丝引出供实训使用，可防止灯丝损坏。

　　③ 设有 5 路 AC220V 和一路 AC380 交流电源接口，可为实训挂箱及外配仪器设备提供工作电源。

　　（2）直流电源部分。

　　① 提供 2 路 0~30V 0.5A 可调稳压电源，从 0V 起调，具有截止型短路软保护和自动恢复功能，设有三位半数字显示。

　　② 提供 4 路固定直流电源输出：±12V、±5V，每路均具有短路、过流保护和自动恢复功能。

　　③ 提供一路 0~200mA 连续可调恒流源，分 2mA、20mA、200mA3 挡，配有数字式直流毫安表指示输出电流，具有输出开路、短路保护功能。

　　（3）仪表部分。

　　① 真有效值交流数字电压表一只：进行真有效值测量，测量范围为 0~500V，量程自动判断、自动切换，精度为 0.5 级，三位半数字显示。

　　② 真有效值交流数字电流表一只：进行真有效值测量，测量范围为 0~5A，量程自动判断、自动切换，精度为 0.5 级，三位半数字显示，具有超量程报警、指示及切断总电源功能。

　　③ 直流数显电压表一只：测量范围为 0~200V，分 200mV、2V、20V、200V4 挡，直键开关切换，

三位半数字显示，输入阻抗 10MΩ，精度为 0.5 级，具有超量程报警、指示及切断总电源等功能。

④ 直流数显毫安表一只：测量范围为 0~2 000mA，分 2mA、20mA、200mA、2 000mA4 挡，直键开关切换，三位半数字显示，精度为 0.5 级，具有超量程报警、指示及切断总电源等功能。

 实践操作

认一认　在 THEDD-1 电源仪表控制屏上，认识实训所需的交流电源、直流稳压电源、恒流源、各种测试仪表、实训挂箱等。

做一做　根据教师的指令，尝试操作各种电源开关，调节交流电源和直流电源。

（1）闭合电源总开关，记录电源交流电压表读数。电源交流电压表读数为_____。

（2）调节单相调压器，观察指针式交流电压表的读数变化情况。

（3）调节直流电源，观察数字显示器的数据变化情况。

（4）调节直流可调恒流电源，观察数字式直流毫安表的数据变化情况。

实训总结　把认识实训室训练的收获、体会填入表 1.4 中，并完成评价。

表 1.4　　　　　　　　　　　　认识实训室训练总结表

课题	认识实训室					
班级		姓名		学号		日期	
训练收获						
训练体会						
训练评价	评定人	评　　语			等级	签名
	自己评					
	同学评					
	老师评					
	综合评定等级					

 实训拓展

➤ **拓展 1　电工实训室安全操作规程**

（1）进入电工实训室必须穿戴好工作服和电工鞋。

（2）操作前，先对工具的绝缘手柄及各类仪表的可靠性进行仔细检查。

（3）严格按电气技术操作规范进行操作。

（4）通电前，必须用仪器、仪表进行测量。

（5）通电时，必须在指导教师监护下进行，如有异常，必须立即切断电源。

（6）实训结束后，要切断总电源。

➤ **拓展 2　电工实训室使用规则**

（1）按指定工位进行操作训练，未经允许，不得离开工位。

（2）操作前，必须检查所需的元器件是否完好无损，如有破损，立即报告。

（3）严格遵守安全操作规程。

（4）文明生产，工具、器件有序放置。

（5）未经指导教师同意，不得擅自操作电源开关。

（6）实训场地严禁大声喧哗、随意走动，进出实训场地要向指导教师报告。

（7）认真填写实训室使用记录单。

（8）实训结束后，全面清扫场地，关好门窗。

单元小结

这一单元学习了安全用电常识，认识了电工实训室。这是电工职业生涯的第一步，请大家一定要认真做好，为今后的职业生涯打下坚实的基础。

1. 什么是触电？如何进行触电现场处理？如何防止触电？

2. 产生电气火灾的原因有哪些？如何进行电气火灾现场处理？如何防范电气火灾？

3. 电工实训室有哪些设备？能否掌握基本操作？电工实训室的安全操作规程有哪些？

思考与练习

一、填空题

1. 当人体的不同部位分别接触到同一电源的两根不同相位的相线，电流由一根相线经人体流到另一根相线的触电，称为 _____。

2. 安全电压规定为 _____。

3. 触电急救的步骤有 _____、_____ 和 _____。

4. 引起电气火灾的主要原因有 _____、_____ 和 _____。

5. 发生电气火灾，首先要 _____。

二、选择题

1. 关于安全用电的说法，不正确的是（ ）。

A. 不高于 36V 的电压才是安全电压   B. 下雨天，不能用手触摸电线杆的拉线

C. 日常生活中，不要靠近高压输电线路   D. 空气潮湿时，换灯泡时不用切断电源

2. 高压输电线落在地面上时，人不能走近，其原因是（ ）。

A. 要把人吸过去   B. 要把人弹开来

C. 输电线和人体之间会发生放电现象   D. 存在跨步电压

3. 被电击的人能否获救，关键在于（ ）。

A. 触电的方式   B. 人体电阻的大小

C. 触电电压的高低   D. 能否尽快脱离电源和施行紧急救护

三、综合题

据某报报道：7月3日,姚家三姐弟来某城市游玩。当晚11点40分,在某农居点三楼303室,二妹去卫生间洗澡。过了很久,姐姐都没见妹妹出来,这时卫生间里的水流进了房间。姐姐一看不对,连忙冲到卫生间门口大叫,但没人回应。于是转身爬到窗台,进入卫生间查看情况,结果不幸触电,也倒在了卫生间。弟弟一看是触电,连忙回房间穿了双塑胶跑鞋,把电源拔掉,随后报警求助。但两姐妹都已身亡。据调查:死者使用的是二手电热水器,洗澡过程中热水器出现漏电现象。加上现场用电系统缺少接地保护,也没安装漏电保护器,埋下了触电事故的隐患。

1. 本案例中,发生触电事故的主要原因有哪些?

2. 如何进行正确的触电急救?

第2单元

直流电路基本知识

知识目标

- 了解电路组成的基本要素，理解电路模型。
- 理解电流、电位、电压、电动势、电阻、电能、电功率等电路的基本概念。
- 掌握电阻定律、欧姆定律等电路的基本定律。

技能目标

- 会识读简单电路图。
- 能比较电位与电压、电压与电动势、电能与电功率，具有计算电路基本物理量的能力。
- 会应用电阻定律、欧姆定律分析和解决生活生产中的实际问题。
- 会正确选择和使用电工仪表，会测量电流、电压和电阻的基本方法。
- 会正确选择和使用合适的工具，对导线进行剥线、连接和绝缘恢复。

情 景 导 入

夜幕降临，人们回到了温馨的家，亮起电灯，打开电视，如图 2.1 所示；城市建筑物也被流光溢彩的灯光笼罩，变得分外美丽，如图 2.2 所示。这一切，都离不开"电"。

在学校实训室里，学生借助各种仪器来学习技能，如图 2.3 所示；在工厂车间里，各种设备需要电动机来拖动，如图 2.4 所示。这一切，也都离不开"电"。

现代社会，"电"已经越来越多地渗透到了生活生产的各个领域。很难想象，如果没有电，生活会是什么样？所以，大家即将从事的"电"的工作，是多么的重要！

那么，如何走进"电"的世界，探索其中的奥秘呢？先来学一学电路的基本知识吧。

图2.1 温馨的家

图2.2 美丽的"鸟巢"

图2.3 实训室各种仪器在工作

图2.4 车间里各种设备在工作

知 识 链 接

第 1 节 电 路

人们的生活已经离不开"电"了。在现实生活中，电灯为大家带来光明，电视机丰富大家的生活……大家还可以例举很多的电路吧。这些电路类型多种多样，结构形式也各不相同。那么，一个完整的电路包括几部分？如何来分析电路呢？

一、电路的基本组成

电路是电流流过的路径。一个完整的电路通常至少包括电源、负载、连接导线、控制和保护装置4部分，如图2.5所示为由干电池、小灯泡、导线和开关组成的电路。

（a）实物图

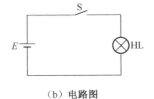

（b）电路图

图2.5 简单电路图

1. 电源

电源是供给电能的装置，它把其他形式的能转换成电能。如图2.6所示是生活中常见的干电池与蓄电池，它们把化学能转换成电能；如图2.7所示是举世闻名的三峡水电站。发电机把机械能转换成电能；光电池把太阳的光能转换成电能等。

图2.6 干电池与蓄电池

图2.7 三峡水电站

2. 负载

负载，也称用电设备或用电器，是应用电能的装置，它把电能转换成其他形式的能量。如电灯把电能转换成光能，电动机把电能转换成机械能，电热器把电能转换成热能等。如图2.8所示为常见的各种负载。

（a）灯泡

（b）电动机

（c）电视机

图2.8 常见的负载

3. 导线

导线把电源和负载连接成闭合回路，输送和分配电能。常用的导线是铜线和铝线。如图2.9所示为常见的各种导线。

图2.9 常见的导线

4. 控制和保护装置

为了使电路安全可靠地工作，电路通常还装有开关、熔断器等器件，对电路起控制和保护作用。常见的控制和保护装置有开关、低压断路器（空气开关）、熔断器等，如图 2.10 所示。

（a）常用开关

（b）低压断路器　　　　　　　（c）熔断器

图 2.10　常见的控制和保护装置

太阳能电池是把光能直接转换成电能的一种半导体器件，如图 2.11 所示。太阳能发电安全可靠，无噪声，无污染；能量随处可得，无需消耗燃料；无机械转动部件，维护简便，使用寿命长；建设周期短，规模大小随意；可以无人值守，也无需架设输电线路，还可方便与建筑物相结合，是常规发电和其他发电方式所不及的。

自从 1954 年第一个光电池问世以来，人们发现硅、锗、砷化镓等半导体材料都可以用来制造太阳能电池，而其中硅光电池应用最为广泛。它最早被用做人造地球卫星的电源。现在，某些助听器、手表、半导体收音机以及无人灯塔、灯光浮标、无人气象站、无线电中继站等设施的电源，都已使用了硅光电池。随着新材料的不断开发和相关技术的发展，以其他材料为基础的太阳能电池也越来越显示出诱人的前景。

图 2.11　太阳能电池

二、电路模型

如图 2.5（a）所示为电路的实物图，它虽然直观，但画起来很复杂，不便于分析和研究电路。在工程上，为了便于分析和研究电路，往往将一个实际电路用若干个理想元件的组合来模拟，这样的电路称为实际电路的电路模型。

将实际电路中各个部件用其模型符号来表示，这样画出的图称为实际电路的电路模型图，也称做电路原理图，简称电路图，如图 2.5（b）所示。电路图是用来说明电气设备之间连接方式的图，用统一规定的符号来表示。电路图中部分常用的图形符号如表 2.1 所示。

表 2.1　　　　　　　　　　　　　电路图中部分常用的图形符号

名　称	图形符号	名　称	图形符号	名　称	图形符号
电阻	—▭—	电感	◠◠◠	电容器	⊣⊢
电位器	▭	开关	／	电池	⊣⊢
电灯	⊗	电流表	Ⓐ	电压表	Ⓥ
熔断器	—▭—	接地	⏚	接机壳	⊥

三、电路的工作状态

电路的工作状态有通路、开路和短路 3 种。

1. 通路

通路是指正常工作状态下的闭合电路。此时，开关闭合，电路中有电流通过，负载能正常工作。正常发光的灯泡、转动的电动机，都处于通路状态。

2. 开路

开路，又叫断路，是指电源与负载之间未接成闭合电路，即电路中有一处或多处是断开的。此时，电路中没有电流通过。开关处于断开状态时，电路开路是正常状态。但当开关处于闭合状态时，电路仍然开路，就属于故障状态，需要维修电工来处理。

3. 短路

短路是指电源不经负载直接被导线连接。此时，电源提供的电流比正常通路时的电流大许多倍。严重时，会烧毁电源和短路内的电气设备。因此，电路不允许无故短路，特别是不允许电源短路。电路短路的常用保护装置是熔断器。

工程应用

熔断器，俗称保险丝，是低压供配电系统和控制系统中最常用的安全保护电器，主要用于短路保护，有时也可用于过载保护。其主体是用低熔点金属丝或金属薄片制成的熔体，串联在被保护电路中。根据电流的热效应原理，在正常情况下，熔体相当于一根导线；当电路短路或过载时，电流很大，熔体因过热而熔化，从而切断电路起到保护作用。如图 2.10（c）所示为家庭中常见的瓷插式熔断器，如图 2.12 所示为工厂中常见的螺旋式熔断器。

图 2.12　螺旋式熔断器

课堂练习

一、填空题

1. 电源是把 ＿＿＿＿ 能转换成电能的装置，常用电源有 ＿＿＿＿ 、＿＿＿＿ 等。

2. 给电池充电，是将 ＿＿＿＿ 能转化为 ＿＿＿＿ 能。

3. 电路的工作状态有 ＿＿＿＿ 、＿＿＿＿ 和 ＿＿＿＿ 。

二、判断题

1. 一个完整的电路通常至少包括电源、负载、连接导线、控制和保护装置 4 部分。（ ）

2. 开路状态是电路的一种故障状态。（ ）

第2节　电路的基本物理量

大家只要一按开关，灯立即会亮，这是为什么呢？这是由于电路接通后形成的电流把能量从电源输送到了电灯上，电灯就亮了起来。那么，怎样才能产生电流？电路的基本物理量又有哪些呢？

一、电流

1. 电流产生的条件

如图 2.13 所示，有两个带电体 A 和 B，A 带正电，B 带负电。如果用一段金属导线将这两个带电体连接起来，它们之间会产生什么情形呢？

两个带电体 A、B 之间将形成电流。因为金属导线中存在着许多自由电子，自由电子是带负电荷的。因此，带正电的带电体 A 吸引导体中的自由电子，带负电的带电体 B 则排斥导体中的自由电子。这样一吸一推，导体中的自由电子就由带负电体 B 一端流向带正电体 A 一端。靠近带负电体 B 一端导体中失去的自由电子则由带负电体 B 中的电子源源不断地补充。导体中的电子流就这样一直维持到带电体 A、B 的正负电荷互相完全抵消（中和）为止。这种自由电子的定向移动形成的电子流就称为电流。

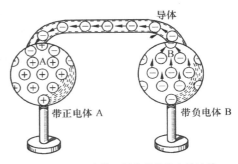

图 2.13　两个带不同电荷的带电体连接

因此，要形成电流，首先要有可以移动的电荷——自由电子。金属导体中就有能移动的自由电子。同时，要获得持续的电流，导体两端必须保持一定的电位差（电压），才能持续不断地推动自由电子朝同一个方向移动。

 提示　想想水流形成的条件吧。要形成水流，首先要有水（能自由移动的水分子），其次还必须保持一定的水位差（水压）。

2. 电流

电流的本质是自由电子的流动。电流的流动如水在水泵作用下在水管里流动一样，水在水管中流动，流量有多有少。同样，电流在导体中流动，流量也有多有少。衡量电流大小或强弱的物理量叫做电流强度，简称电流。

电流的大小等于通过导体横截面的电荷量与通过这些电荷量所用的时间的比值，用公式表示为

$$I = \frac{q}{t} \qquad (2\text{-}1)$$

式中：I——电流，单位是安培（A）；

q——通过导体横截面的电荷量，单位是库仑（C）；

t——通过电荷量所用的时间，单位是秒（s）。

在国际单位制中，电流的单位是安培，简称安，符号是A。如果在1s内通过导体横截面的电荷量是1C，导体中的电流就是1A。电流的常用单位还有毫安（mA）和微安（μA）：

$$1A=10^3\,mA=10^6\,\mu A$$

常用单位（如mA）一般由数量级（如m）和基本单位（如A）组成。电工中常用的数量级除了毫（m，10^{-3}）、微（μ，10^{-6}）外，还有皮（p，10^{-12}）、千（k，10^3）、兆（M，10^6）。进行单位换算其实就是数量级之间的换算。

电流的方向习惯上规定为正电荷定向移动的方向，与电子流的方向正好相反。因此，在金属导体中，电流的方向与电子定向移动的方向相反。

一段电路中电流的方向是客观存在的，是确定的。但在具体分析电路时，有时很难判断出电流的实际方向。为了计算方便，常常事先假设一个电流方向，称为参考方向，用箭头在电路图中标明。如果计算的结果电流为正值，那么电流的真实方向与参考方向一致；如果计算的结果电流为负值，那么电流的真实方向与参考方向相反，如图2.14所示。

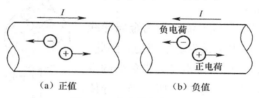

（a）正值　　　　　　　（b）负值

图2.14　电流的参考方向

在实际计算中，若不设定电流的参考方向，电流的正负号是无意义的。因此，分析电路时，一定要先假设参考方向。

电流虽然有大小又有方向，但它只是一个标量，电流方向只表明电荷的定向移动方向。电流的方向不随时间变化的电流叫直流电流。电流的大小和方向都不随时间变化的电流叫稳恒电流，如图2.15（a）所示。电流的大小随时间变化，但方向不随时间变化的电流叫脉动电流，如图2.15（b）所示。直流电的文字符号用字母"DC"表示，图形符号用"—"表示。在实际应用中，若不特别强调，一般所说的直流电流是指稳恒电流。如果电流的大小和方向都随时间周期性变化，这样的电流叫交流电流，如图2.15（c）所示。交流电的文字符号用字母"AC"表示，图形符号用"～"表示。

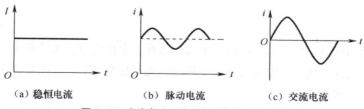

（a）稳恒电流　　　　　（b）脉动电流　　　　　（c）交流电流

图2.15　直流电流、脉动电流和交流电流

【例2.1】　某导体在1 min的时间内通过导体横截面的电荷量是120 C，求导体中的电流是多少？

【分析】　时间的国际标准单位是s，$t = 1\,min = 60\,s$。

解：由电流公式可得：$I = \dfrac{q}{t} = \dfrac{120}{60} = 2\,\text{A}$

【例2.2】 说明如图2.16所示电流的实际方向。

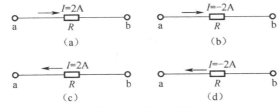

图2.16　例2.2用图

【分析】 图中所标注的方向是电流的参考方向。

解：图（a）电流参考方向由 a 到 b，$I = 2\text{A} > 0$，为正值，说明电流的实际方向与参考方向相同，即从 a 到 b；

图（b）电流参考方向由 a 到 b，$I = -2\text{A} < 0$，为负值，说明电流的实际方向与参考方向相反，即从 b 到 a；

图（c）电流参考方向由 b 到 a，$I = 2\text{A} > 0$，为正值，说明电流的实际方向与参考方向相同，即从 b 到 a；

图（d）电流参考方向由 b 到 a，$I = -2\text{A} < 0$，为负值，说明电流的实际方向与参考方向相反，即从 a 到 b。

安培（1775年—1836年），法国物理学家。

安培最主要的成就是对电磁作用的研究：发现了安培定则、电流的相互作用规律，发明了电流计，提出了分子电流假说，总结了安培定律。1827年安培将他的研究综合为《电动力学现象的数学理论》，成为电磁学史上一部重要的经典论著。安培被誉为"电学中的牛顿"，为了纪念他在电磁学上的杰出贡献，电流的单位就是以他的姓氏命名的。

二、电压与电位

1. 电压

俗话说："水往低处流"。水总是从水位高的地方流向水位低的地方。如图2.17所示，如果高处的水槽 A 装满了水，水流自然流向了低处的水槽 B。在这个过程中，水会做功。

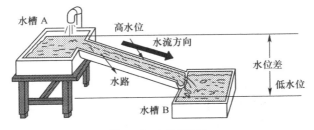

图2.17　水往低处流

电和水类似。如图2.18所示，如果带正电体 A 和带负电体 B 之间存在一定的电位差（电压），

只要用导线连接带电体 A、B，就会有电流流动，电流也会做功，即电荷在电场中受到电场力的作用而做功。电压就是衡量电场力做功能力大小的物理量。

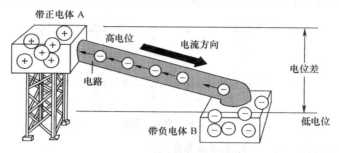

图 2.18　电流从高电位流向低电位

A、B 两点间的电压 U_{AB} 在数值上等于电场力把电荷由 A 点移到 B 点所做的功 W_{AB} 与被移动电荷的电荷量 q 的比值，用公式表示为

$$U_{AB}=\frac{W_{AB}}{q}$$

（2-2）

式中：U_{AB}——A、B 两点间的电压，单位是伏特（V）；

W_{AB}——电场力将电荷由 A 点移到 B 点所做的功，单位是焦耳（J）；

q——由 A 点移到 B 点的电荷量，单位是库仑（C）。

在国际单位制中，电压的单位是伏特，简称伏，符号是 V。电压的常用单位还有千伏（kV）和毫伏（mV），它们之间的关系为

$$1kV=10^3V$$

$$1V=10^3mV$$

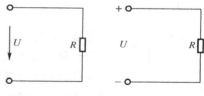

（a）用高电位指向低电位的箭头表示　（b）高电位标"+"，低电位标"–"

图 2.19　电压方向的表示方法

规定电压的方向由高电位指向低电位，即电位降低的方向。因此，电压也常被称为电压降。电压的方向可以用从高电位指向低电位的箭头表示，也可以用高电位标"+"，低电位标"–"来表示，如图 2.19 所示。

电压有正负。如果 $U_{AB}>0$，说明 A 点电位比 B 点电位高；如果 $U_{AB}=0$，说明 A 点电位与 B 点电位相等；如果 $U_{AB}<0$，说明 A 点电位比 B 点电位低。

提示　　与电流相似，在电路计算时，事前无法确定电压的真实方向，常先选定参考方向，用箭头或"+、–"标在电路图中。如果计算的结果电压为正值，那么电压的真实方向与参考方向一致；如果计算的结果电压为负值，则电压的真实方向与参考方向相反。

2. 电位

电压是两点间的电位差。在电路中，A、B 两点间的电压等于 A、B 两点间的电位之差，即

$$U_{AB}=V_A-V_B$$

（2-3）

如同水路中的每一处都是有水位一样，电路中的每一点也都是有电位的。讲水位首先要确定一个基准面（即参考面），讲电位也一样，要先确定一个基准，这个基准称为参考点，规定参考点的电位为零。原则上参考点是可以任意选定的，但习惯上通常选择大地为参考点。在实际电路中也选取公共点或机壳作为参考点，一个电路中只能选一个参考点。

light**阅读材料**
伏特（也称伏打，1745 年—1827 年），意大利物理学家。

伏特制造的仪器中的一个杰出例子是起电盘，以后发展成为一系列静电起电机。伏特最伟大的成就是发明了伏特电堆（伏打电池），这是历史上的神奇发明之一。电堆能产生连续的电流，它的强度的数量级比从静电起电机得到的电流大，由此开始了一场真正的科学革命。电压的单位伏特就是以他的姓氏命名的。

【例 2.3】 元件 R 上的电压参考方向如图 2.20 所示，说明电压的实际方向。

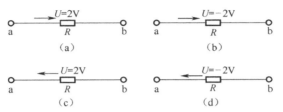

图 2.20 例 2.3 用图

【分析】 图中所标注的方向是电压的参考方向。

解：图（a）因 $U=2V>0$，为正值，说明电压的实际方向与参考方向相同，即电压的方向是从 a 到 b；

图（b）因 $U=-2V>0$，为负值，说明电压的实际方向与参考方向相反，即电压的方向是从 b 到 a；

图（c）因 $U=2V>0$，为正值，说明电压的实际方向与参考方向相同，即电压的方向是从 b 到 a；

图（d）因 $U=-2V>0$，为负值，说明电压的实际方向与参考方向相反，即电压的方向是从 a 到 b。

【例 2.4】 电路如图 2.21 所示，已知：以 O 点为参考点，$V_A=10V$，$V_B=5V$，$V_C=-5V$。

（1）求 U_{AB}、U_{BC}、U_{AC}；

（2）若以 B 点为参考点，求各点电位和电压 U'_{AB}、U'_{BC}、U'_{AC}。

【分析】 求解本题的关键是要明确电压与电位的关系，即：$U_{AB}=V_A-V_B$，$V_A=U_{AB}+V_B$。

解：（1）$U_{AB}=V_A-V_B=10-5=5V$

$U_{BC}=V_B-V_C=5-(-5)=10V$

$U_{AC}=V_A-V_C=10-(-5)=15V$

（2）若以 B 点为参考点，则 $V'_B=0$

$V'_A=U_{AB}=5V$

$V'_C=U_{CB}=-U_{BC}=-10V$

$U'_{AB}=V'_A-V'_B=5-0=5V$

$U'_{BC}=V'_B-V'_C=0-(-10)=10V$

$U'_{AC}=V'_A-V'_C=5-(-10)=15V$

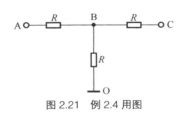

图 2.21 例 2.4 用图

归纳 电压和电位的单位都是伏特，但电压和电位是两个不同的概念。电压是电场中两点间的电位差，即 $U_{AB}=V_A-V_B$，它是不变值，与参考点的选择无关；而电位是电场中某点对参考点的电压，即 $V_A=U_{AB}$（B 为参考点），它是相对值，与参考点的选择有关。

三、电源电动势

1. 电源

如图 2.22 所示为一个闭合的水路，水槽 B 处的水由水泵从低处送到高处的水槽 A，再由水槽 A 从高处流向低处的水槽 B。在这个水路中，如果水泵不工作，水路中就没有水流，也就是说水泵是这个水路的水源。

电路也类似，如图 2.23 所示为一个闭合的电路，当正电荷由干电池正极 A 经外电路移到负极 B 时，与负极 B 上的负电荷中和，使 A、B 两极板上聚集的正、负电荷数减少，两极板间的电位差随之减少，电流随之减小，直至正、负电荷完全中和，电流中断。为保证电路中有持续不断的电流，就需要干电池把正电荷从负极 B 源源不断地移到正极 A，保证 A、B 两极间电压不变，电路中才能有持续不断的电流，干电池是这个电路的电源。

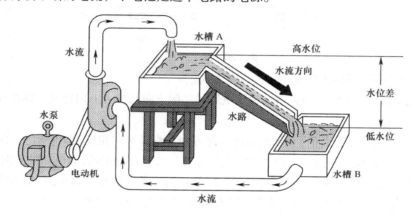

图 2.22　闭合水路示意图

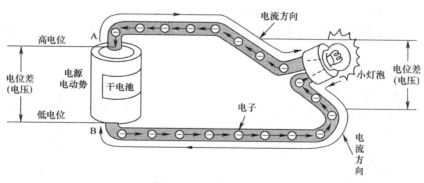

图 2.23　闭合电路示意图

电源是把其他形式的能转换成电能的装置，电源种类很多，如干电池、蓄电池、发电机、光电池等。

在电路中，电源以外的部分叫外电路，电源以内的部分叫内电路，如图 2.24 所示。电源的作用就是把正电荷由低电位的负极经内电路送到高电位的正极，内电路和外电路连接成闭合电路，这样外电路中就有了电流。

2. 电源电动势

在外电路中，电场力把正电荷由高电位经过负载移动到低电位，那么，在内电路中，也必定有一种力能够不断地把正电荷从低电位移到高电位，这种力叫做电源力，也叫非静电力。

因此，在电源内部，电源力不断地把正电荷从低电位移到高电位。在这个过程中，电源力要反抗电场力做功，这个做功过程就是电源将其他形式的能转换成电能的过程。对于不同的电源，电源力做功的性质和大小不同，衡量电源力做功能力大小的物理量叫做电源电动势。

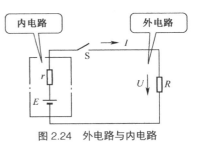

图 2.24　外电路与内电路

在电源内部，电源力把正电荷从低电位（负极）移到高电位（正极）反抗电场力所做的功 W 与被移动电荷的电荷量 q 的比值就是电源电动势，简称电动势，用公式表示为

$$E = \frac{W}{q} \tag{2-4}$$

式中：E——电动势，单位是伏特（V）；

　　　　W——电源力移动正电荷做的功，单位是焦耳（J）；

　　　　q——电源力移动的电荷量，单位是库仑（C）。

常用干电池的电动势为 1.5V，蓄电池的电动势为 2V。

电源内部电源力由负极指向正极，因此电动势的方向规定为由电源的负极（低电位）指向正极（高电位）。

提示　　对闭合电路来说，在内电路中，电源力移动正电荷形成电流，电流的方向是从电源负极指向正极；在外电路中，电场力移动正电荷形成电流，电流方向是从电源正极指向负极。

归纳　　电压和电动势的单位都是伏特，但电压和电动势是两个不同的概念。电压是衡量电场力做功能力大小的物理量，其方向为由高电位指向低电位，电源内、外部电路均有电压；而电动势是衡量电源力做功能力大小的物理量，其方向为由低电位指向高电位，仅存在于电源内部。

阅读材料　　随着人们生活水平的提高和现代化通信业的发展，人们使用电池的机会越来越多，手机、电动自行车等都需要大量的电池作电源。但是，废电池会对自然环境造成污染，有关资料显示，一节一号电池烂在地里，能使电池周围 1 m² 面积的土壤永久失去利用价值；一粒组扣电池可使 600t 水无法饮用，相当于一个人一生的饮水量。对自然环境威胁最大的 5 种物质，电池里就包含了 3 种：汞、铅、镉。若将废电池混入生活垃圾一起填埋，渗出的汞及重金属物质就会渗透土壤、污染地下水，进而进入鱼类、农作物中，

图 2.25　废电池的回收

破坏人类的生存环境，间接威胁到人类的健康。因此，加强废电池的回收利用势在必行，如图 2.25 所示。大家要行动起来，回收利用废电池，保护环境，保护人类美丽的家园。

课堂练习

一、填空题

1. 通过一个电阻的电流是 10A，经过 2min 时，通过这个电阻横截面的电荷量是 _____。

2. 单位换算：5mA=_____A，10kA=_____A。

3. 电路中两点间的电位差叫 _____。

二、选择题

1. 电流的方向规定是（　）。

　　A. 正电荷定向移动的方向　　　　　B. 负电荷定向移动的方向

　　C. 带电粒子移动的方向　　　　　　D. 无方向

2. 电路中两点间的电压高，则（　）。

　　A. 这两点的电位都高　　　　　　　B. 这两点的电位差大

　　C. 这两点的电位都大于零　　　　　D. 无法判断

第3节　电　阻

导线一般是用金属铜或铝制作。而导线的外套、开关的外壳等一般是用塑料或胶木制作的，这是为什么呢？用电量越大的电器，它的导线为什么越粗呢？

一、电阻与电阻定律

1. 电阻

运动物体在运动中受到的各种不同的阻碍作用，称为阻力。当自由电荷在导体中作定向移动形成电流时所遇到的阻碍，与人们在运动中遇到的阻碍相类似。这种阻碍作用使自由电子定向运动的平均速度降低，自由电子的一部分动能转换成分子热运动——热能。导体对电流的阻碍作用叫电阻，用字母 R 表示。任何物体都有电阻，当有电流流过时，都要消耗一定的能量。电阻是导体本身具有的属性。

在国际单位制中，电阻的单位是欧姆，简称欧，符号是 Ω。电阻的常用单位还有千欧（$k\Omega$）和兆欧（$M\Omega$），它们之间的关系为

$$1k\Omega = 10^{3}\Omega$$

$$1M\Omega = 10^{6}\Omega$$

2. 电阻定律

实验证明：自然界的任何物质都有电阻，就像水管的水流总是受到阻力一样，水管的粗细、长短以及水管内壁的粗糙程度都会影响水管对水流的阻力。同样，导体电阻的大小不仅与导体的材料有关，还与导体的尺寸有关。

在温度不变时，一定材料的导体的电阻与它的长度成正比，与它的截面积成反比。这个规律叫做电阻定律。均匀导体的电阻可用公式表示为

$$R = \rho \frac{L}{S}$$

（2-5）

式中：R——导体的电阻，单位是欧姆（Ω）；

ρ——电阻率，反映材料的导电性能，单位是欧姆·米（$\Omega \cdot m$）；

L——导体的长度，单位是米（m）；

S——导体的横截面积，单位是平方米（m^2）。

几种常用材料在 20℃时的电阻率如表 2.2 所示。

表 2.2　　　　　　　　　　常用材料的电阻率（20℃）和电阻温度系数

用　途	材料名称	电阻率 ρ（$\Omega \cdot m$）	电阻温度系数 α（1/℃）
导电材料	银	1.65×10^{-8}	3.6×10^{-3}
	铜	1.75×10^{-8}	4.0×10^{-3}
	铝	2.83×10^{-8}	4.2×10^{-3}
电阻材料	铂	1.06×10^{-7}	4.0×10^{-3}
	钨	5.3×10^{-8}	4.4×10^{-3}
	锰铜	4.4×10^{-7}	6×10^{-6}
	康铜	5.0×10^{-7}	5×10^{-6}
	镍铬铁	1.0×10^{-7}	1.5×10^{-4}
	碳	1.0×10^{-7}	-5×10^{-4}

从表 2.2 可以看出：在常用导电材料中，银的电阻率最小，但由于银的价格比较贵，一般选择价格相对便宜的铜或铝来做导线。但在一些要求电阻很小的场合，如电器的触点上，常在铜片上涂银或银基合金，以减小电阻。

根据物质导电能力的强弱，自然界的物质分为导体、绝缘体和半导体。

导体是能很好传导电流的物质，其主要作用是输送和传递电流。各种金属材料都是导体，如图 2.26（a）所示。导体可用作导电材料（铜、铝等）和电阻材料（锰铜、康铜等）。

绝缘体是基本不能传导电流的物质，其主要作用是将带电体与不带电体隔离，确保电流的流向或人身安全，在某些场合，还起支撑、固定、灭弧、防电晕、防潮湿的作用。常用绝缘体有玻璃、胶木、陶瓷、云母等，如图 2.26（b）所示。

半导体是导电能力介于导体与绝缘体之间的物质。半导体具有光敏、热敏和掺杂特性，主要材料有硅、锗等，常用来制作二极管、三极管和集成电路，如图 2.26（c）所示为半导体二极管。

（a）导体　　　　　　　　　　（b）绝缘体　　　　　　　　（c）半导体二极管

图 2.26　导体、绝缘体和半导体

3. 导体电阻与温度的关系

研究表明：金属导体的电阻与温度有关。温度越高，一般金属导体的电阻会增大。各种材料随温度升高引起电阻的变化是各不相同的，为了便于比较，通过实验测定各种材料在温度每升高 1℃时，其电阻增加的相对值，称为电阻温度系数，用小写字母 α 表示，其单位为 1/℃。表 2.2 给出了几种常用导体的电阻温度系数。其中锰铜（铜 85%、镍 3% 和锰 12%）和康铜（铜 58.8%、镍 40% 和锰 1.2%）的电阻温度系数最小，适于制造标准电阻。

1911 年，荷兰物理学家昂尼斯（1853 年—1926 年）测定水银在低温状态下的电阻时发现，当温度降到 –269℃ 时，水银的电阻突然消失，也就是说电阻突然降到零。以后人们又发现了另一些物质温度降到某一值（称为转变温度）时，电阻也变成零，这就是超导现象。能够发生超导现象的导体叫做超导体。因此，寻找高转变温度的超导材料和对超导体的实际应用，成为各国科学家的努力目标。

图 2.27　真空超导电暖器

1987 年 2 月 24 日，中国科学院物理研究所宣布获得了转变温度为 –173℃ 的超导材料，使我国对超导体技术的研究处于世界领先水平。

现在，科学家对超导的研究主要致力于应用技术：用超导技术可制造磁悬浮高速列车，用超导材料制造的电动机线圈不会发热，用超导材料制成的输电线输电几乎没有损失……超导应用将更加广泛。如图 2.27 所示为真空超导电暖器。

【例 2.5】　小任家装修需一圈单股铜芯线，铜导线的长度为 100m，横截面积为 1.5mm²，求它的电阻为多少？

【分析】　L=100m，S=1.5mm²=1.5×10^{-6}m²，查表 2.2 可知铜导线的电阻率 ρ=1.75×10^{-8}Ω·m。

解：由电阻定律可得：

$$R= \rho \frac{L}{S} =1.75 \times 10^{-8} \times \frac{100}{1.5 \times 10^{-6}} =1.17\,\Omega$$

因为导线的电阻很小，所以在实际电路中其电阻可以忽略不计。

二、电阻器

1. 常用电阻器

电阻器是利用金属材料对电流起阻碍作用的特性制成的。它在电路中常用于控制电流（如限制电路电流大小，向各种电子元件提供必要的工作电流）和分配电压。

如图 2.28 所示为电动机控制电路中常用的 ZX2 系列和 RT 系列电阻器，它的核心组成部分是电阻元件，用铁铬铝、康铜或其他种类的合金丝绕制成的线绕电阻是最基本的电阻元件，它是电动机的起动、制动和调速控制的重要附件。

电子线路中的电阻器一般采用金属膜色环电阻，色环电阻器通过不同颜色带在电阻器表面标出标称阻值和允许误差，如图 2.29 所示。

（a）ZX2 系列　　　（b）RT 系列

图 2.28　ZX2 系列、RT 系列电阻器

图 2.29　色环电阻

在选用电阻器时，一般只考虑标称阻值、额定功率和允许误差这 3 项参数，其他参数只在有特殊要求时才考虑。标称阻值是标识在电阻器上的电阻值；额定功率是指电阻器在产品标准规定的气压和温度下，长期连续工作在直流或交流电路中所允许消耗的最大功率；允许误差是指电阻器的实际阻值与标称阻值的差值。

2. 电阻传感器

电阻传感器种类繁多，应用广泛，其基本原理就是将被测物理量的变化转换成电阻值的变化，再经相应的测量电路显示或记录被测量值的变化。

应变式传感器是基于测量物体受力变形所产生应变的一种传感器，最常用的传感元件为电阻应变片，如图 2.30（a）所示。应变式传感器是将应变片粘贴于弹性体表面或者直接将应变片粘贴于被测试件上，可测量位移、加速度、力、力矩、压力等各种参数。

压阻式传感器是利用单晶硅材料的压阻效应和集成电路技术制成的传感器。常用的压阻式传感器有半导体应变式传感器和固态压阻式传感器，如图 2.30（b）、（c）所示。半导体应变式传感器是利用半导体材料的电阻制成粘贴式的应变片，其使用方法与电阻应变片类似。固态压阻式传感器采用集成工艺将电阻条集成在单晶硅膜片上，制成硅压阻芯片，并将此芯片的周边固定封装于外壳之内，引出电极引线。它不同于粘贴式应变计需通过弹性敏感元件间接感受外力，而是直接通过硅膜片感受被测压力的。

（a）电阻应变片　　　（b）半导体应变式传感器　　　（c）固态压阻式传感器

图 2.30　电阻传感器

课堂练习

一、填空题

1.导体对 ＿＿＿＿ 的阻碍作用叫 ＿＿＿＿ ，在国际上用字母 ＿＿＿＿ 表示，单位是 ＿＿＿＿ 。

2..根据物质导电能力的强弱，自然界的物质分为 _____、_____ 和半导体。

3.两根同种材料的电阻丝，长度之比为 1:4，横截面积之比为 2:3，它们的电阻之比为 _____。

二、选择题

1.长度为 L、横截面积为 S 的铜导体，当 S 增加一倍时（   ）。

    A.电阻增加一倍

    B.电阻不变

    C.电阻减少到原来的 $\dfrac{1}{2}$

    D.电阻减少到原来的 $\dfrac{1}{4}$

2.有段电阻是 16Ω 的导线，把它对折起来作为一条导线用，电阻是（   ）。

    A.4Ω   B.8Ω   C.30Ω   D.64Ω

第4节 欧姆定律

导体两端加上电压后，导体中才有持续的电流。那么，电流与电压有什么关系呢？当将手电筒的开关闭合后，通过小灯泡的电流与电动势又有什么关系呢？

一、部分电路欧姆定律

经过长期的科学研究，1826 年，德国科学家欧姆提出了部分电路欧姆定律：电路中的电流 I 与电阻两端的电压 U 成正比，与电阻 R 成反比。

在如图 2.31 所示电路中，电压、电流的参考方向如图所示，部分电路欧姆定律可以用公式表示为

$$I = \frac{U}{R} \qquad (2\text{-}6)$$

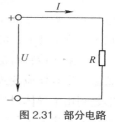

图 2.31　部分电路

式中：I——电路中的电流强度，单位是安培（A）；

       U——电阻两端的电压，单位是伏特（V）；

       R——电阻，单位是欧姆（Ω）。

电流与电压间的正比关系，可以用伏安特性曲线来表示。伏安特性曲线是以电压 U 为横坐标、电流 I 为纵坐标画出的 $U\text{-}I$ 关系曲线。电阻元件的伏安特性曲线如图 2.32 所示。伏安特性曲线是直线时，称为线性电阻。如果不是直线，则称为非线性电阻。线性电阻组成的电路叫线性电路。欧姆定律只适用于线性电路。

欧姆定律经过数学变换，还可以得出：

$$U = RI$$

$$R = \frac{U}{I}$$

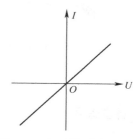

图 2.32　电阻的伏安特性曲线

一般的普通电阻都是线性电阻。但也有一类电阻受温度、光线、电压、温度等因素影响，电阻的伏安特性曲线是非线性的，这类电阻统称为敏感电阻器。常见的敏感电阻器如下。

（1）热敏电阻。热敏电阻是一种对温度极为敏感的电阻器，分为正温度系数和负温度系数电阻器，如图2.33（a）所示。

（2）光敏电阻。光敏电阻是阻值随着光线的强弱而发生变化的电阻器，分为可见光光敏电阻、红外光光敏电阻、紫外光光敏电阻，如图2.33（b）所示。

（3）压敏电阻。压敏电阻是对电压变化很敏感的非线性电阻器。压敏电阻可分为无极性（对称型）和有极性（非对称型）压敏电阻，如图2.33（c）所示。

（4）湿敏电阻。湿敏电阻是对湿度变化非常敏感的电阻器，能在各种湿度环境中使用。它是将湿度转换成电信号的换能器件，如图2.33（d）所示。

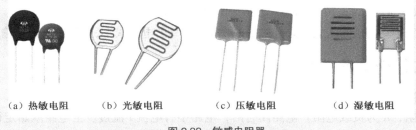

（a）热敏电阻　　　（b）光敏电阻　　　（c）压敏电阻　　　（d）湿敏电阻

图2.33　敏感电阻器

【例2.6】　设人体的最小电阻为800Ω，已知通过人体的电流为50mA时，就会引起呼吸困难，使人不能自主摆脱。求人体的安全电压。

【分析】　I=50mA=0.05A，由公式$U=RI$可直接求得。

解：$U=RI$=800×0.05=40V

即人体的安全电压应在40V以下。

流过人体的电流与作用到人体上的电压和人体的电阻值有关。通常人体的电阻为800Ω至几万欧不等，一般情况下，人体的电阻可按1 000~2 000Ω考虑。在安全程度要求较高时，人体电阻应以不受外界因素影响的体内电阻500Ω计算。当皮肤出汗，有导电液或导电尘埃时，人体电阻将降低。电气安全操作规程规定：在潮湿环境和对特别危险的局部照明和携带式电动工具等，如无特殊安全装置和安全措施，均应采用36V的安全电压。凡在工作场所潮湿或在金属容器内、隧道内、矿井内的手提式电动用具或照明灯，均应采用12V的安全电压。

【例2.7】　某导体两端电压为3V，通过导体的电流为0.5A，导体的电阻为多大？当电压改变为6V时，电阻为多大？此时通过导体的电流又为多少？

【分析】　电阻的大小与电压无关，$R=\dfrac{U}{I}$仅仅意味着可以利用加在电阻两端的电压和通过电阻的电流来量度电阻的大小，而绝不意味着电阻的大小是由电压和电流决定的。

解：由部分电路欧姆定律可得：

$$R=\frac{U}{I}=\frac{3}{0.5}=6\Omega$$

当电压改变为 6V 时，电阻不变，$R=6\Omega$

此时，电流 $I'=\dfrac{U'}{R}=\dfrac{6}{6}=1A$

【例2.8】 3 只小鸟站在一条能导电的铝质裸输电线上，如图 2.34 所示。导线的横截面积为 240mm²，导线上通过的电流为 400A，设每只小鸟两爪间的距离为 5cm，求每只小鸟两爪间的电压。

【分析】 小鸟两爪间的电压 $U=RI$，$I=400A$，$R=\rho\dfrac{L}{S}$，$L=5cm=5\times10^{-2}m$，

$S=240mm^2=240\times10^{-6}m^2$，查表 2.2 可知铝的电阻率 $\rho=2.83\times10^{-8}\Omega\cdot m$。

解：由电阻定律可得：

$$R=\rho\frac{L}{S}=2.83\times10^{-8}\times\frac{5\times10^{-2}}{240\times10^{-6}}=5.9\times10^{-6}\Omega$$

图 2.34　小鸟站在输电线上

由部分电路欧姆定律可得：

$$U=RI=5.9\times10^{-6}\times400=2.36\times10^{-3}V=2.36mV$$

因为小鸟两爪间的电压只有 2.36mV，通过小鸟的电流很小，所以小鸟站在输电线上是安全的。

二、全电路欧姆定律

实际电路是由电源和负载组成的闭合电路，叫做全电路，如图 2.35 所示。E 为电动势，r 为电源内阻，R 为负载电阻。电路闭合时，电路中有电流 I 流过。全电路欧姆定律内容是：闭合电路中的电流与电动势成正比，与电路的总电阻（内电路电阻与外电路电阻之和）成反比，用公式表示为

$$I=\frac{E}{r+R}$$

（2-7）

式中：I——闭合电路的电流，单位是安培（A）；

　　　E——电源电动势，单位是伏特（V）；

　　　r——电源内阻，单位是欧姆（Ω）；

　　　R——负载电阻，单位是欧姆（Ω）。

进一步作数学变换得：$E=rI+RI$

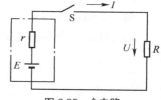

图 2.35　全电路

而 $RI=U$ 是外电路上的电压，叫做路端电压或端电压。因此，全电路中的路端电压

$$U=E-rI$$

（2-8）

提示

端电压随外电路电阻变化的规律：

$$R\uparrow\rightarrow I=\frac{E}{r+R}\downarrow\rightarrow U_0=rI\downarrow\rightarrow U=E-U_0\uparrow\quad 特例：开路时（R=\infty），I=0，U=E$$

$$R\downarrow\rightarrow I=\frac{E}{r+R}\uparrow\rightarrow U_0=rI\uparrow\rightarrow U=E-U_0\downarrow\quad 特例：短路时（R=0），I=\frac{E}{r}，U=0$$

【例2.9】 在如图 2.36 所示电路中，已知电动势 $E=220V$，电源内阻 $r=10\Omega$，负载电阻 $R=100\Omega$。求：（1）电路电流；（2）电源端电压；（3）负载上的电压；（4）电源内阻上的电压。

【分析】 本题可利用全电路欧姆定律和部分电路欧姆定律相关公式求解。

解：（1）由全电路欧姆定律可得：

$$I = \frac{E}{r+R} = \frac{220}{10+100} = 2A$$

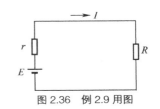

（2）电源端电压 $U = E - rI = 220 - 10 \times 2 = 200V$

（3）负载上的电压 $U = RI = 100 \times 2 = 200V$

负载上的电压等于电源端电压。

（4）电源内阻上的电压 $U_0 = rI = 10 \times 2 = 20V$

图2.36　例2.9用图

欧姆（1789年—1854年），德国物理学家。

1827年，欧姆在其不朽的著作《电路的数学研究》一书中，发表了有关电路的法则，这就是著名的欧姆定律。欧姆定律发现初期，许多物理学家不能正确理解和评价这一发现，并提出怀疑和尖锐的批评。直到1841年英国皇家学会授予他代表最高荣誉的科普利金牌，才引起德国科学界的重视。人们为纪念他，将电阻的单位以欧姆的姓氏命名。

课堂练习

一、填空题

1. 电炉发热元件的电阻是50Ω，使用时的电流是4.4A，则供电线路的电压为 _____ 。

2. 某导体两端电压为4V，通过导体的电流为0.5A，导体的电阻为 _____ ，当电压改变为8V时，电阻是 _____ 。

3. 电路两端电压一定，接入10Ω的电阻时，通过导体的电流是1.2A，若改接24Ω电阻时，则通过电路的电流是 _____ 。

二、选择题

1. 在全电路中，端电压的高低是随着负载电流的增大而（　　）。

    A. 减小　　　　　B. 增大　　　　　C. 不变　　　　　D. 无法判断

2. 导体两端的电压是4V，通过的电流强度是0.8A，如果使导体两端的电压增加到6V，那么导体的电阻和电流分别是（　　）。

    A. 5Ω　1.2A　　　B. 5Ω　0.8A　　　C. 7.5Ω　0.8A　　　D. 12.5Ω　0.8A

第5节　电能与电功率

在日常生活中，提水、推车、向上搬移重物都是在做功。电流通过负载时，将电能转变为另一种能量（如光能、热能、机械能等），这些能量的传递和转换现象都是电流做功的表现。那么，电流做功与哪些因素相关呢？描述电流做功快慢的物理量又是什么呢？

一、电能

在电场力作用下，电荷定向移动形成的电流所做的功称为电功。电流做功的过程就是将电能转化成其他形式的能的过程。因此，电功也称电能。

如果加在导体两端的电压为 U，在时间 t 内通过导体横截面的电荷量为 q，则导体中的电流 $I = \dfrac{q}{t}$，根据电压的定义式 $U = \dfrac{W}{q}$ 可知，电流所做的功，即电功的大小为

$$W = Uq = UIt \qquad (2\text{-}9)$$

式中：W——电功，单位是焦耳（J）；

$\qquad$ U——加在导体两端的电压，单位是伏特（V）；

$\qquad$ I——导体中的电流，单位是安培（A）；

$\qquad$ t——通电时间，单位是秒（s）。

式（2-9）表明，电流在一段电路上所做的功，与这段电路两端的电压、电路中的电流和通电时间成正比。

在国际单位制中，电功的单位是焦耳，简称焦，符号是 J。如果加在导体两端的电压为 1V，导体中的电流是 1A，在 1s 时间内的电功就是 1J。

在实际使用中，电能常以千瓦时（俗称度）为单位，符号是 kW·h。

$$1\text{kW·h} = 3.6 \times 10^{6}\text{J} = 3.6\text{MJ}$$

二、电功率

电功率是描述电流做功快慢的物理量。电流在单位时间内所做的功叫做电功率。如果在时间 t 内，电流通过导体所做的功为 W，那么电功率为

$$P = \frac{W}{t} \qquad (2\text{-}10)$$

式中：P——电功率，单位是瓦特（W）；

$\qquad$ W——电功，单位是焦耳（J）；

$\qquad$ t——电流做功所用的时间，单位是秒（s）。

在国际单位制中，电功率的单位是瓦特，简称瓦，符号是 W。如果在 1s 时间内，电流通过导体所做的功为 1J，电功率就是 1W。电功率的常用单位还有千瓦（kW）和毫瓦（mW），它们之间的关系为

$$1\text{kW} = 10^{3}\text{W}$$

$$1\text{W} = 10^{3}\text{mW}$$

提示

对于纯电阻电路，欧姆定律成立，电能的公式还可以写成

$$W = \frac{U^{2}}{R}t = I^{2}Rt$$

对纯电阻电路，电功率的公式还可以写成 $P = UI = \dfrac{U^{2}}{R} = I^{2}R$

【例 2.10】 小任家现有"220V 40W"的白炽灯 5 盏，若（1）如果平均每天使用 4h，一年（365 天）用电多少度？（2）如果平均每天少使用 1h，一年能节约用电多少度？（3）如果改用"220V

15W"的节能灯，每天还是使用 4h，一年能节约用电多少度？

【分析】 求解本题应使用公式 $W=Pt$，注意题中发生变化的量。

解：（1） $P = 40 \times 5 = 200W = 0.2kW$，$t = 4 \times 365 = 1\ 460h$

由电功率公式 $P = \dfrac{W}{t}$ 可得：

$$W = Pt = 0.2 \times 1\ 460 = 292kW \cdot h$$

（2） $P = 40 \times 5 = 200W = 0.2kW$，$t = 3 \times 365 = 1\ 095h$

$$W_1 = Pt = 0.2 \times 1\ 095 = 219kW \cdot h$$

$$\Delta W_1 = W - W_1 = 292 - 219 = 73kW \cdot h$$

（3） $P = 15 \times 5 = 75W = 0.075kW$，$t = 4 \times 365 = 1\ 460h$

$$W_2 = Pt = 0.075 \times 1\ 460 = 109.5kW \cdot h$$

$$\Delta W_2 = W - W_2 = 292 - 109.5 = 182.5kW \cdot h$$

想一想 通过以上的计算可知，节约电能可以从两方面入手：一是减少电功率 P，如尽量减少使用大功率电器；二是减少用电时间 t，如养成人走灯关的好习惯。在日常生活中，你能想出更多的节电妙招吗？

*三、电流的热效应

在日常生活中，经常会发现用电器的一些热现象：电水壶能将水烧开，电视机使用一定时间后会发热……电流通过导体会产生热的现象，称为电流的热效应。热效应是电流通过导体时，由于自由电子的碰撞，电能不断转变为热能的客观现象。

1840 年，英国物理学家焦耳通过实验发现：电流通过导体产生的热量，与电流的平方、导体的电阻和通过的时间成正比，这就是焦耳定律。4 年之后，俄国物理学家楞次公布了他的大量实验结果，从而进一步验证了焦耳关于电流热效应的正确性。因此，该定律也称为焦耳—楞次定律，用公式表示为

$$Q=I^2Rt \tag{2-11}$$

式中：Q——导体产生的热量，单位是焦耳（J）；

I——导体中通过的电流，单位是安培（A）；

R——导体的电阻，单位是欧姆（Ω）；

t——电流通过导体的时间，单位是秒（s）。

在生产和生活中，很多用电器都是根据电流的热效应制成的，统称为电热电器，如家庭中常见的电水壶、电饭煲、电熨斗等，工厂中常见的电炉、电烘箱、电烙铁等，如图 2.37 所示。

（a）电水壶　　　　　　　　（b）电饭煲　　　　　　　（c）电熨斗

图 2.37　电热电器

（d）电炉

（e）电烘箱

（f）电烙铁

图 2.37　电热电器（续）

但是电流的热效应也有不利的方面：如导线发热加速绝缘老化；电动机、变压器发热容易烧坏设备；电路短路会造成电气设备烧毁，甚至引起火灾。必须采取一定的保护措施，如设计散热装置加以防范。如图 2.38（a）所示的计算机主机上的风扇和主机箱体散热孔，如图 2.38（b）所示的电动机表面设计成散热片状，尾端加装风扇，都是有利于散热。

（a）计算机散热

（b）电动机散热

图 2.38　电器的散热装置

工程应用　电灯泡上"220V 40W"或电阻器上"100Ω 1W"的标记，是为保证电气设备能长期安全工作的额定值。电气设备的额定值主要有额定电流 I_N、额定电压 U_N、额定功率 P_N，在直流电路中，三者的关系是 $P_N = U_N I_N$。

阅读材料　焦耳（1818 年—1889 年），英国物理学家。

1840 年，焦耳发现电流热效应规律，即焦耳定律。1843 年，焦耳设计了一个新实验否定了热质说。1844 年，焦耳研究了空气在膨胀和压缩时的温度变化，计算出气体分子的热运动速度值。焦耳还用鲸鱼油代替水来做实验，测得了热功当量的平均值。

功和能的单位焦耳就是以他的姓氏命名的。

课堂练习

一、填空题

1. 一只标着"220V 30A"的电能表，可用在最大电功率是 _____ 的电路中。

2. 额定值为"220V 100W"的白炽灯，灯丝的热态电阻为 _____。如果把它接到 110V 的电源上，它实际消耗的功率为 _____。

二、选择题

1. 一台直流电动机，运行时消耗功率为 2.8kW，每天运行 6h，30 天消耗的能量为（　）。

A.30kW•h   B.60kW•h   C.180kW•h   D.504kW•h

2. 标有"12V 6W"的灯泡接入 6V 电路中，通过灯丝的实际电流是（   ）。

A.1A   B.0.5A   C.0.25A   D.0A

技 能 实 训

实训1 测量直流电流与电压

学习目标

◎学会直流电流、电压测量方法，会正确选择和使用直流电流表和直流电压表。
◎会测量小型用电设备的电流和电压。

情境聚焦

几个星期过去了，电工实习工具终于到了。小明对 MF47 万用表的 2 节干电池产生了兴趣：1 节是常见的圆柱形，体积比 5 号电池大一些；一节却是长方体的。这 2 节电池的电压有什么不同呢？老师说用仪表测量就知道了。那么，如何使用直流电流表和直流电压表测量直流电流和电压呢？一起来学一学，做一做！

知识准备

➤ 知识1 电流表使用要点

电流表，又称安培表，是一种用来测量电路中电流的仪表，如图 2.39（a）所示，其测量接线图如图 2.39（b）所示。使用电流表时要注意以下几点。

（1）选择合适的量程。电流表选用量程一般应为被测电流值的 1.5~2 倍，如果被测量交流电流为 50A 以上可采用电流互感器以扩大量程。

（a）实物图   （b）接线图
图 2.39 电流表

（2）注意电流的极性。直流电流表的"＋"接线柱接电源正极或靠近电源正极的一端，直流电流表的"－"接线柱接电源负极或靠近电源负极的一端，如图 2.39（b）所示。

（3）与待测电路串联。测量时电流表应串联接入待测电路中。

（4）防止短路。流过电流表的电流一定要同时流过用电器，不能不经过用电器而直接接到电源的两极上。

➤ 知识2 电压表使用要点

电压表，又称伏特表，是一种用来测量电源或某段电路两端电压的仪表，如图 2.40（a）所示，其测量接线图如图 2.40（b）所示。使用电压表时要注意以下几点。

（1）选择合适的量程。电压表选用量程在交流 600V 以上应用电压互感器以扩大量程。

（2）注意电压的极性。直流电压表的"＋"接线柱接电源正极或靠近电源正极的一端，直流电压表的"－"接线柱接电源负极或靠近电源负极的一端，如图 2.40（b）所示。

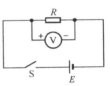

（a）实物图   （b）接线图
图 2.40 电压表

（3）与待测电路并联。测量时电压表应并联接入待测电路中。

实践操作

 列一列 元器件清单

根据学校实际，将所需元器件及导线的型号、规格和数量填入表 2.3 中。

表 2.3 测量直流电流与电压元器件清单

序　号	名　　称	符　号	规　格	数　量	备　注
1	直流电流表	Ⓐ			可以用万用表的直流电流挡代替
2	直流电压表	Ⓥ			可以用万用表的直流电压挡代替
3	直流稳压电源	E			
4	单刀开关	S			
5	用电器	R			可以用电阻、小灯泡等
6	连接导线			若干	

做一做 用直流电流表和直流电压表分别测量直流电流和直流电压。

（1）用直流电流表测直流电流。测量简单直流电路的直流电流，将测量结果填入表 2.4 中。

（2）用直流电压表测直流电压。测量干电池、直流稳压电源的电压，将测量结果填入表 2.4 中。

表 2.4 测量直流电流与电压结果表

测量项目	测量仪表量程	测量对象	测量数据			测量结果（平均值）
			第 1 次	第 2 次	第 3 次	
直流电流						
直流电压						

实训总结 把测量直流电流与电压的收获、体会填入表 2.5 中，并完成评价。

表 2.5 测量直流电流与电压训练总结表

课题	测量直流电流与电压					
班级		姓名		学号		日期
训练收获						
训练体会						
训练评价	评定人	评　　语			等级	签名
	自己评					
	同学评					
	老师评					
	综合评定等级					

实训拓展

➤ **拓展 1　电气测量的常用方法**

电气测量的常用方法有直接测量法、间接测量法和比较测量法。

直接测量法是指测量结果从一次测量的实验数据中直接得到。它可以使用度量器直接测得被测量数值的大小；也可以使用具有相应单位刻度的仪表，直接测得被测量的数值，如用电流表直接测量电流，用电压表直接测量电压。

间接测量法是指测量时只能测出与被测量有关的电学量，然后经过计算求得被测量，如用伏安法测量电阻。

比较测量法是将被测的量与度量器在比较仪器中进行比较，从而测得被测量数值的一种方法，如用电桥测量电阻。

➤ **拓展 2　万用表**

万用表是一种测量电压、电流和电阻等参数的仪表，有指针式和数字式 2 种，其外形如图 2.41 所示。

（a）指针式万用表　　　　（b）数字式万用表

图 2.41　万用表

指针式万用表是以表头为核心部件的多功能测量仪表，测量值由表头指针指示读取。指针式万用表已有一百多年的历史，它具有结构简单、读数方便、可靠性高、价格便宜等优点，至今仍得到广泛的应用。

数字式万用表是一种新颖的电工测量仪表，它的测量值由液晶显示屏直接以数字的形式显示，读取方便，有些还带有语音提示功能。数字式万用电表由于具有直观、准确度高、测量范围宽、测量速度快、体积小、抗干扰能力强、使用方便等特点，且具有比较完善的过电压、过电流保护，可在强电场、强磁场环境中使用。

实训 2　测量电阻

○ 根据被测电阻的数值和精度要求选择测量方法，使用万用表测量电阻。

○ 了解兆欧表测量绝缘电阻及用电桥对电阻进行精密测量的方法。

秋天来了，天气渐渐地凉了起来。这天，小明妈妈拿出了一些秋衣，准备用电熨斗熨衣服。不料，十多分钟过去，电熨斗一点反应也没有。小明跑过去，拔掉了电源，用万用表仔细地检查，发现是电熨斗的电热丝断了。你想知道小明是如何发现电熨斗的电热丝是断的吗？一起来学一学，做一做！

知识准备

知识1 指针式万用表的基本使用方法

万用表是一种多用途、广量程、使用方便的测量仪表，是电工最常用的工具。它可以用来测量直流电流、直流电压、交流电压和电阻，中高档的万用表还可以测量交流电流、电容器、电感及晶体管的主要参数等。指针式万用表的基本使用方法如下。

（1）将万用表水平放置。

（2）检查指针。检查万用表指针是否停在表盘左端的"零"位。如不在"零"位，用小螺丝刀轻轻转动表头上的机械调零旋钮，使指针指在"零"，如图2.42所示。

（3）插好表笔。将红、黑表笔分别插入表笔插孔，红表笔插入标有"+"号的插孔，黑表笔插入标有"*"或"－"号的插孔。

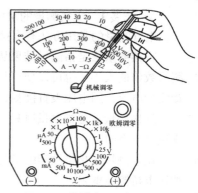

图2.42 指针式万用表

（4）检查电池。将量程选择开关旋到电阻 R×1 挡，把红、黑表笔短接，进行"欧姆调零"，若万用表指针不能转到刻度线右端的零位，说明电压不足，需要更换电池。

（5）选择项目和量程。将量程选择开关旋到相应的项目和量程上。禁止在通电测量状态下转换量程选择开关，以免可能产生的电弧作用损坏开关触点。

（6）万用表使用完毕后，一般应把转换开关旋至交流电压的最高挡或"OFF"挡。

 提示 数字式万用表两表笔的电位与指针式万用表的两表笔电位正好相反，红表笔为高电位端，黑表笔为低电位端。

知识2 万用表测量电阻的使用要点

（1）选择量程。万用表电阻挡标有"Ω"，有 R×1、R×10、R×100、R×1k、R×10k 等不同量程。应根据被测电阻的大小把量程选择开关拨到适当挡位上，使指针尽可能做到在中心附近，因为这时的误差最小，如图2.43（a）所示。

（2）欧姆调零。将红、黑表笔短接，如万用表指针不能满偏（指针不能偏转到刻度线右端的零位），可进行"欧姆调零"，如图2.43（b）所示。

（3）测量方法。将被测电阻同其他元器件或电源脱离，单手持表笔并跨接在电阻两端，如图2.43（c）所示。决不能用手去接触测试棒的金属部分，避免因人体并接于被测电阻两端而造成不必要的误差。

（4）正确读数。读数时，应先根据指针所在位置确定最小刻度值，再乘以倍率，即为电阻的实际阻值。如指针指示的数值是 18.1Ω，选择的量程为 R×100，则测得的电阻值为 $1\,810\Omega$。

（5）每次换挡后，应再次调整"欧姆调零"旋钮，然后再测量。

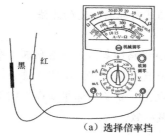 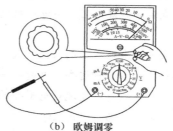 

（a）选择倍率挡　　　　（b）欧姆调零　　　　（c）测量方法

图2.43 万用表欧姆挡的使用要点

知识3　兆欧表测绝缘电阻的基本方法

测量各种电气设备的绝缘电阻是判断电气设备绝缘程度的基本方法。

图 2.44　兆欧表

兆欧表，又称绝缘摇表，是一种测量电动机、电器、电缆等电气设备绝缘性能的仪表，其外形如图 2.44 所示。兆欧表上有两个接线柱，一个是线路接线柱（L），另一个是接地柱（E），此外还有一个铜环，称保护环或屏蔽端（G）。兆欧表的基本使用方法如下。

（1）选择种类。兆欧表种类很多，有 500V、1 000V、2 500V 等。在选用时，要根据被测设备的电压等级选择合适的兆欧表。一般额定电压在 500V 以下的设备，选用 500V 或 1 000V 的兆欧表；额定电压在 500V 以上的设备，选用 1 000V 或 2 500V 的兆欧表。

（2）选择导线。兆欧表测量用的导线应采用单根绝缘导线，不能采用双绞线。

（3）平稳放置。兆欧表应放置在平稳的地方，以免在摇动手柄时，因表身抖动和倾斜产生测量误差，如图 2.45（a）所示。

（4）开路试验。在使用前，应先对兆欧表进行开路试验。开路试验是先将兆欧表的两接线端分开，再摇动手柄。正常时，兆欧表指针应指向"∞"，如图 2.45（b）所示。

（5）短路试验。开路试验后，再进行短路试验。短路试验是先将兆欧表的两接线端接触，再摇动手柄。正常时，兆欧表指针应指向"0"，如图 2.45（c）所示。

（6）放电。兆欧表使用后，应及时对兆欧表放电（即将"L"、"E"两导线短接），以免发生触电事故。对兆欧表进行放电操作如图 2.46 所示。

 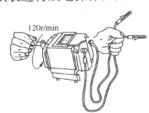 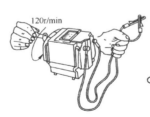 

（a）平稳放置　　　　（b）开路试验　　　　（c）短路试验

图 2.45　兆欧表使用前的开路试验和短路试验　　　　图 2.46　兆欧表的放电操作

实践操作

做一做　万用表测电阻

用万用表分别测量阻值约为几欧姆、几十欧姆、几百欧姆、几千欧姆的若干电阻，将测量结果填入表 2.6 中。

表 2.6　　　　　　　　　　　万用表测电阻测量结果表

电阻	标称阻值（Ω）	测量数据（Ω）			测量结果（Ω）（平均值）
		第1次	第2次	第3次	
R_1					
R_2					
R_3					
R_4					

 实训总结 把测量电阻的收获、体会填入表 2.7 中，并完成评价。

表 2.7 测量电阻训练总结表

课题	测量电阻					
班级		姓名		学号		日期	
训练收获						
训练体会						
训练评价	评定人	评　语			等　级	签　名
	自己评					
	同学评					
	老师评					
	综合评定等级					

 实训拓展

➢ **拓展 1　直流单臂电桥测电阻**

直流单臂电桥又称惠斯通电桥，如图 2.47 所示。直流单臂电桥是用电桥平衡原理测量电阻值，其实质是将被测电阻与已知电阻进行比较从而求得测量结果。在构成单臂电桥的 4 个桥臂中，有 3 个臂连接标准电阻 R_2、R_3 和可调标准电阻 R_4，只要电阻 R_2、R_3、R_4 足够准确，则被测电阻 R_x 的测量精度也比较高。

➢ **拓展 2　伏安法测电阻**

用万用表和电桥测量电阻都是在负载不通电时进行的。在实际使用中，如需要测量通电工作中的负载电阻，就需要用伏安法。伏安法是根据部分电路欧姆定律 $R=\dfrac{U}{I}$，用电压表测出电阻两端的电压，用电流表测出通过电阻的电流，再求出电阻。

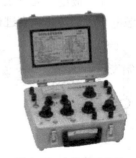

图 2.47　直流单臂电桥

用伏安法测电阻时，由于电压表和电流表本身具有内阻，把它们接入电路中以后，不可避免地要改变被测电路中的电压和电流，给测量结果带来误差。用伏安法测电阻有外接法和内接法如图 2.48 所示。

（1）外接法。外接法如图 2.48（a）所示。由于电压表的分流，电流表测出的电流值要比通过电阻 R 的电流大，即 $I=I_V+I_R$，因而求出的电阻值要比真实值小。待测电阻的阻值比电压表的内阻小得越多，因电压表的分流而引起的误差越小，所以测量小电阻时应采用外接法。

（2）内接法。内接法如图 2.48（b）所示。由于电流表的分压，电压表测出的电压值要比电阻 R 两端的电压大，即 $U=U_A+U_R$，因而求出的电阻值要比真实值大。待测电阻的阻值比电流表的内阻大得越多，因电流表的分压而引起的误差越小，所以测量大电阻时应采用内接法。

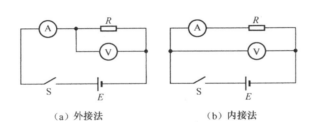

（a）外接法　　　　　　　（b）内接法

图2.48　伏安法测电阻

实训3　连接常用导线

○ 了解常用导电材料、绝缘材料及其常用规格和用途。
○ 会使用合适的工具对导线进行剖削、连接及绝缘恢复。

　　　小明家在装修房子。这个双休日，小明回到家，电工师傅正在安装照明灯。小明主动请缨，帮助师傅接线。师傅不放心，小明说："我已经在学校里学过常用导线的连接了。"你想知道如何连接常用导线吗？一起来学一学，做一做！

 知识准备

➤ **知识1　常用导线**

　　能够通过电流的物质称为导电材料，其主要用途是输送和传递电流。各种金属材料都是导电材料，但并不是所有金属都可作为理想的导电材料。作为导电材料应从技术性能（导电性能好、有一定的机械强度、不易氧化和腐蚀）和经济性能（价格低廉）两方面综合考虑，目前用得最多的导电材料是铜和铝。

　　导线又叫电线，是用来传输电能的电工材料。最常用的导线是绝缘导线。绝缘导线是指导体外表有绝缘层的导线，它不仅有导线部分，而且还有绝缘层。绝缘层的主要作用是隔离带电体或不同电位的导体。绝缘导线由导电线芯及绝缘包层等构成，型号较多，用途广泛。常用绝缘导线的型号、名称及主要用途如表2.8所示。

表2.8　　　　　　　　　　常用绝缘导线的型号、名称及主要用途

型号		名　称	主　要　用　途
铜芯线	铝芯线		
BX	BLX	棉线编织橡胶绝缘导线	适用于交流500V及以下、直流1 000 V及以下的电气设备及照明装置的固定敷设，可以明线敷设，也可以暗线敷设
BXF	BLXF	氯丁橡胶绝缘导线	
BXHF	BLXHF	橡胶绝缘氯丁橡胶护套导线	固定敷设，适用于干燥或潮湿场所
BV	BLV	聚氯乙烯绝缘导线	适用于交流额定电压450/750V、300/500V及以下动力装置的固定敷设
BVV	BLVV	聚氯乙烯绝缘聚氯乙烯护套导线	
BVR	—	聚氯乙烯绝缘软线	同BV型，安装要求较柔软时用
RV	—	聚氯乙烯绝缘软导线	适用于交流额定电压450/750V、300/500V及以下的家用电器、小型电动工具、仪器仪表及动力照明等装置的连接，交流额定电压250V以下日用电器、照明灯头的接线等
RVB	—	聚氯乙烯绝缘平型软导线	
RVS	—	聚氯乙烯绝缘绞型软导线	

➤ 知识 2　常用绝缘材料

绝缘材料在电力系统中有广泛的应用，如用做电器、电动机的底板、底座、外壳及绕组绝缘、导线的绝缘保护层、绝缘子等。此外，电力变压器冷却油、油断路器用油、电容器用油以及电器、电动机设备的防锈覆盖油漆等，均需要有良好的绝缘性能，这些也属于绝缘材料范围。电工常用绝缘材料的种类和主要用途如表 2.9 所示。图 2.49 所示为用途最广、用量最多的电工胶布。

图 2.49　电工胶布

表 2.9　　　　　　　　　　　　电工常用绝缘材料的种类和主要用途

名　称	常　用　种　类	主　要　用　途
电工塑料	ABS 塑料	用于制作各种仪表和电动工具的外壳、支架、接线板等
	尼龙	用于制作插座、线圈骨架、接线板以及机械零部件等，也常用做绝缘护套、导线绝缘护层
	聚苯乙烯（PS）	用于制作各种仪表外壳、开关、按钮、线圈骨架、绝缘垫圈、绝缘套管
	有机玻璃	用于制作仪表、绝缘零件、接线柱及读数透镜
	聚氯乙烯（PVC）	用于制作电线电缆的绝缘和保护层
	氯乙烯（PE）	用于制作通信电缆、电力电缆的绝缘和保护层
电工橡胶	天然橡胶	适合制作柔软性、弯曲性和弹性要求较高的电力电缆的绝缘和保护层
	人工橡胶	用于制作电线电缆的绝缘和保护层
绝缘薄膜		主要用于制作电动机、电器线圈和电线电缆的绝缘以及电容器的介质
绝缘粘带	电工胶布	电工用途最广、用量最多的绝缘粘带
	聚氯乙烯胶带	可代替电工胶布，除包扎电线电缆外，还可用于密封保护层
	涤纶胶带	除包扎电线电缆外，还可用于密封保护层及胶扎物件

➤ 知识 3　导线连接的基本要求

（1）连接可靠。接头连接牢固、接触良好、电阻小、稳定性好。接头电阻不大于相同长度导线的电阻值。

（2）强度足够。接头机械强度不小于导线机械强度的 80%。

（3）接头美观。接头整体规范、美观。

（4）耐腐蚀。对于连接的接头要防止电化腐蚀。对于铜与铝导线的连接，应采用铜铝过渡，如用铜铝接头。

（5）绝缘性能好。接头绝缘强度应与导线绝缘强度一致。

 实践操作

　常用导线连接

1. 剖削导线

常用导线有聚氯乙烯绝缘导线（俗称塑料硬导线）、聚氯乙烯绝缘软导线（俗称塑料软线）、聚氯乙烯绝缘聚氯乙烯护套导线（俗称塑料护套线）等，分别用不同的电工工具来剖削。

（1）剖削塑料硬导线绝缘层。塑料硬导线绝缘层的剖削分导线端头绝缘层的剖削和导线中间绝缘层的剖削，其剖削方法分别如图 2.50 和图 2.51 所示。

（a）用电工刀呈45°切入绝缘层

（b）改15°向线端推削

用刀切去余下的绝缘层

（c）用刀切去余下的绝缘层

图 2.50　导线端头绝缘层的剖削方法

（a）在所需线段上，电工刀呈45°切入绝缘层

（b）用电工刀切去翻折的绝缘层

（c）用工刀刀尖挑开绝缘层，并切断一端

（d）用电工刀切去另一端的绝缘层

图 2.51　导线中间绝缘层的剖削方法

 提示　导线端头绝缘层的剖削通常采用电工刀剖削，但4mm^{2}及以下的塑料硬导线绝缘层可用尖嘴钳或剥线钳剖削；导线中间绝缘层的剖削只能采用电工刀进行剖削。

（2）剖削塑料软线绝缘层。塑料软线绝缘层的剖削通常使用剥线钳或尖嘴钳剖削，一般适用于截面积不大于2.5mm^{2}的导线线芯的剖削，其剖削方法如图 2.52 所示。

所需长度

（a）左手拇、食指捏紧线头

（b）按所需长度，用钳头刀口轻切绝缘层

（c）迅速移动钳头，剥离绝缘层

图 2.52　塑料软线绝缘层的剖削方法

（3）剖削塑料护套线绝缘层。塑料护套线绝缘层的剖削方法如图 2.53 所示。

所需长度界线
（a）用刀尖划破凹缝护套层

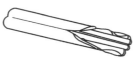（b）剥开已划破的护套层

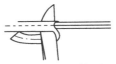（c）翻开护套层并切断

图 2.53　塑料护套线绝缘层的剖削方法

2. 连接导线

导线的连接方式有单股导线的连接、多股导线的连接和单股与多股导线的连接等。

（1）连接单股导线。单股硬导线的连接方法有直线连接和分支连接，其连接方法分别如表2.10和表2.11所示。

表2.10　　　　　　　　　　　单股硬导线的直线连接方法

序　号	示　意　图	操　作　要　点
1		将两根线头在离芯线跟部 $\frac{1}{3}$ 处呈"×"状交叉
2		把两线头如麻花状相互紧绞2圈
3		把一根线头扳起，另一根扳下，使线头与芯线垂直
4		把扳起的线头按顺时针方向在另一根线上紧绕6～8圈，圈间不要有缝隙，且应垂直排绕，绕毕切去线芯多余端
5		另一端头的连接方法，按上述第3、4步骤反向缠绕

表2.11　　　　　　　　　　　单股硬导线的分支连接方法

序　号	示　意　图	操　作　要　点
1		将剖削绝缘层的分支线芯垂直搭接在已剖削绝缘层的主干导线的芯线上
2		将分支线芯按顺时针方向在主干芯线上紧绕6～8圈，圈间不要有缝隙
3		绕毕，切去分支线芯多余端

（2）连接多股导线。多股导线的连接方法也有直线连接和分支连接，其连接方法分别如表2.12和表2.13所示。

表2.12　　　　　　　　　　　多股导线的直线连接方法

序　号	示　意　图	操　作　要　点
1	全长 2/5　进一步绞紧	剖去绝缘层，将约占全长 $\frac{2}{5}$ 的线芯进一步绞紧，接着把余下的 $\frac{3}{5}$ 线芯松散呈伞状
2		把两伞状线芯隔股对叉并插到底
3	叉口处应钳紧	捏平叉入后的两侧所有芯线，并理直每股芯线，使每股芯线的间隔均匀；同时用钢丝钳钳紧叉口处，消除空隙
4		将一导线中的2根单股芯线折起，与芯线叉口成90°（垂直于下边多股芯线的轴线）
5		先按顺时针方向紧绕2圈后，再折回90°，并平卧在扳起前的轴线位置上
6		将紧挨平卧的另2根芯线折成90°，再按第5步方法进行操作

序号	示意图	操作要点
7		把余下的 3 根芯线按第 5 步方法缠绕至第 2 圈后，在根部剪去多余的芯线并钳平；接着将余下的芯线缠足 3 圈，剪去多余端，钳平切口，不留毛刺
8		另一侧按步骤第 4～7 步方法进行加工 注意缠绕的每圈直径均应垂直于芯线的轴线，并应使每 2 圈（或 3 圈）间紧缠紧挨

表 2.13 多股导线的分支连接方法

序号	示意图	说明
1	全长 1/10 进一步绞紧	把支线线头离绝缘层切口根部约全长 $\frac{1}{10}$ 的一段芯线作进一步绞紧，并把余下的 $\frac{9}{10}$ 芯线松散呈伞状
2		用螺丝刀插入芯线中间，将干线撬分成 2 组；再将支线均分成 2 组，将其中的一组芯线插入干线缝隙中，同时移正位置
3		先嵌紧干线插入口处，接着将一组芯线在干线芯线上按顺时针方向垂直紧紧排绕，剪去多余端，不留毛刺
4		另一组芯线按第 3 步方法紧紧排绕，同样剪去多余端，不留毛刺。一般每组芯线绕至离绝缘层切口处 5mm 左右为止，则可剪去多余端

（3）连接单股与多股导线。单股与多股导线的连接方法如表 2.14 所示。

表 2.14 单股与多股导线的连接方法

序号	示意图	操作要点
1	螺钉旋具	在离多股线左端绝缘层切口 3～5mm 处用螺丝刀把多股芯线均匀地分成两组（如 7 股线的芯线分成一组为 3 股与另一组为 4 股）
2		把单股线插入多股线的 2 组中间，但不可插到底，应使绝缘层切口离多股芯线约 3mm，接着用钢丝钳把多股线的插缝钳平钳紧
3	5mm 各为 5mm 左右	把单股线芯按顺时针方向紧缠在多股芯线上，应绕足 10 圈，然后剪去多余端。若绕足 10 圈后另一端多股线芯线裸露超出 5mm，且单股芯线尚有多余端，则可继续缠绕，直至多股芯线裸露约 5mm 为止

3. 恢复导线的绝缘

导线绝缘层连接或被破坏后，必须恢复其绝缘层的绝缘性能。导线绝缘层的恢复方法一般为包缠法。包缠法又可分导线直接点绝缘层的绝缘恢复、导线分支接点绝缘层的绝缘恢复和导线并接点绝缘层的绝缘恢复，其操作方法分别如表 2.15、表 2.16 和表 2.17 所示。

表 2.15　　　　　　　　　　　　导线直接点绝缘层的绝缘恢复方法

序号	示　意　图	操　作　要　点
1	30~40mm　约45°	用绝缘带（黄蜡带或涤纶薄膜带）从左侧完好的绝缘层开始顺时针包缠
2	1/2 带宽	进行包缠时，绝缘带与导线应保持 45° 的倾斜角并用力拉紧，使绝缘带半幅相叠压紧
3	黑胶带应包出绝缘带层　黑胶带接法	包至另一端也必须包入与始端同样长度的绝缘层，然后接上电工胶布，并将电工胶布包出绝缘带至少半根带宽，即必须使电工胶布完全包没绝缘带
4	两端捏住作反方向扭旋（封住端口）	电工胶布的包缠不得过疏过密，包到另一端也必须完全包没绝缘带，收尾后用双手的拇指和食指捏紧电工胶布两端口，进行一正一反方向拧紧，利用电工胶布的黏性，将两端口充分密封起来

表 2.16　　　　　　　　　　　　导线分支接点绝缘层的绝缘恢复方法

序号	示　意　图	操　作　要　点
1		与导线直接点绝缘层的恢复方法相同，从左端开始包扎
2		包至碰到分支线时，用左手拇指顶住左侧直角处包上的带面，使它紧贴转角处芯线，并应使处于线顶部的带面尽量向右侧斜压
3		绕至右侧转角处时，用左手食指顶住右侧直角处带面，并使带面在干线顶部向左侧斜压，与被压在下边的带面呈"×"状交叉；然后把带再回绕到右侧转角处
4		带沿紧贴支线连接处根端，开始在支线上包缠，包至完好绝缘层上约两根带宽时，原带折回再包至支线连接处根端，并把带向干线左侧斜压
5		当带围过干线顶部后，紧贴干线右侧的支线连接处开始在干线右侧芯线上进行包缠
6		包至干线另一端的完好绝缘层上后，接上电工胶布，再按第 2～5 步方法继续包缠电工胶布

表2.17　　　　　　　　　　导线并接点绝缘层的绝缘恢复方法

序号	示意图	操作要点
1		用绝缘带（黄腊带或涤纶薄膜带）从左侧完好的绝缘层上开始顺时针包缠
2		由于并接点较短，绝缘带叠压宽度可紧些，间隔可小于 $\frac{1}{2}$ 带宽
3		包缠到导线端口后，应使带面超出导线端口 $\frac{1}{2} \sim \frac{3}{4}$ 带宽，然后折回伸出部分的带宽
4		把折回的带面撤平压紧，接着缠包第二层绝缘层，包至下层起包处止
5		接上电工胶布，使电工胶布超出绝缘带层至少半根带宽，并完全压没住绝缘带
6		按第2步方法把电工胶布包缠到导线端口
7		按第3、4步方法把电工胶布缠包端口绝缘带层，并完全压没住绝缘带；然后折回缠包第2层电工胶布，包至下层起包处止
8		用右拇指、食指紧捏电工胶布断口，使端口密封

 提示　　　直接点常出现在因导线长度不够需要进行连接的位置。由于该处有可能承受一定的拉力，因此，导线直接点的机械拉力不得小于原导线机械拉力的80%，绝缘层的恢复也必须可靠，否则容易发生断路和触电等电气事故。

　　　　并接点常出现在木台、接线盒内。由于木台、接线合的空间小、导线和附件多，往往彼此挤在一起，容易贴在墙面，因此，导线并接点的绝缘层必须恢复得可靠，否则容易发生漏电或短路等电气事故。

 比一比　　剖削导线和连接导线的不同方法

（1）比较用不同电工工具剖削导线绝缘层的方法。

（2）比较单股导线连接、多股导线连接、单股与多股导线的连接方法。

（3）比较导线的直线连接和分支连接的方法。

练一练　　导线的剖削、连接和绝缘恢复

（1）用 2 根 1mm^2 单股铜芯绝缘导线作直线连接，并进行绝缘恢复。

（2）用 2 根 7 股铜芯绝缘导线作分支连接，并进行绝缘恢复。

（3）剖削 1.5mm^2 塑料护套线的绝缘层。

 实训总结　　把连接常用导线的收获、体会填入表 2.18 中，并完成评价。

表 2.18　　　　　　　　　　　　　连接常用导线训练总结表

序号	项　目	考核要求	配分	评分标准	扣　分
1	导线剖削	正确剖削导线	20	剖削导线方法不正确，扣20分	
2	导线连接	连接方法正确，导线缠绕紧密，切口平整，线芯不得损伤	40	（1）缠绕方法不正确扣 10 分 （2）密排并绕不紧，每处扣 10 分 （3）导线缠绕不整齐扣 10 分 （4）切口不平整，每处扣 10 分	
3	绝缘恢复	在导线连接处包缠两层绝缘带，方法正确，质量符合要求	40	（1）包缠方法不正确扣 20 分 （2）包缠质量达不到要求扣 20 分	
安全文明操作		违反安全文明操作规程（视实际情况进行扣分）			
额定时间		每超过 5min 扣 5 分			
开始时间		结束时间		实际时间		成绩	
训练收获					
训练体会					
综合评价					
评价人				日期			

 实训拓展

➢ **拓展 1　连接导线与接线端子**

导线与接线端子的连接方法如表 2.19 所示。

表 2.19　　　　　　　　　　　　　导线与接线端子的连接方法

序号	连接方式	示　意　图	操作要点
1	压板式连接		将剖削绝缘层的芯线用尖嘴钳弯成钩，再垫放在瓦楞板或垫片下。若是多股软导线，应先绞紧再垫放在瓦楞板或垫片下。注意不要把导线的绝缘层垫压在压板（如瓦楞板、垫片）内
2	螺钉压式连接	（a）　（b）　（c）　（d）	在连接时，导线的剖削长度应视螺钉的大小而定，然后将导线头弯制成羊眼圈形式（见左图（a）、（b）、（c）、（d）4 步制作羊眼圈工作）；再将羊眼圈套在螺丝中，进行垫片式连接

序号	连接方式	示 意 图	操 作 要 点
3	针孔式连接	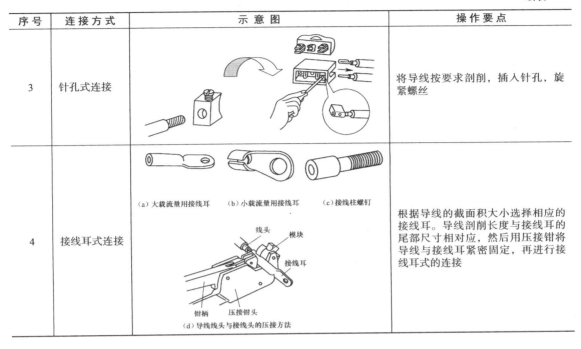	将导线按要求剖削，插入针孔，旋紧螺丝
4	接线耳式连接	（a）大载流量用接线耳　（b）小载流量用接线耳　（c）接线柱螺钉 线头　模块 接线耳 钳柄　压接钳头 （d）导线线头与接线头的压接方法	根据导线的截面积大小选择相应的接线耳。导线剖削长度与接线耳的尾部尺寸相对应，然后用压接钳将导线与接线耳紧密固定，再进行接线耳式的连接

➤ **拓展 2　导线封端**

导线的封端是指将大于 $10mm^2$ 的单股铜芯线、大于 $2.5mm^2$ 的多股铜芯线和单股铝芯线的线头，进行焊接或压接接线端子的工艺过程。导线的封端方法如表 2.20 所示。

表 2.20　　　　　　　　　　　　导线的封端方法

导线材料	选用方法	封 端 工 艺
铜	锡焊法	（1）除去线头表面、接线端子孔内的污物和氧化物 （2）分别在焊接面上涂上无酸焊剂，线头搪上锡 （3）将适量焊锡放入接线端子孔内，并用喷灯对其加热之熔化 （4）将搪锡线头接入端子孔，把熔化的焊锡灌满线头与接线端子孔内 （5）停止加热，使焊锡冷却，线头与接线端子牢固连接
	压接法	（1）除去线头表面、压接管内的污物和氧化物 （2）将两根线头相对插入，并穿出压接管（两线端各伸出压接管 25～30mm） （3）用压接钳进行压接
铝	压接法	（1）除去线头表面、接线孔内的污物和氧化物 （2）分别在线头、接线孔两接触面涂以中性凡士林 （3）将线头插入接线孔，用压接钳进行压接

这一单元学习了电路基本知识，包括电流、电压、电位、电动势、电阻、电能、电功率等电路的基本概念，电阻定律、欧姆定律、焦耳定律等电路基本定律，测量电压、电流、电阻和剖削导线、连接导线、恢复导线绝缘等电工基本技能。本单元是学好专业课程的基础。

1. 学习基本概念，要明确这些概念的符号、物理意义、定义式、方向、单位等，可以列表加以比较。完成表 2.21。

表 2.21　　　　　　　　　　　　　　　电路基本概念比较表

序号	物理量	符号	物理意义	定义式	方向	单位
1	电流					
2	电压					
3	电位				——	
4	电动势					
5	电阻				——	
6	电能					
7	电功率				——	

2. 学习基本定律，要知道定律的内容、表达式等，并能应用这些定律分析和解决生产、生活中的实际问题。

（1）电阻定律是计算电阻大小的定律，能说出它的内容，写出它的表达式吗？要学会应用电阻定律计算导体的电阻。

（2）欧姆定律是电工基础最基本的定律，能说出它的内容，写出它的表达式吗？能灵活应用欧姆定律分析和解决生产、生活中的实际问题吗？

（3）焦耳定律是计算电流热效应的定律，能说出它的内容，写出它的表达式吗？能灵活应用焦耳定律分析和解决生产、生活中的实际问题吗？

3. 学习基本技能，要知道这些基本技能的操作要点，反复操练，熟能生巧。

（1）电压、电流和电阻的测量是电工的基本测量，知道这些测量的基本方法吗？能选用合适的仪表测量吗？

（2）剖削导线、连接导线和恢复导线绝缘是电工的基本功，知道这些操作的基本方法吗？能选用合适的工具操作吗？

思考与练习

一、填空题

1. 电位和电压是两个不同的概念。电路中的电位值是 _____ 的，与参考点的选择有关；但两点间的电压是 _____ 的，与参考点的选择无关。

2. 在外电路，电流方向由 _____ ，是 _____ 力做功；在内电路，电流方向由 _____ ，是 _____ 力做功。

3. 电源产生的电功率等于 _____ 的电功率与 _____ 的电功率之和。

4. 在一段电路中，流过导体的电流与这段导体的 _____ 成正比，而与这段导体的 _____

成反比。

5. 一根长为 L 的金属铜丝，电阻为 R，若将其对折后并在一起，电阻变为 _____。

6. 教室内有 10 盏 40W 的电灯，全部使用 4h 消耗电能 _____。按平均每天使用 4h，每度电费为 0.6 元，30 天要支付电费 _____。

二、选择题

1. 与金属导体的电阻无关的因素是（　　）。

　　A. 导体的长度　　　　B. 导体的横截面积　　　C. 导体材料的电阻率　　　　D. 外加电压

2. 标有"220V 40W"的甲灯与标有"36V 40W"的乙灯，它们正常工作通电 1h，则（　　）。

　　A. 甲灯耗电多　　　　B. 乙灯耗电多　　　　　C. 甲乙耗电一样多　　　　D. 无法判断

3. 为了使电炉丝消耗的功率减小到原来的一半，则应当（　　）。

　　A. 使电压加倍　　　　B. 使电压减半　　　　　C. 使电阻加倍　　　　　　D. 使电阻减半

4. 一个电源分别接上 8Ω 和 2Ω 的电阻时，两个电阻消耗的电功率相等，则电源的内阻为（　　）。

　　A. 1Ω　　　　　　　　B. 2Ω　　　　　　　　　C. 4Ω　　　　　　　　　　D. 8Ω

三、计算题

1. 某一闭合电路，电源内阻 $r=0.2Ω$，外电路的端电压是 1.9V，电路中的电流是 0.5A，求电源电动势、外电阻及外电阻所消耗的功率。

2. 如图 2.54 所示，已知电动势 $E = 220V$，内阻 $r = 0.5Ω$，负载 $R = 10.5Ω$。求：（1）电路电流；（2）电源端电压；（3）负载消耗的功率。

图 2.54　计算题 2 图

3. 一个标有"220V 1 000W"的电熨斗，接的电源为 220V，使用 30min。求：（1）电路中流过的电流是多少？（2）电熨斗消耗的电能可供标有"220V 40W"的电灯使用多长时间？

四、综合题

1. 观察手电筒的结构，说明手电筒的基本组成部分，画出手电筒电路图。

2. 电路有哪几种工作状态？列举实际电路，说明电路不同情况下对应的不同状态。

3. 通过实地走访和上网查询，调查本地的废电池回收现状，并提出相应的措施。

图 2.55　综合题 4 用图

4. 如图 2.55 所示为大电流电器的一部分，为什么它的连接导体采用铜排？

5. 通过实地走访和上网查询，调查电阻与温度的关系在家电产品中的应用。

6. 生活中哪些电器会因为电流的热效应而产生不良影响，这些电器是如何散热的？

7. 通过实地走访和上网查询，调查电器节能的措施。

8. 节约用电是每一位公民的职责，应用所学的知识列举 5 条以上的节约用电措施。

第 3 单元

直流电路

知识目标

- 掌握电阻串联、并联及混联的连接方式，会计算等效电阻、电压、电流和功率。
- 了解支路、节点、回路和网孔的概念。
- 掌握基尔霍夫电流、电压定律。
- *了解电路的等效变换，了解电流源与电压源的等效变换、戴维宁定理和叠加原理。
- *了解负载获得最大功率的条件及其应用。

技能目标

- 会应用电阻串联、并联电路的特点分析和解决实际的简单电路。
- 会应用基尔霍夫电流、电压定律列出两个网孔的电路方程。

情 景 导 入

在生活中，电动自行车已经成为人们代步的一个交通工具，如图 3.1 所示；随着生活水平的提高，汽车也将成为人们出行的一个常用工具，如图 3.2 所示。这些交通工具的电源都是直流电源。

在工厂里，直流电动机已成为电力拖动的一个重要动力，如图 3.3 所示；在工程中，还有很多电器的基本电路是电子电路，如图 3.4 所示。这些设备的最终电源也是直流电源。

凡是用直流电源供电的电路都称为直流电路。直流电路的分析方法是研究电路的基本方法，也是学习其他专业课程的基本方法。掌握直流电路的分析方法对今后的学习是非常重要的。

那么，如何学会电路的分析方法呢？一起来学一学电路的分析方法吧。

图 3.1　电动自行车

图 3.2　汽车

图 3.3　直流电动机

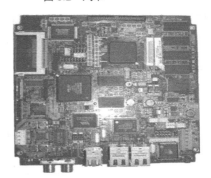

图 3.4　电子电路

知 识 链 接

第 1 节　电阻的连接方式

在学校实训室里，大家一定见到了能提供各种电压的直流电源，这些直流电源是如何得到的？在家里，有各种不同的负载，如照明灯、电饭煲等，这些负载又是如何连接的呢？在直流电路中，电路的连接方式有串联、并联、混联等。如何分析这些电路呢？

一、电阻的串联

把 2 个或 2 个以上的电阻依次连接，使电流只有一条通路的电路，称为串联电路，如图 3.5（a）所示为由 3 个电阻组成的串联电路。

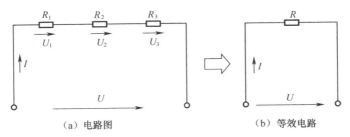

（a）电路图　　　　　　　　　　　（b）等效电路

图 3.5　电阻串联电路

做一做　用直流电流表和直流电压表分别测量2个电阻串联电路的总电流、分电流和总电压、分电压，将实验结果填入表3.1中。

表3.1 串联电路测量结果表

测量电量	电流			电压		
	分电流 I_1	分电流 I_2	总电流 I	分电压 U_1	分电压 U_2	总电压 U
数据						

从实验数据可以得出以下结论。

1. 电流特点

串联电路的电流处处相等，即

$$I = I_1 = I_2 = I_3 = \cdots = I_n \tag{3-1}$$

2. 电压特点

串联电路的总电压等于各电阻上的分电压之和，即

$$U = U_1 + U_2 + U_3 + \cdots + U_n \tag{3-2}$$

电流特点和电压特点是电路的基本特点，其他特点都可以从电路的基本特点中推导出来。

3. 电阻特点

如果用一个电阻代替几个串联电阻，两者具有相同的电压、电流关系，这个电阻称为串联电路的等效电阻。等效电阻也就是电路的总电阻，如图3.5（b）所示的电路是如图3.5（a）所示电路的等效电路。

将式（3-2）同除以电流 I，得

$$\frac{U}{I} = \frac{U_1}{I} + \frac{U_2}{I} + \frac{U_3}{I} + \cdots + \frac{U_n}{I}$$

因为

$$I = I_1 = I_2 = I_3 = \cdots = I_n$$

所以根据欧姆定律，可得

$$R = R_1 + R_2 + R_3 + \cdots + R_n \tag{3-3}$$

即串联电路的等效电阻等于各分电阻之和。

试一试　同学们可以断开串联电路的电源，用万用表的电阻挡测量各分电阻和总电阻的值，看看结果是否与式（3-3）相符。

提示　电阻的阻值越串越大。当 n 个等值电阻串联时，其等效电阻为 $R = nR_0$。

电阻的串联就好比是几根水管连接在一起，水流是从同一根水管流出，只不过是其长度增加了。用水流类比电流，就会明白串联电路的等效电阻。

4. 功率特点

将式（3-2）同乘以电流 I，得

$$UI = U_1 I + U_2 I + U_3 I + \cdots + U_n I$$

因为

$$I = I_1 = I_2 = I_3 = \cdots = I_n$$

所以根据功率公式，可得

$$P = P_1 + P_2 + P_3 + \cdots + P_n \tag{3-4}$$

即串联电阻的总功率等于各电阻的分功率之和。

5. 电压分配

因为

$$I = I_1 = I_2 = I_3 = \cdots = I_n$$

所以

$$I = \frac{U_1}{R_1} = \frac{U_2}{R_2} = \frac{U_3}{R_3} = \cdots = \frac{U_n}{R_n} \tag{3-5}$$

即串联电路中各电阻两端的电压与各电阻的阻值成正比。

 提示 如果 2 个电阻 R_1 和 R_2 串联，它们的分压公式为

$$U_1 = \frac{R_1}{R_1 + R_2} U$$

$$U_2 = \frac{R_2}{R_1 + R_2} U$$

公式的记忆口诀是：R_1 和 R_2 分电压 U，因为成正比，分给 R_1 的电压是 U_1，分给 R_2 的电压是 U_2。公式的推导方法很多，同学们可以试一试自己推导。

6. 功率分配

因为

$$I = I_1 = I_2 = I_3 = \cdots = I_n$$

所以

$$I^2 = \frac{P_1}{R_1} = \frac{P_2}{R_2} = \frac{P_3}{R_3} = \cdots = \frac{P_n}{R_n} \tag{3-6}$$

即串联电路中各电阻消耗的功率与各电阻的阻值成正比。

 提示 两个电阻的分功率公式与分压公式相似，即用相应的 P 代替相应的 U。

【例 3.1】 如图 3.6 所示为常见的分压器电路。已知电路的输入电压 U_{AB} 为 24V，电位器 $R = 10\,\Omega$。当电位器触点在中间位置时，求输出电压 U_{CD}。

【分析】 当电位器触点在中间位置时，上、下电阻各为 $5\,\Omega$，利用分压公式即可求出输出电压。

解： 当电位器触点在中间位置时，输出电压

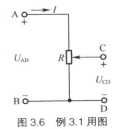

图 3.6 例 3.1 用图

$$U_{CD} = \frac{R_下}{R_上 + R_下} U_{AB} = \frac{5}{5+5} \times 24 = 12V$$

 提示 这是电压连续可调的分压器，当电位器触点上、下移动时，输出电压 U_{CD} 在 $0 \sim U_{AB}$ 连续可调。

【例3.2】 如图 3.7 所示，表头内阻 $R_g = 1k\Omega$，满偏电流 $I_g = 500\mu A$。若要改装成量程为 3V 的电压表，应串联多大的电阻？

【分析】 先根据欧姆定律求出满偏电压，再求出电阻 R 分担的电压，即可求出分压电阻的阻值。

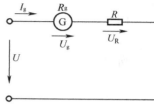

解：表头的满偏电压 $U_g = R_g I_g = 1 \times 10^3 \times 500 \times 10^{-6} = 0.5V$

串联电阻分担的电压 $U_R = U - U_g = 3 - 0.5 = 2.5V$

串联电阻值 $R = \frac{U_R}{I_R} = \frac{U_R}{I_g} = \frac{2.5}{500 \times 10^{-6}} = 5 \times 10^3 \Omega = 5k\Omega$

图 3.7 例 3.2 用图

 试一试 同学们还可以尝试用其他方法求出分压电阻的值。

 提示 为扩大电压表的量程，需要串联阻值较大的电阻。因此，电压表的内阻较大。在实际测量中，电压表应并联在被测电路中，其内阻可以看做是无穷大。

 工程应用 电阻串联电路的应用十分广泛。在工程中，常利用串联电阻的分压作用来实现一定要求，如图 3.8 所示为用于电力系统现场测量的高压分压器，采用串联电路的分压原理按一定的比例（如 1：1 000）采样测量显示。

用串联电阻的方法还可以限制电流，常用的有电动机串电阻降压起动、电子电路中与二极管串联的限流电阻；利用串联电阻扩大电压表的量程等。同学们也可以上网或到图书馆查看还有哪些应用。

图 3.8 高压分压器

二、电阻的并联

把 2 个或 2 个以上的电阻并接在两点之间，电阻两端承受同一电压的电路，称为并联电路，如图 3.9 所示为由 3 个电阻组成的并联电路。

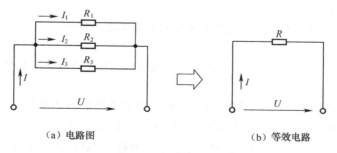

（a）电路图　　　　　　　　　（b）等效电路

图 3.9 电阻并联电路

做一做 用直流电流表和直流电压表分别测量 2 个电阻并联电路的总电流、分电流和总电压、分电压，将实验结果填入表 3.2 中。

测量电量	电流			电压		
	分电流 I_1	分电流 I_2	总电流 I	分电压 U_1	分电压 U_2	总电压 U
数 据						

表 3.2 　　　　　　　　　　并联电路测量结果表

从实验数据可以得出以下结论。

1. 电压特点

并联电路两端的电压相等，即

$$U = U_1 = U_2 = U_3 = \cdots = U_n \tag{3-7}$$

2. 电流特点

并联电路的总电流等于通过各电阻的分电流之和，即

$$I = I_1 + I_2 + I_3 + \cdots + I_n \tag{3-8}$$

3. 电阻特点

将式（3-8）同除以电压 U，得

$$\frac{I}{U} = \frac{I_1}{U} + \frac{I_2}{U} + \frac{I_3}{U} + \cdots + \frac{I_n}{U}$$

因为

$$U = U_1 = U_2 = U_3 = \cdots = U_n$$

所以根据欧姆定律，可得

$$\frac{1}{R} = \frac{1}{R_1} + \frac{1}{R_2} + \frac{1}{R_3} + \cdots + \frac{1}{R_n} \tag{3-9}$$

即并联电路等效电阻的倒数等于各分电阻的倒数之和。

 　　同学们可以断开并联电路的电源，用万用表的电阻挡测量各分电阻和总电阻的值，看看结果是否与式（3-9）相符。

> 提示
>
> 电阻的阻值越并越小。当 n 个等值电阻并联时，其等效电阻为 $R = \dfrac{R_0}{n}$。
>
> 2 个电阻并联时，其等效电阻为 $R = R_1 \parallel R_2 = \dfrac{R_1 R_2}{R_1 + R_2}$。
>
> 公式的记忆口诀是：积比和（即上乘下加）。
>
> 电阻的并联就好比是几根水管并排放在一起，相当于各水管的水流叠加在一起，水流变大，水管阻碍水流的程度就变小。

4. 功率特点

将式（3-8）同乘以电压 U，得

$$IU = I_1 U + I_2 U + I_3 U + \cdots + I_n U$$

因为

$$U = U_1 = U_2 = U_3 = \cdots = U_n$$

所以根据功率公式，可得

$$P = P_1 + P_2 + P_3 + \cdots + P_n \qquad (3\text{-}10)$$

即并联电阻的总功率等于各电阻的分功率之和。

提示 功率特点是串联与并联电路唯一相同的特点，因为能量总是守恒的，与电路的连接方式是无关的。

5. 电流分配

因为

$$U = U_1 = U_2 = U_3 = \cdots = U_n$$

所以

$$U = R_1 I_1 = R_2 I_2 = R_3 I_3 = \cdots = R_n I_n \qquad (3\text{-}11)$$

即并联电路中通过各个电阻的电流与各个电阻的阻值成反比。

提示 如果两个电阻 R_1 和 R_2 并联，它们的分压公式为

$$I_1 = \frac{R_2}{R_1 + R_2} I$$

$$I_2 = \frac{R_1}{R_1 + R_2} I$$

公式的记忆口诀是：R_1 和 R_2 分电流 I，因为成反比，分给 R_1 的电流是 I_2，分给 R_2 的电流是 I_1。公式的推导方法很多，同学们可以试一试自己推导。

6. 功率分配

因为

$$U = U_1 = U_2 = U_3 = \cdots = U_n$$

所以

$$U^2 = R_1 P_1 = R_2 P_2 = R_3 P_3 = \cdots = R_n P_n \qquad (3\text{-}12)$$

即并联电路中各个电阻消耗的功率与各个电阻的阻值成反比。

提示 两个电阻的分功率公式与分流公式相似，即用相应的 P 代替相应的 I。

【**例 3.3**】 有一个 $500\,\Omega$ 的电阻，分别与 $5\,\Omega$、$500\,\Omega$、$600\,\Omega$ 的电阻并联，并联后的等效电阻各为多少？

【**分析**】 本题直接利用 2 个电阻并联时的等效电阻分式即可。

解：并联后的等效电阻分别为

（1） $R = 500 \ /\!/ \ 5 = \dfrac{500 \times 5}{500 + 5} \approx 5\,\Omega$

（2） $R = 500 \ /\!/ \ 500 = \dfrac{500 \times 500}{500 + 500} = 250\,\Omega$

（3） $R = 500 \ /\!/ \ 600 = \dfrac{500 \times 600}{500 + 600} \approx 273\,\Omega$

提示 电阻并联，电阻值越并越小。两个阻值相差很大的电阻并联，其等效电阻值由小电阻值决定。

【例3.4】 如图3.10所示，表头内阻 $R_g = 1k\Omega$，满偏电流 $I_g = 500\mu A$。若要改装成量程为 3A 的电流表，应并联多大的电阻？

【分析】 先根据欧姆定律求出满偏电压，再求出电阻 R 分担的电流，即可求出分流电阻的值。

解： 表头的满偏电压 $U_g = R_g I_g = 1 \times 10^3 \times 500 \times 10^{-6} = 0.5V$

并联电阻分担的电流 $I_R = I - I_g = 3 - 500 \times 10^{-6} = 2.9995A$

并联电阻值 $R = \dfrac{U_R}{I_R} = \dfrac{U_R}{I_g} = \dfrac{0.5}{2.9995} \approx 0.17\Omega$

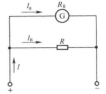

图3.10 例3.4用图

 同学们还可尝试用其他方法求出分流电阻的值。

 提示 为扩大电流表的量程，要并联阻值较小的电阻。因此，电流表的内阻较小。在实际测量中，电流表应串联在被测电路中，其内阻可以忽略不计。

 工程应用 电阻并联电路的应用十分广泛。在工程上，常利用并联电阻的分流作用来实现一定要求，如图3.11所示为用于扩大仪表测量电流范围的分流器。同时，额定电压相同的负载几乎都采用并联，这样，既可以保证用电器在额定电压下正常工作，又能在断开或闭合某个用电器时，不影响其他用电器的正常工作。同学们也可以上网或到图书馆查一查还有哪些应用。

图3.11 分流器

 提示 电阻可以串联和并联，电源也可以串联和并联。在工程中，经常根据需要把电动势和内阻相同的电池串联或并联起来，组成电池组，如2节干电池串联起来用做手电筒的电源等。电池组串联时，其等效电动势 $E_{串} = nE$，内阻 $r_{串} = nr$；电池组并联时，其等效电动势 $E_{并} = E$，内阻 $r_{并} = \dfrac{r}{n}$。

三、电阻的混联

在实际电路中，既有电阻串联又有电阻并联的电路，称为混联电路，如图3.12所示。

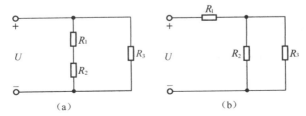

图3.12 混联电路

1. 混联电路的一般分析方法

混联电路的一般分析方法如下。

第3单元 直流电路

（1）求混联电路的等效电阻。根据混联电路电阻的连接关系求出电路的等效电阻。

（2）求混联电路的总电流。根据欧姆定律求出电路的总电流。

（3）求各部分的电压、电流和功率。根据欧姆定律，电阻的串、并联特点和电功率的计算公式分别求出电路各部分的电压、电流和功率。

【例3.5】　如图3.13所示，电源电压为400V，输电线上的等效电阻 $R_1 = R_2 = 5\Omega$，外电路的负载 $R_3 = R_4 = 380\Omega$。求：（1）电路的等效电阻；（2）电路的总电流；（3）负载两端的电压；（4）负载 R_3 消耗的功率。

【分析】　根据混联电路的一般分析方法，应用欧姆定律，电阻的串联、并联特点和电功率的计算公式即可求出相关未知量。

解：（1）电路的等效电阻

$$R = R_1 + R_3 \mathbin{/\mkern-5mu/} R_4 + R_2 = 5 + 380 \mathbin{/\mkern-5mu/} 380 + 5 = 200\Omega$$

（2）电路的总电流 $I = \dfrac{U}{R} = \dfrac{400}{200} = 2A$

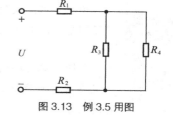

（3）负载两端的电压

$$U_{34} = U - I(R_1 + R_2) = 400 - 2 \times (5+5) = 380V$$

图3.13　例3.5用图

（4）负载 R_3 消耗的功率 $P_3 = \dfrac{U_{34}^2}{R_3} = \dfrac{380^2}{380} = 380W$

　同学们也可尝试用其他方法求 U_{34} 和 P_3。

2. 混联电路等效电阻的求法

混联电路求解的关键是等效电阻的计算。而等效电阻的计算是根据电路结构，把串联、并联关系不易分清的电路整理成串联、并联关系直观清晰的电路，其实质是进行电路的等效变换。等效电阻的计算常用等电位法。用等电位法求解混联电路等效电阻的一般步骤如下。

（1）确定等电位点。确定电路中的等电位点。导线的电阻和理想电流表的电阻可忽略不计，可以认为导线和电流表连接的2点是等电位点。

（2）确定电阻的连接关系。从电路的一端（A点）出发，沿一定的路径到达电路的另一端（B点），确定电阻的串联、并联关系。一般先确定电阻最少的支路，再确定电阻次少的支路。

（3）求解等效电阻。根据电路的连接关系列出表达式，求出等效电阻。

【例3.6】　在如图3.14（a）所示电路中，各电阻均为 6Ω，分别求下列情况下 AB 两端的等效电阻：（1）S_1、S_2 都打开；（2）S_1 打开，S_2 闭合；（3）S_1 闭合，S_2 打开。

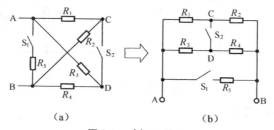

（a）　　　　　　　　　（b）

图3.14　例3.6用图

【分析】　在图 3.14（a）中标出电位点 C、D，开关 S_1 接在 R_5 支路中，S_1 打开时，R_5 支路断开；S_1 闭合时，R_5 支路闭合；开关 S_2 在 C、D 之间，当 S 打开时，C、D 点电位不同；当 S 闭合时，C、D 点电位相同。由此确定电阻的连接关系如图 3.14（b）所示。

解：（1）S_1、S_2 都打开时，等效电阻

$$R_{AB} = (R_1 + R_2) \mathbin{/\!/} (R_3 + R_4) = (6+6) \mathbin{/\!/} (6+6) = 6\,\Omega$$

（2）S_1 打开，S_2 闭合时，等效电阻

$$R_{AB} = R_1 \mathbin{/\!/} R_3 + R_2 \mathbin{/\!/} R_4 = 6 \mathbin{/\!/} 6 + 6 \mathbin{/\!/} 6 = 6\,\Omega$$

（3）S_1 闭合，S_2 打开时，等效电阻

$$R_{AB} = (R_1 + R_2) \mathbin{/\!/} (R_3 + R_4) \mathbin{/\!/} R_5 = (6+6) \mathbin{/\!/} (6+6) \mathbin{/\!/} 6 = 3\,\Omega$$

　同学们也可尝试求 S_1、S_2 都闭合时 AB 两端的等效电阻。

* 四、电路中的各点电位

电路中某点的电位是该点与参考点之间的电压。因此，求电路中某点的电位，就是求该点与参考点之间的电压。从这个角度来说，求电位还是可以归结为求电压。电路中各点的电位，就是从该点出发通过一定的路径到达参考点，其电位等于此路径上全部电压降的代数和。各点电位计算的一般步骤如下。

（1）确定电路中的参考点。电路中有时可能指定参考点。如未指定，可任意选取，一般选择大地、机壳或公共点为参考点。

（2）确定电路各元件两端电压的正、负极性。电动势的正、负极性直接根据其已知的正、负极性确定，电阻两端电压的正、负极性根据电路的电流方向确定。

（3）从待求点开始沿任意路径绕到零电位点，则该点的电位等于此路径上全部电压降的代数和。

【例 3.7】　在如图 3.15 所示电路中，分别求各个电路中 A 点的电位。

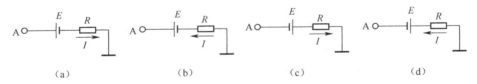

图 3.15　例 3.7 用图

【分析】　注意电源和电阻极性的确定。

解：电路中 A 点的电位分别如下。

在图 3.13（a）中，$V_A = E + RI$；

在图 3.13（b）中，$V_A = E - RI$；

在图 3.13（c）中，$V_A = -E + RI$；

在图 3.13（d）中，$V_A = -E - RI$。

【例 3.8】　在如图 3.16 所示电路中，电源电动势 $E_1 = 8\,\text{V}$，$E_2 = 4\,\text{V}$，$E_3 = 5\,\text{V}$，$R_1 = 1\,\Omega$，$R_2 = 2\,\Omega$，$R_3 = 6\,\Omega$，求电路中各点的电位。

【分析】　电阻 R_3 上无电流通过，因此 R_3 两端电压为零。

解：闭合电路的电流方向如图 3.8 所示，闭合电路的电流

$$I = \frac{E_1 + E_2}{R_1 + R_2} = \frac{8+4}{1+2} = 4\,\text{A}$$

电路中各点的电位分别为

$$V_\text{A} = -E_3 = -5\,\text{V}$$

$$V_\text{B} = -R_1I - E_3 = -1 \times 4 - 5 = -9\,\text{V}$$

$$\text{或}\ V_\text{B} = -E_1 + R_2I - E_2 - E_3 = -8 + 2 \times 4 - 4 - 5 = -9\,\text{V}$$

$$V_\text{C} = R_2I - E_2 - E_3 = 2 \times 4 - 4 - 5 = -1\,\text{V}$$

$$\text{或}\ V_\text{C} = E_1 - R_1I - E_3 = 8 - 1 \times 4 - 5 = -1\,\text{V}$$

$$V_\text{D} = -E_2 - E_3 = -4 - 5 = -9\,\text{V}$$

$$V_\text{F} = 0$$

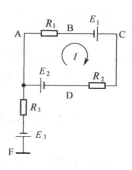

图3.16 例3.8用图

提示 电路中各点的电位，就是从该点出发通过一定的路径到达参考点，其电位等于此路径上全部电压降的代数和。电路中各点的电位与参考点的选择有关，但与电路通过的路径无关。一般选择计算方便的路径（即捷径）计算。

课堂练习

一、填空题

1.有2个100Ω的电阻串联，等效电阻是_____；若将它们并联，等效电阻是_____。

2.有2个电阻，把它们串联起来的总电阻为10Ω，把它们并联起来的总电阻为2.1Ω，这两个电阻的阻值分别为_____和_____。

3.利用串联电阻的_____原理可以扩大电压表的量程，利用并联电阻的_____原理可以扩大电流表的量程。

二、选择题

1.有2个阻值完全相等的电阻，若并联后的总电阻是10Ω，则将它们串联的总电阻为（　　）。

A. 5Ω　　　　B. 10Ω　　　　C. 20Ω　　　　D. 40Ω

2.如图3.17所示的等效电阻 R_AB 为（　　）。

A. 2Ω　　　　B. 5Ω　　　　C. 6Ω　　　　D. 7Ω

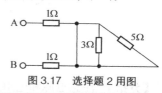

图3.17 选择题2用图

第2节　基尔霍夫定律

在实际电路中，经常遇到由2个或2个以上的电源组成的多回路电路。如在汽车电路中，由蓄电池（电动势 E_1、内阻 R_1）、发电机（电动势 E_2、内阻 R_2）和负载（灯 R_3）组成的电路，其等效电路如图3.18所示。不能用电路串联、并联分析方法简化成一个单回路的电路，称为复杂电路。那么，如何求解复杂电路呢？

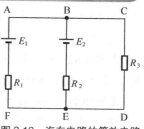

图3.18 汽车电路的等效电路

一、支路、节点、回路和网孔

1. 支路

支路是由一个或几个元件首尾相接构成的无分支电路。同一支路电流处处相等。在图3.18中，R_1、E_1构成一条支路，R_2、E_2构成一条支路，R_3是另一条支路。

2. 节点

节点是3条或3条以上支路的交点。在图3.18中，节点有B点和E点。

3. 回路

回路是电路中任何一条闭合的路径。在图3.18中，回路有ABEFA、BCDEB、ABCDEFA。

4. 网孔

网孔是内部不包含支路的回路。在图3.18中，ABEFA回路和BCDEB回路是网孔。

二、基尔霍夫定律

复杂电路的分析和计算的依据是欧姆定律和基尔霍夫定律。

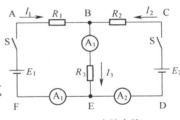

图3.19　实验电路

1. 基尔霍夫第一定律

基尔霍夫第一定律也称节点电流定律。为了观察各支路电流之间的关系，先来做个实验。

做一做　电路如图3.19所示，直流电源E_1和E_2为可调电源，用电流表可测得相应的各支路电流。先将电源E_1调到12V，电源E_2调到6V，接通电路，将电流表的读数填入表3.3中。再将电源E_1调到12V，电源E_2调到18V，重复上述实验。

表3.3　　　　　　　　　　　　　　电流表测各支路电流结果表

电源电压	I_1（mA）	I_2（mA）	I_3（mA）
$E_1 = 12V$，$E_2 = 6V$			
$E_1 = 12V$，$E_2 = 18V$			

从数据可以得出：B节点和E节点的电流关系满足$I_1 + I_2 = I_3$，E节点的电流关系满足$I_3 = I_1 + I_2$，即对各节点，流入节点的电流之和等于流出节点的电流之和。

这就是基尔霍夫第一定律的内容，即对电路中的任一节点，在任一时刻，流入节点的电流之和等于流出节点的电流之和。

用公式表示为

$$\Sigma I_i = \Sigma I_o \tag{3-13}$$

式中：ΣI_i——流入节点的电流之和，单位为安培（A）；

ΣI_o——流出节点的电流之和，单位为安培（A）。

在如图3.20所示电路中，有5条支路汇集于节点A，I_2、I_4流入节点A，I_1、I_3、I_5流出节点A，因此

$$I_2 + I_4 = I_1 + I_3 + I_5$$

通常规定流入节点的电流为正值，流出节点的电流为负值，汇集于节点A的各支路电流关系为

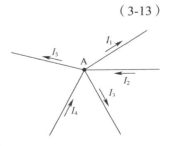

图3.20　节点电流示意图

$$-I_1 + I_2 - I_3 + I_4 - I_5 = 0$$

因此，基尔霍夫第一定律的内容也可表述为：在任一时刻，通过电路中任一节点的电流代数和恒等于零。

用公式表示为

$$\Sigma I = 0 \tag{3-14}$$

基尔霍夫第一定律可推广用于任何一个假想的闭合曲面 S，S 称为广义节点，如图 3.21 所示。通过广义节点的各支路电流的代数和恒等于零。

在图 3.21（a）中，电阻 R_1、R_2、R_3 构成广义节点，广义节点的电流方程为

$$I_1 - I_2 + I_3 = 0$$

在图 3.21（b）中，三极管的 3 个电极构成广义节点，其节点电流方程为

$$I_b + I_c - I_e = 0$$

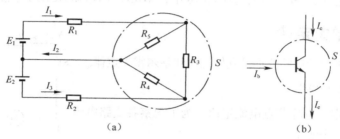

（a）   （b）

图 3.21　广义节点

> 节点（包括广义节点）可以想象成自来水管中的三通管。流出三通管的水流始终等于流入三通管的水流，水不可能在三通管中积聚起来。电流也类似。
>
> 节点电流方程只能针对流过同一节点（包括广义节点）的各支路电流。列节点电流方程时，首先假定未知电流的参考方向，计算结果为正值，说明该支路电流实际方向与参考方向相同；计算结果为负值，说明该支路电流实际方向与参考方向相反。

2. 基尔霍夫第二定律

基尔霍夫第二定律也称回路电压定律。为了观察各段电压之间的关系，继续做实验。

　　　电路如图 3.19 所示，直流电源 E_1 和 E_2 为可调电源，用电压表可测得相应的各段电压。先将电源 E_1 调到 12V，电源 E_2 调到 6V，接通电路，将电压表的读数填入表 3.4 中。再将电源 E_1 调到 12V，电源 E_2 调到 18V，重复上述实验。

表3.4　　　　　　　　　　　　　　　　电压表测各段电压结果表

电源电压	U_{AB}（V）	U_{BC}（V）	U_{CD}（V）	U_{EB}（V）	U_{FA}（V）
$E_1 = 12V$，$E_2 = 6V$					
$E_1 = 12V$，$E_2 = 18V$					

从数据可以得出：ABCDEFA 回路的各段电压关系满足：$U_{AB} + U_{BC} + U_{CD} + U_{FA} = 0$；ABEFA 回路的各段电压关系满足：$U_{AB} + U_{BE} + U_{FA} = 0$；BCDEB 回路的各段电压关系满足：$U_{BC} + U_{CD} + U_{EB} = 0$。即对于各回路，沿回路绕行方向上各段电压的代数和等于零。

　　这就是基尔霍夫第二定律的内容，即对电路中的任一闭合回路，沿回路绕行方向上各段电压的代数和等于零。

　　用公式表示为

$$\Sigma U = 0 \tag{3-15}$$

　　如图 3.22 所示为复杂电路的一部分，带箭头的虚线表示回路的绕行方向，各段电压分别为

$$U_{ab} = -R_1 I_1 + E_1$$
$$U_{bc} = R_2 I_2$$
$$U_{cd} = R_3 I_3 - E_2$$
$$U_{da} = -R_4 I_4$$

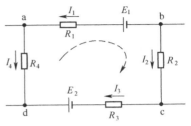

图 3.22　复杂电路的一部分

　　根据回路电压定律，可得

$$U_{ab} + U_{bc} + U_{cd} + U_{da} = 0$$

　　即

$$-R_1 I_1 + E_1 + R_2 I_2 + R_3 I_3 - E_2 - R_4 I_4 = 0$$

　　整理后得

$$-R_1 I_1 + R_2 I_2 + R_3 I_3 - R_4 I_4 = -E_1 + E_2$$

　　因此，基尔霍夫第二定律也可表述为：对电路中的任一闭合回路，各电阻上电压降的代数和等于各电动势的代数和。

　　用公式表示为

$$\Sigma RI = \Sigma E \tag{3-16}$$

　　在实际应用中，基尔霍夫第二定律的表达式通常采用式（3-16）来表示。列回路电压方程时，电压与电动势都是指代数和，必须注意正、负号的确定，其步骤如下。

　　（1）假设各支路电流的参考方向和回路的绕行方向。

　　（2）将回路中的全部电阻上的电压 RI 写在等式左边，若通过电阻的电流方向与回路的绕行方向一致，则该电阻上的电压取正，反之取负。

　　（3）将回路中的全部电动势 E 写在等式右边，若电动势的方向（由电源负极指向电源正极）与回路的绕行方向一致，则该电动势取正，反之取负。

提示　　如果采用式 $\Sigma U = 0$ 时，电压、电动势均在等式左边，把电动势作为电压来处理。因此，有关电动势的正、负号的规定恰好相反，即当电动势的方向与回路的绕行方向相反时，该电动势取正，反之取负。

　　【例 3.9】　在如图 3.23 所示电桥电路中，已知：$I=8mA$，$I_1=15mA$，$I_2=3mA$，求其余各支路电流。

　　【分析】　先任意标定未知电流方向，如图 3.23 所示，再根据节点电流定律求出未知电流。

　　解：对节点 A，可列节点电流方程

$$I - I_1 + I_4 = 0$$

　　因此，$I_4 = I_1 - I = 15 - 8 = 7mA$

　　对节点 B，可列节点电流方程

$$I_1 + I_2 - I_5 = 0$$

图 3.23　例 3.9 用图

因此，$I_5 = I_1 + I_2 = 15 + 3 = 18\text{mA}$

对节点 C，可列节点电流方程

$$I_3 - I_2 - I = 0$$

因此，$I_3 = I_2 + I = 3 + 8 = 11\text{mA}$

【例 3.10】 如图 3.24 所示为复杂电路的一部分，已知 $E_1 = 12\text{V}$，$E_2 = 6\text{V}$，$R_1 = 2\Omega$，$R_2 = 5\Omega$，$R_3 = 3\Omega$，$I_1 = 2\text{A}$，$I_3 = 1\text{A}$，求 R_1 支路电流 I_1。

【分析】 根据回路电压定律列出回路电压方程，即可求出 I_1。

解：由回路电压定律可得

$$-R_1I_1 + R_2I_2 + R_3I_3 = -E_1 + E_2$$

因此

$$I_2 = \frac{-E_1 + E_2 + R_1I_1 - R_3I_3}{R_2}$$

$$= \frac{-12 + 6 + 2 \times 2 - 3 \times 1}{5} = -1\text{A}$$

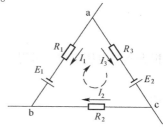

图 3.24　例 3.10 用图

三、支路电流法

如图 3.25 所示电路是 3 支路 2 网孔的复杂电路。根据节点电流定律可列出节点电流方程。B 节点的电流方程为

$$I_1 + I_2 - I_3 = 0$$

E 节点的电流方程为

$$-I_1 - I_2 + I_3 = 0$$

2 个方程中只有一个独立方程。n 个节点，只能列出（$n - 1$）个独立的节点电流方程。

根据回路电压定律可列出回路电压方程。ABEFA 的回路电压方程为

$$R_1I_1 - R_2I_2 = E_1 - E_2$$

②

BCDEB 的回路电压方程为

$$R_2I_2 + R_3I_3 = E_2$$

③

ABCDEFA 的回路电压方程为

$$R_1I_1 + R_3I_3 = E_1$$

图 3.25　3 支路 2 网孔的复杂电路

3 个方程中只有 2 个独立方程。回路的独立电压方程等于网孔数。为保证方程的独立性，一般选择网孔来列方程。

由式①、②、③组成方程组，将电路参数代入方程，就可求出各支路电流。这种以支路电流为未知量，应用基尔霍夫定律列出方程式，求出各支路电流的方法，称为支路电流法。

用支路电流法求解复杂电路的步骤如下。

（1）任意假设各支路电流的参考方向和回路的绕行方向。

（2）用基尔霍夫电流定律列出节点电流方程。如果有 m 条支路 n 个节点，只能列出（$n-1$）个独立的节点电流方程，不足的（$m-n+1$）个方程由基尔霍夫电压定律补足。

（3）用基尔霍夫电压定律列出回路电压方程。为保证方程的独立性，一般选择网孔来列方程。

（4）代入已知数，解联立方程式，求出各支路电流。

【例3.11】 如图3.26所示，已知 $E_1 = 12V$，$E_2 = 6V$，$R_1 = R_2 = 2\Omega$，$R_3 = 8\Omega$，求各支路电流。

【分析】 这个电路有 3 条支路，需要列出 3 个方程式。电路有 2 个节点，可列出 1 个节点电流方程，再用回路电压定律列出 2 个回路电压方程，即可求出各支路电流。

解：设各支路电流方向和回路的绕行方向如图3.26所示，根据题意列出节点电流方程和回路电压方程

$$I_1 + I_2 - I_3 = 0$$
$$R_1I_1 - R_2I_2 = E_1 - E_2$$
$$R_2I_2 + R_3I_3 = E_2$$

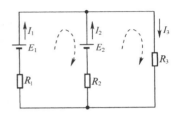

图 3.26　例 3.11 用图

代入已知数得

$$I_1 + I_2 - I_3 = 0$$
$$2I_1 - 2I_2 = 12 - 6$$
$$2I_2 + 8I_3 = 6$$

解得

$$I_1 = 2A \quad I_2 = -1A \quad I_3 = 1A$$

I_1、I_3 为正值，说明电流的实际方向与假设方向相同；I_2 为负值，说明电流的实际方向与假设方向相反。

阅读材料

　　基尔霍夫（1824 年—1887 年），德国物理学家。

　　1845 年，当基尔霍夫 21 岁在柯尼斯堡就读期间，就根据欧姆定律总结出网络电路的两个定律（基尔霍夫电路定律），发展了欧姆定律，对电路理论做出了显著贡献。1859 年，基尔霍夫发明了分元仪，与本生一道创立了光谱分析法，后来发现了元素铯和铷；同年，他又发现了基尔霍夫辐射定律；1862 年，基尔霍夫又进一步得出绝对黑体的概念。这一概念和他的热辐射定律是开辟 20 世纪物理学新纪元的关键之一。

课堂练习

一、填空题

1. 在如图3.27所示电路中，有____个节点，____条支路，____个回路。

2. 基尔霍夫电流定律的内容是：在任一时刻，通过电路任一节点的_____为零，其数学表达式为_____。

图 3.27　填空题 1 用图

3. 支路电流法是以_____为未知量，应用_____列出方程式，求出各支路电流的方法。

二、选择题

1. 某电路有 3 个节点和 7 条支路，采用支路电流法求解各支路电流时，应列出电流方程和电压方程的个数分别为（　　）。

A.3、4 　　　 B.4、3 　　　 C.2、5 　　　 D.4、7

2. 在如图 3.28 所示电路中，正确的关系式是（　）。

A. $I_5 = I_3 = -I_6$

B. $I_4 + I_1 + I_2 = 0$

C. $I_1R_1 - E_1 + I_3R_3 + E_2 - I_2R_2 = 0$

D. $U_{AB} = I_4R_4 + I_1R_1 + E_1 - I_5R_5$

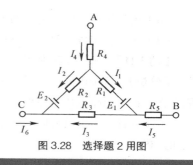

图 3.28　选择题 2 用图

* 第 3 节　　电路的等效变换

在日常生活中，解决一个复杂问题，总是把它逐步分解成几个简单问题，逐个加以解决。对复杂电路的分析也是如此。电路的等效变换就是通过一定的方法将复杂电路等效变换成简单电路，用简单电路的方法分析。常用的电路等效变换方法有电压源与电流源等效变换、戴维宁定理和叠加原理。那么，如何应用等效变换方法分析复杂电路呢？

一、电压源与电流源等效变换

1. 电压源

为电路提供一定电压的电源称为电压源。大多数电源如干电池、蓄电池、发电机等都是电压源。

电压源可以用一个恒定电动势 E 与内阻 r 串联表示，如图 3.29（a）所示，它的输出电压（即电源的端电压）的大小为

$$U = E - Ir \qquad\qquad (3\text{-}17)$$

式中，E、r 为常数。随着输出电流 I 的增加，内阻 r 上的电压降增大，输出电压就降低。因此，要求电压源内阻越小越好。

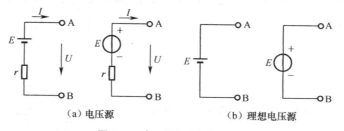

（a）电压源　　　　　　　　　（b）理想电压源

图 3.29　电压源与理想电压源

如果内阻 $r=0$，输出电压 $U=E$，与输出电流 I 无关，电源始终输出恒定的电压 E。$r=0$ 的电压源称为理想电压源，也称恒压源，如图 3.29（b）所示，如稳压电源、新电池或内阻 r 远小于负载电阻 R 的电源，都可以看做是理想电压源。事实上理想电压源是不存在的，因为电源内部总是存在内阻。

2. 电流源

为电路提供一定电流的电源称为电流源。实际中的稳流电源、光电池等都是电流源。

电流源可以用一个恒定电流 I_S 与内阻 r 并联表示，如图 3.30（a）所示，它的输出电流 I 总是小于电流源的恒定电流 I_S。电流源的输出电流的大小为

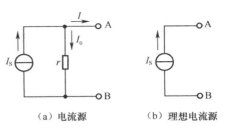

$$I = I_\mathrm{S} - I_0 \qquad (3\text{-}18)$$

式中，I_0 为通过电源内阻的电流。电流源内阻 r 越大，负载变化引起的电流变化就越小，即输出电流越稳定。因此，要求电流源内阻越大越好。

（a）电流源　　（b）理想电流源

图 3.30　电流源与理想电流源

如果内阻 $r = \infty$，输出电流 $I = I_\mathrm{S}$，电源始终输出恒定的电流 I_S。$r = \infty$ 的电流源称为理想电流源，也称恒流源，如图 3.30（b）所示。事实上理想电流源是不存在的，因为电源内阻不可能为无穷大。

3. 电压源与电流源等效变换

电压源以输出电压形式向负载供电，电流源以输出电流形式向负载供电。在满足一定条件时，电压源与电流源可以等效变换。等效变换是指对外电路等效，即把它们与相同的负载连接，负载两端的电压、流过负载的电流、负载消耗的功率都相同，如图 3.31 所示。

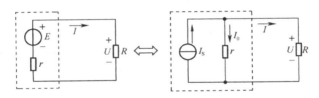

图 3.31　电压源与电流源等效变换

电压源与电流源等效变换关系式为

$$I_\mathrm{S} = \frac{E}{r} \qquad (3\text{-}19)$$

$$E = r I_\mathrm{S} \qquad (3\text{-}20)$$

应用式（3-19）可将电压源等效变换成电流源，内阻 r 阻值不变，将其改为并联；应用式（3-20）可将电流源等效变换成电压源，内阻 r 阻值不变，将其改为串联。

4. 电压源与电流源等效变换的应用

应用电压源与电流源的等效变换求解复杂电路的步骤如下。

（1）将电压源等效变换成电流源或将电流源等效变换成电压源。

（2）将几个并联的电流源（或串联的电压源）合并成一个电流源（或电压源）。

（3）应用分流公式（或分压公式）求出未知数。

【例 3.12】　如图 3.32（a）所示，已知 $E_1 = 12\mathrm{V}$，$E_2 = 6\mathrm{V}$，$R_1 = R_2 = 2\Omega$，$R_3 = 8\Omega$，求 R_3 支路电流。

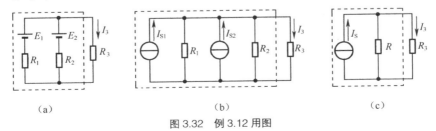

（a）　　　　　　　　　　（b）　　　　　　　　　　（c）

图 3.32　例 3.12 用图

【分析】 将电压源 E_1、E_2 等效变换成电流源，合并电流源，应用分流公式可求出 R_3 支路电流。

解：（1）将电压源 E_1、E_2 等效变换成电流源，如图 3.32（b）所示。由等效变换公式得

$$I_{S1} = \frac{E_1}{R_1} = \frac{12}{2} = 6\text{A}$$

$$I_{S2} = \frac{E_2}{R_2} = \frac{6}{2} = 3\text{A}$$

（2）将两个并联电流源合并成一个电流源，如图 3.32（c）所示。

$$I_S = I_{S1} + I_{S2} = 6 + 3 = 9\text{A}$$

$$R = R_1 \text{ // } R_2 = 2 \text{ // } 2 = 1\Omega$$

（3）应用分流公式得 R_3 支路电流

$$I_3 = \frac{R}{R + R_3} \; I_S = \frac{1}{1+8} \times 9 = 1\text{A}$$

 提示
（1）电压源与电流源的等效变换只对外电路等效，对内电路不等效。
（2）电压源与电流源等效变换后，电压源与电流源的极性必须一致。
（3）理想电压源与理想电流源之间不能进行等效变换。

二、戴维宁定理

1. 二端网络

任何具有 2 个出线端的部分电路都称为二端网络，若网络中含有电源称为有源二端网络，否则称为无源二端网络，如图 3.33 所示。

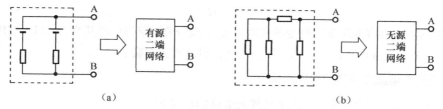

（a）　　　　　　　　　　　　　　　　　　　（b）

图 3.33　有源二端网络和无源二端网络

2. 戴维宁定理

戴维宁定理的内容是：任何线性有源二端网络，对外电路来说，可以用一个等效电源代替，等效电源的电动势 E_0 等于有源二端网络的开路电压，等效电源的内阻 R_0 等于该有源二端网络中所有电源取零值，仅保留其内阻时所得的无源二端网络的等效电阻，如图 3.34 所示。

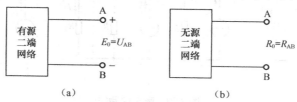

（a）　　　　　　　　　　　　　　　　（b）

图 3.34　等效电源代替线性有源二端网络

3. 戴维宁定理应用

应用戴维宁定理求解复杂电路的步骤如下。

（1）断开待求支路，将电路分成待求支路和有源二端网络两部分。

（2）求出有源二端网络的开路电压 U_{AB}，即为等效电源的电动势 E_0。

（3）将有源二端网络变成无源二端网络，求出无源二端网络的等效电阻，即为等效电源的内阻 R_0。

（4）画出戴维宁等效电路，求出待求支路电流。

【例3.13】 如图 3.35（a）所示，已知 $E_1=12V$，$E_2=6V$，$R_1=R_2=2\Omega$，$R_3=8\Omega$，求 R_3 支路电流。

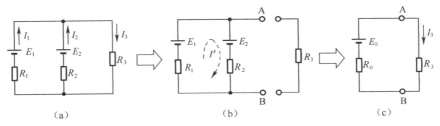

图 3.35 例 3.13 用图

【分析】 可将电路分成待求支路和有源二端网络（即等效电源）两部分，求出等效电源的电动势和内阻，得出戴维宁等效电路，即可求出待求支路电流。

解：（1）断开待求支路，将电路分成待求支路和有源二端网络两部分，如图 3.35（b）所示；

（2）如图 3.35（b）所示的闭合电路的电流方向如图所示，电流

$$I' = \frac{E_1 - E_2}{R_1 + R_2} = \frac{12 - 6}{2 + 2} = 1.5A$$

等效电源的电动势 $E_0 = U_{AB} = E_2 + R_2 I' = 6 + 2 \times 1.5 = 9V$

或 $E_0 = U_{AB} = E_1 - R_1 I' = 12 - 2 \times 1.5 = 9V$

（3）将有源二端网络变成无源二端网络，等效电源的内阻

$$R_0 = R_1 /\!/ R_2 = 2 /\!/ 2 = 1\Omega$$

（4）画出戴维宁等效电路如图 3.39（c）所示，待求支路电流

$$I_3 = \frac{E_0}{R_3 + R_0} = \frac{9}{1 + 8} = 1A$$

提示

（1）等效电源只对外电路等效，对内电路不等效。

（2）等效电源的电动势的方向与有源二端网络开路时的端电压极性一致。

（3）有源二端网络变成无源二端网络时，将理想电压源作短路处理，理想电流源作开路处理。

三、叠加原理

1. 叠加原理

叠加原理是线性电路分析的基本方法，它的内容是：在由线性电阻和多个电源组成的线性电

路中,任何一条支路中的电流(或电压)等于各个电源单独作用时,在此支路中所产生的电流(或电压)的代数和。

2. 多余电源处理

应用叠加原理求复杂电路,可将电路等效变换成几个简单电路,然后将计算结果叠加,求得原来电路的电流、电压。在等效变换过程中,要保持电路中所有电阻不变(包括电源内阻),假定电路中只有一个电源起作用,而将其他电源作为多余电源处理:多余理想电压源作为短路处理,多余理想电流源作为开路处理。

3. 叠加原理应用

用叠加原理求解复杂电路的步骤如下。

(1)分别求各电源单独作用时的各支路电流。

(2)应用叠加原理求各电源共同作用时的各支路电流。

【例3.14】 如图3.36(a)所示,已知E_1=12V,E_2=6V,R_1=R_2=2Ω,R_3=8Ω,求各支路电流。

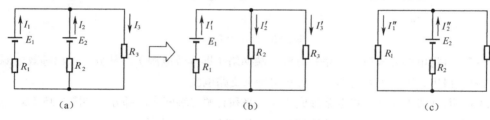

(a)　　　　　　　(b)　　　　　　　(c)

图3.36　例3.14用图

【分析】 将电路等效变换成E_1、E_2两个电源单独作用时的简单电路,然后将计算结果叠加求出各支路电流。

解:(1)E_1电源单独作用时各支路电流的参考方向如图3.36(b)所示。

$$R' = R_1 + R_2 /\!/ R_3 = 2 + 2 /\!/ 8 = 3.6\Omega$$

$$I_1' = \frac{E_1}{R'} = \frac{12}{3.6} = \frac{10}{3} = 3.33\text{A}$$

$$I_2' = \frac{R_3}{R_2 + R_3} I_1' = \frac{8}{2+8} \times \frac{10}{3} = \frac{8}{3} = 2.67\text{A}$$

$$I_3' = \frac{R_2}{R_2 + R_3} I_1' = \frac{2}{2+8} \times \frac{10}{3} = \frac{2}{3} = 0.67\text{A}$$

(2)E_2电源单独作用时各支路电流的参考方向如图3.36(c)所示。

$$R'' = R_2 + R_1 /\!/ R_3 = 2 + 2 /\!/ 8 = 3.6\Omega$$

$$I_2'' = \frac{E_2}{R''} = \frac{6}{3.6} = \frac{5}{3} = 1.67\text{A}$$

$$I_1'' = \frac{R_3}{R_1 + R_3} I_2'' = \frac{8}{2+8} \times \frac{5}{3} = \frac{4}{3} = 1.33\text{A}$$

$$I_3'' = \frac{R_1}{R_1 + R_3} I_2'' = \frac{2}{2+8} \times \frac{5}{3} = \frac{1}{3} = 0.33A$$

（3）应用叠加原理求各电源共同作用时的各支路电流。

$$I_1 = I_1' - I_1'' = 3.33 - 1.33 = 2A$$

$$I_2 = -I_2' + I_2'' = -2.67 + 1.67 = -1A$$

$$I_3 = I_3' + I_3'' = 0.67 + 0.33 = 1A$$

 提示　叠加原理只适用于线性电路，只能用来求电路中的电压或电流，而不能用来计算功率。

 课堂练习

一、填空题

1. 理想的电压源和理想的电流源不可以_____。理想的电压源不允许_____，理想的电流源不允许____。电压源和电流源的等效变换，是对____等效，对____不等效。

2. 应用戴维宁定理将有源二端网络变成无源二端网络时，将电压源作为_____处理，电流源作为_____处理。

3. 在由线性电阻和多个电源组成的线性电路中，任何一条支路中的电流（或电压）等于各个电源单独作用时，在此支路中所产生的电流（或电压）的____，这就是叠加定理。

二、选择题

1. 电压源与电流源等效变换时，内阻 r 的阻值（　）。

A. 变大　　　B. 不变　　　C. 变小　　　D. 根据电路求得

2. 任何一个有源二端网络都可以用一个适当的理想电压源与一个电阻（　）来代替。

A. 串联　　　B. 并联　　　C. 串联或并联　　　D. 随意连接

*第4节　负载获得最大功率的条件

在闭合电路中，电动势所提供的功率，一部分消耗在电源的内电阻 r 上，另一部分消耗在负载电阻 R 上。那么，当 R 为何值，负载能从电源获得最大的功率呢？

数学分析证明：当负载电阻 R 和电源内阻 r 相等时，电源输出功率最大（负载获得最大功率 P_{max}），即当 $R=r$ 时，

$$P_{max} = \frac{E^2}{4r}$$

（3-21）

式中：P_{max}——负载获得最大功率，单位是瓦特（W）；

　　　E——电动势，单位是伏特（V）；

　　　r——电源内阻，单位是欧姆（Ω）。

使负载获得最大功率的条件也叫做最大功率输出定理。

提示 当负载电阻 R 与电源内阻 r 相等时，负载获得最大功率，但此时电源内阻上消耗的功率和负载获得的功率是相等的，因此电源的效率只有 50％。

 工程应用 在无线电技术中，把负载电阻等于电源内阻的状态叫做负载匹配，也称阻抗匹配。负载匹配时，负载(如扬声器) 可以获得最大的功率。如功放（扩音器）与扬声器的匹配就包括阻抗匹配，如图 3.37 所示，否则会降低输出功率，增大失真。

图 3.37 负载匹配

【例 3.15】 在如图 3.38 所示全电路中，电动势 $E = 12V$，内阻 $r = 0.5\Omega$，$R_1 = 1.5\Omega$，R_P 为可变电阻。当 R_P 为何值时，R_P 可以获得最大功率，其最大功率为多少？

【分析】 求解本题时，只要将除 R_P 外的所有电阻（R_1+r）看做内电阻即可。

解：要使 R_P 获得最大功率，$R_P = R_1 + r = 1.5 + 0.5 = 2\Omega$

此时，$P_{max} = \dfrac{E^2}{4R_P} = \dfrac{12^2}{4 \times 2} = 18W$

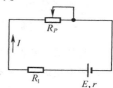

图 3.38 例 3.15 用图

 课堂练习

一、填空题

1. 负载从电源获取最大功率的条件是＿＿＿＿＿＿＿＿，其最大功率 $P_{max} =$ ＿＿＿＿。

2. 如图 3.39 所示，电源 E 接有负载电阻 R_1 和 R_2，已知其电动势 $E = 9V$，内阻 $r = 0.1\Omega$，$R_2 = 1.9\Omega$，当负载电阻 R_1 为＿＿＿＿时，它的输出功率最大，其值为＿＿＿＿＿。

二、选择题

1. 在如图 3.39 所示电路中，要使 R_2 获得最大功率，R_2 的值应等于（ ）。

A. R_0　　　　B. R_1　　　　C. R_1+R_0　　　　D. R_1-R_0

2. 某直流电源在端部短路时，消耗在内阻上的功率是 400 W，则此电流能供给外电路的最大功率是（ ）。

A. 100W　　　　B. 200W　　　　C. 300W　　　　D. 400W

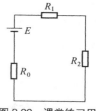

图 3.39 课堂练习用图

技 能 实 训

实训　排除电阻性电路的故障

 **学习目标** ◎学习检查电路故障的方法，能用万用表、电压表、电流表检查电路故障。

情境聚焦

　　周六，小明一家人正在吃晚饭，突然一片漆黑，"是停电了！"小明爸爸找出了应急灯。可是，无论怎么弄灯都不亮。无奈，小明爸爸只好点蜡烛。第二天，小明拿出万用表，开始修理应急灯。原来是一根电线断了。接好电线后，应急灯又可以发光了。你知道小明是如何排除应急灯的故障吗？一起来学一学，做一做！

知识准备

➤ 知识1　万用表测量直流电流方法

（1）选择量程。万用表电流挡标有"mA"，有1mA、10mA、100mA、500mA等不同量程。应根据被测电流的大小，选择适当量程。若不知电流大小，应先用最大电流挡测量，逐渐换至适当电流挡。

（2）测量方法。将测量电路相应部分断开后，将万用表表笔接在断点的两端，即与被测电路串联。注意红表笔接在与电路的正极相连的断点，黑表笔接在与电路的负极相连的断点，如图3.40所示。

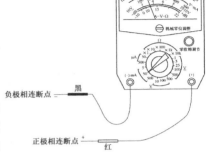

图3.40　万用表测量直流电流

（3）正确读数。仔细观察标度盘，找到对应的刻度线读出被测电流值。注意读数时，视线应正对指针。

➤ 知识2　万用表测量直流电压方法

（1）万用表直流电压挡标有"V"，有2.5V、10V、50V、250V、500V等不同量程，应根据被测电压的大小，选择适当量程。若不知电压大小，应先用最高电压挡测量，逐渐换至适当电压挡。

（2）测量方法。将万用表并联在被测电路的两端。红表笔接被测电路的正极，黑表笔接被测电路的负极，如图3.41所示。

（3）正确读数。仔细观察标度盘，找到对应的刻度线读出被测电压值。注意读数时，视线应正对指针。

➤ 知识3　电气故障检测方法——电阻法

电阻法是指电路切断电源后，用万用表的电阻挡判断电气故障的方法。常用的电阻法有电阻分段测量法和电阻分阶测量法。

（1）电阻分段测量法。电阻分段测量法是切断电源后，用万用表的电阻挡依次逐段测量相邻两标号的电阻，判断电气故障的方法。如图3.42所示为用电阻分段测量法检查和判断电阻串联电路的示意图，如故障为"合上开关S，小灯泡HL_1和HL_2均不亮"。检测前，先切断电源，将万用表拨到合适的电阻挡。检查方法如表3.5所示。

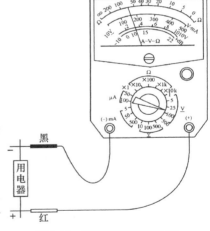

图3.41　万用表测量直流电压

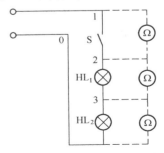

图3.42　电阻分段测量法

表 3.5　　　　　　　　　　　　用电阻分段测量法查找故障点

故障现象	测量状态	测量点标号	测量电阻值	测量结果
合上开关 S，小灯泡 HL_1 和 HL_2 均不亮	合上开关 S	1－2	0	正常
			∞	开关 S 接触不良或连线开路
	常态	2－3	灯泡 HL_1 的电阻值	正常
			0	灯泡 HL_1 短路
			∞	灯泡 HL_1 接触不良或连线开路
	常态	3－0	灯泡 L_2 的电阻值	正常
			0	灯泡 HL_2 短路
			∞	灯泡 HL_2 接触不良或连线开路

（2）电阻分阶测量法。电阻分阶测量法是切断电源后，用万用表的电阻挡依次测量电阻，判断电气故障的方法。如图 3.43 所示为用电阻分阶测量法检查和判断电阻串联电路的示意图，如故障为"合上开关 S，小灯泡 HL_1 和 HL_2 均不亮"。检测前，先切断电源，将万用表拨到合适的电阻挡。检查方法如表 3.6 所示。

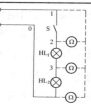

图 3.43　电阻分阶测量法

表 3.6　　　　　　　　　　　　用电阻分阶测量法查找故障点

故障现象	测量状态	测量点标号	测量电阻值	测量结果
合上开关 S，小灯泡 HL_1 和 HL_2 均不亮	合上开关 S	1－2	0	正常
			∞	开关 S 接触不良或连线开路
		1－3	灯泡 HL_1 的电阻值	正常
			0	灯泡 HL_1 短路
			∞	1－3 间元件接触不良或连线开路
		1－0	灯泡 HL_1 和 HL_2 的电阻值	正常
			灯泡 HL_1 的电阻值	灯泡 HL_2 短路
			∞	1－0 间元件接触不良或连线开路

> **知识 4　电气故障检测方法——电压法**

电压法是电路接通电源后，用万用表的电压挡判断电气故障的方法。常用的电压法有电压分段测量法和电压分阶测量法。

（1）电压分段测量法。电压分段测量法是指电路接通电源后，用万用表的电压挡依次逐段测量相邻两标号的电压，判断电气故障的方法。如图 3.44 所示为一个串联电路，直流电源电压为 12V，灯泡 HL_1、HL_2 规格相同，如故障为"合上开关 S，小灯泡 HL_1 和 HL_2 均不亮"。检测时，先将万用表的量程置于直流电压 25V 挡，用电压分段测量法所测的电压值及故障点如表 3.7 所示。

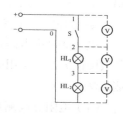

图 3.44　电压分段测量法

表 3.7　　　　　　　　　用电压分段测量法所测的电压值及故障点

故障现象	测试状态	1–2	2–3	3–0	故障点
合上开关 S，小灯泡 HL_1 和 HL_2 均不亮	合上开关 S	12V	0	0	开关 S 接触不良或连线开路
		0	12V	0	灯泡 HL_1 接触不良或连线开路
		0	0	12V	灯泡 HL_2 接触不良或连线开路

（2）电压分阶测量法。电压分阶测量法是指电路接通电源后，用万用表的电压挡依次测量电压，判断电气故障的方法。如图 3.45 所示为一个串联电路，直流电源电压为 12V，灯泡 HL_1、HL_2 规格相同，如故障为"合上开关 S，小灯泡 HL_1 和 HL_2 均不亮"。检测时，先将万用表的量程置于直流电压 25V 挡，用电压分阶测量法所测的电压值及故障点如表 3.8 所示。

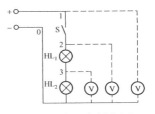

图 3.45　电压分阶测量法

表 3.8　　　　　　　用电压分阶测量法所测的电压值及故障点

故障现象	测试状态	1-0	2-0	3-0	故障点
合上开关 S，小灯泡 HL_1 和 HL_2 均不亮	合上开关 S	0	0	0	直流电源开路
		12V	0	0	开关 S 接触不良或连线开路
		12V	12V	0	灯泡 HL_1 接触不良或连线开路
		12V	12V	12V	灯泡 HL_2 接触不良或连线开路

 实践操作

 列一列　根据学校实际，将所需的元件及导线的型号、规格和数量填入表 3.9 中。

表 3.9　　　　　　　排除电阻性电路的故障元件清单

序　号	名　　称	符　号	规　格	数　量	备　注
1	直流稳压电源				
2	单刀开关				
3	小灯泡			2	
4	万用表				
5	直流电流表				
6	连接导线			若干	

做一做　如图 3.46 所示为并联电路，各支路均串联一个电流表，按图接线，如出现如表 3.10 所示的故障，试查找并修复故障。

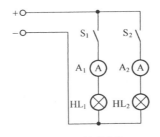

图 3.46　并联电路

表 3.10　　　　　　　排除电阻并联电路故障

序号	电路状态	故障现象	故障点
1	S_1 闭合，S_2 断开	A_1 无读数，HL_1 亮	
		A_1 无读数，HL_1 不亮	

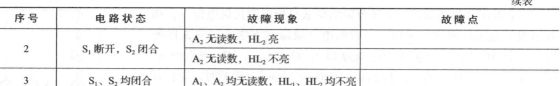

序号	电路状态	故障现象	故障点
2	S_1 断开，S_2 闭合	A_2 无读数，HL_2 亮	
		A_2 无读数，HL_2 不亮	
3	S_1、S_2 均闭合	A_1、A_2 均无读数，HL_1、HL_2 均不亮	

 试一试　用电阻法和电压法排除串联电路常见故障 3 处。在操作过程中，建议首先在知道故障点的情况下观察各种故障现象，然后在不知道故障点的情况下，根据故障现象进行分析，排除电路故障。

实训总结　把排除电阻性电路的故障的收获、体会填入表 3.11 中，并完成评价。

表 3.11　　　　　　　　　　排除电阻性电路的故障训练总结表

课题	排除电阻性电路的故障						
班级		姓名		学号		日期	
训练收获							
训练体会							
训练评价	评定人	评　　语				等级	签名
	自己评						
	同学评						
	老师评						
	综合评定等级						

 实训拓展

➢ **拓展 1　万用表的维护方法**

万用表的维护注意事项如下。

（1）拔出表笔。

（2）将量程选择开关拨到"OFF"或交流电压最高挡，防止下次开始测量时不慎烧坏万用表。

（3）若长期搁置不用时，应将万用表中的电池取出，以防电池电解液渗漏而腐蚀内部电路，如图 3.47 所示。

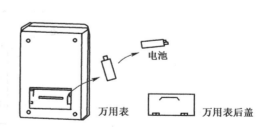

图 3.47　万用表的维护

（4）平时对万用表要保持干燥、清洁，严禁振动和机械冲击。

➢ **拓展 2　确定电气故障点的方法——测量法**

测量法是维修电工准确确定故障点的常用方法。常用的测试仪表有电笔、万用表、钳形电流表、兆欧表等，主要通过对电路进行带电或断电时有关参数（电压、电流、电阻等）的测量，来判断电器元件的好坏、设备绝缘情况以及线路通断情况。

常用的测量法除了电阻测量法和电压测量法外，还有短接法（局部短接法、长短接法）。其中电阻测量法是比较方便和安全的测量方法。

这一单元学习了直流电路的分析方法，包括简单电路和复杂电路的分析方法。直流电路的分析方法是电路分析的基础，将为学习"电子技术基础"等课程打下良好的基础。

1. 串联和并联是电阻的两种基本连接方式，可列表加以比较。完成表 3.12。

表 3.12　　　　　　　　　　　　　　　电阻串联、并联比较表

连接方式		电 阻 串 联	电 阻 并 联
特点	电流		
	电压		
	电阻		
	功率		
	电压（电流）分配		
	功率分配		
	分压（分流）公式	2 个电阻分压公式	2 个电阻分流公式
	应用		

2. 电阻混联电路是串联、并联的组合电路，怎样分析电阻混联电路？

3. 基尔霍夫定律是分析复杂电路的基本定律，它包括哪两个定律？能说出它们的内容，写出它们的表达式吗？能应用基尔霍夫定律分析复杂电路吗？

4. 支路电流法是求解复杂电路的常用方法，会用支路电流法求解 3 支路 2 网孔的复杂电路吗？

5. 等效变换方法也是分析复杂电路的常用方法，电路的等效变换方法有哪些？如何用电压源与电流源等效变换求解复杂电路？如何用戴维宁定理求解复杂电路？如何用叠加原理求解复杂电路？

6. 负载获得最大功率的条件是什么？如何求负载获得的最大功率？

7. 排除电阻性电路故障的常见方法有电阻法和电压法等，知道这些方法的操作要点吗？

一、填空题

1. 在串联电路中，电压的分配与电阻成＿＿＿比；在并联电路中，电流的分配与电阻成＿＿＿比。

2. 已知 $R_1 = 10\Omega$，$R_2 = 5\Omega$，把 R_1、R_2 串联起来，并在其两端加 15V 的电压，此时 R_1 所消耗的功率是＿＿＿＿。

3. 有 5 个 50Ω 的电阻串联，等效电阻是＿＿＿＿；若将它们并联，等效电阻是＿＿＿＿。

4. 一只弧光灯正常发光时要求两端电压是 36V，通过的电流强度是 5A。如果把这只弧光灯接入 220V 的电路中，应_____连接一个_____的电阻才可以使电阻正常工作。

5. 在如图 3.48 所示电路中，A 点的电位 V_A 等于_____。

6. 在如图 3.49 所示电路中，$I_3 =$_____。

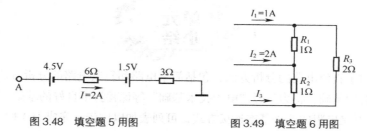

图 3.48　填空题 5 用图　　　　图 3.49　填空题 6 用图

二、选择题

1. 有人将标有"110 V 15W"的电烙铁与标有"110 V 40W"的灯泡串联后，接在 220V 的电源上，则（　）。

A. 烙铁工作温度正常　　　B. 烙铁工作温度不够

C. 烙铁将被烧毁　　　　　D. 无法判断

2. 在如图 3.50 所示电路中，当开关 S 接通后，灯 A 将（　）。

A. 较原来暗　　　　　　　B. 与原来一样亮

C. 较原来亮　　　　　　　D. 无法判断

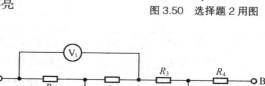

图 3.50　选择题 2 用图

3. 在如图 3.51 所示电路中，A、B 间有 4 个电阻串联，且 $R_2 = R_4$，电压表 V_1 示数为 12V，V_2 示数为 18V，则 A、B 之间的电压 U_{AB} 应是（　）。

A. 6V　　　　　　　　　　B. 12V

C. 18V　　　　　　　　　　D. 30V

图 3.51　选择题 3 用图

三、计算题

1. 有一个表头，量程是 $100\mu A$，内阻 r_g 为 1kΩ。如果把它改装为一个量程为 3V 的伏特表，如图 3.52 所示。求 R 的值。

2. 在如图 3.53 所示电路中，$R_1 = 200\Omega$，$I = 5mA$，$I_1 = 3mA$，求 R_2 及 I_2 的值。

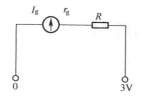

图 3.52　计算题 1 用图

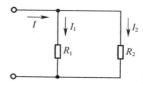

图 3.53　计算题 2 用图

3. 如图 3.54 所示，每个电阻的阻值均为 60Ω，求电路的等效电阻 R_{AB}。

4. 在如图 3.55 所示电路中，已知 $E_1 = 120V$，$E_2 = 130V$，$R_1 = 10\Omega$，$R_2 = 2\Omega$，$R_3 = 10\Omega$，求各支路电流和 U_{AB}。

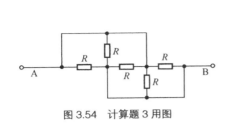

图 3.54　计算题 3 用图

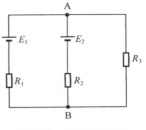

图 3.55　计算题 4 用图

四、综合题

1. 两个完全相同的表头，分别改装成一个电流表和一个电压表。一个同学误将这两个改装完的电表串联起来接到电路中，这两个改装表的指针偏转可能出现什么情况？

2. 3 个灯泡的额定电压为 110V，功率分别为 100W、60W、40W，如何连接在电源电压为 220V 的电路中，使各灯泡能正常发光。画出电路图，并用计算简单说明原因。

第 4 单元

电容

知识目标

● 了解电容的概念，了解电容器的种类、外形和参数，了解储能元件的概念。
● 理解电容器充电、放电过程。
● 掌握电容器串联、并联电路的特点。
*● 了解 RC 电路瞬态过程，理解时间常数的概念，了解时间常数在电气工程技术中的应用。

技能目标

● 能根据要求，正确选择利用电容器串联和并联方式获得合适的电容。
● 会判断电容器的好坏。

情 景 导 入

在电子电路中，电容器是基本元件之一，可用做滤波、耦合、调谐、隔直流（简称隔直）等，如图 4.1 所示；在单相电动机中，电容器是重要的起动元件，如图 4.2 所示。

在电力系统中，电容器是功率因数的补偿元件，如图 4.3 所示；在中频感应加热系统中，电容器可以提高功率因数，改善回路特性，如图 4.4 所示。

电容器是一种应用非常广泛的元件，它是一种能够储存电荷的储能元件。掌握电容器的基本知识，将为学习交流电路和电子技术课程打好基础。

那么，电容器具有哪些基本性质？如何分析电容器电路呢？让我们走进电容器的世界，来学一学电容器的知识吧！

图 4.1　电子电路中的电容器

图 4.2　单相电动机的启动电容器

图 4.3　电力系统中的电容器

图 4.4　中频感应加热系统中的电容器

知 识 链 接

第1节　电容的基本知识

电流的传导速度相当于光速，但在生活中却能发现这样的现象：当关闭电源后，有些电器的指示灯不是马上熄灭，而是要过一会儿才慢慢熄灭。这是为什么呢？这一切，其实与电容器有关。电容器具有哪些基本特性呢？

一、电容器与电容

任何两个被绝缘介质隔开而又互相靠近的导体，就可称为电容器。这两个导体就是电容器的两个极板，中间的绝缘物质称为电容器的介质。

电容器最基本的特性是能够储存电荷。如果在电容器的两极板上加上电压，则在两个极板上将分别出现数量相等的正、负电荷，如图 4.5 所示，这样电容器就储存了一定量的电荷和电场能量。

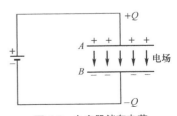

图 4.5　电容器储存电荷

电容器极板上所储存的电荷随着外接电源电压的增高而增加。实验证明，电容器所储存的电荷量与两极板间的电压的比值是一个常数，称为电容器的电容量，简称电容，用字母 C 表示。它表示电容器储存电荷的本领，用公式表示为

$$C = \frac{Q}{U}$$

（4-1）

式中：C——电容，单位是法拉（F）；

$\quad$ Q——一个极板的电荷量，单位是库仑（C）；

$\quad$ U——两极板间的电压，单位是伏特（V）。

电容的单位是法拉，简称法，用符号 F 表示。实际应用时，法拉这个单位太大，通常使用远远小于法拉的单位微法（μF）和皮法（pF）：

$$1\mu F = 10^{-6}F$$

$$1pF = 10^{-12}F$$

最简单的电容器是平行板电容器，它由两块相互平行且靠得很近而又彼此绝缘的金属板组成，两块金属板就是电容器的两个极板，中间的空气即为电容器的电介质，如图 4.6 所示。平行板电容器的 C 与电容器的结构有关。理论和实验证明：平行板电容器的电容量与电介质的介电常数及极板面积成正比，与两极板间的距离成反比，用公式表示为

$$C = \frac{\varepsilon S}{d}$$

（4-2）

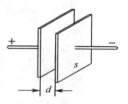

图 4.6　平行板电容器

式中：ε——某种电介质的介电常数，单位是法拉每米（F/m）；

$\quad$ S——每块极板的有效面积，单位是平方米（m^2）；

$\quad$ d——两极板间的距离，单位是米（m）。

式（4-2）说明：对某一个平行板电容器而言，它的电容是一个确定值，其大小仅与电容器的极板面积、相对位置以及极板间的电介质有关；与两极板间的电压、极板所带电荷量无关。

不同电介质的介电常数是不同的，真空中的介电常数用 ε_0 表示。实验证明：

$$\varepsilon_0 = 8.85 \times 10^{-12}F/m$$

其他电介质的介电常数是它们的介电常数与真空中的介电常数的比值，叫做某种物质的相对介电常数，用 ε_r 表示，即

$$\varepsilon_r = \frac{\varepsilon}{\varepsilon_0}$$

（4-3）

则

$$\varepsilon = \varepsilon_r \varepsilon_0$$

相对介电常数没有单位。常用电介质的相对介电常数如表 4.1 所示。

表 4.1　　　　　　　　　　常用电介质的相对介电常数

介质名称	ε_r	介质名称	ε_r
空气	1	聚苯乙烯	2.2
石英	4.2	三氧化二铝	8.5
人造云母	5.2	玻璃	5.0~10
酒精	35	蜡纸	4.3
纯水	80	五氧化二钽	11.6
云母	7.0	超高频瓷	7.0~8.5
木材	4.5~5.0	变压器油	2.0~2.2

提示 　并不是只有电容器才有电容，实际上任何两个导体之间都存在着电容。如晶体三极管各电极之间、输电线之间、输电线与大地之间等都存在电容。因其电容很小，一般可以忽略不计。

【例 4.1】　将一个电容为 1 000 μF 的电容器接到电动势为 24V 的直流电源两端，求充电结束后电容器极板上所带的电荷量。

【分析】　充电结束后电容器两端的电压为电源电压 24V，$C = 1\,000\,\mu F = 1 \times 10^{-3}F$。

解：由公式（4-1）可得：

$$Q = CU = 1 \times 10^{-3} \times 24 = 0.024C$$

二、电容器的符号和参数

1. 电容器的符号

常见电容器的图形符号如表 4.2 所示。

表 4.2　　　　　　　　　　　常见电容器的图形符号

名　称	电容器	电解电容器		半可变电容器	单连可变电容器	双连可变电容器
图形符号		有极性	无极性			

2. 电容器的参数

电容器的参数主要有电容器的额定工作电压、标称容量和允许误差，通常都标注在电容器的外壳上。

（1）额定工作电压。电容器的额定工作电压一般称为耐压，是电容器能长时间稳定工作，并能保证电介质性能良好的直流电压的数值。在电容器外壳上所标的电压就是该电容器的额定工作电压。如果在交流电路中使用电容器，必须保证电容器的额定工作电压不低于电路交流电压的最大值，否则电容器介质的绝缘性能将受到不同程度的破坏，严重时电容器会被击穿，两极间发生短路，不能继续使用（金属膜电容器和空气介质电容器除外）。

（2）标称容量和允许误差。电容器的标称容量是指标注在电容器上的电容。电容器的标称容量和它的实际容量会有一定误差，国家对不同的电容器规定了不同的误差范围，在此范围内的误差称为允许误差。

电容器的允许误差，按其精度可分为 ±1%（00级）、±2%（0级）、±5%（Ⅰ级）、±10%（Ⅱ级）和 ±20%（Ⅲ级）5级（不包括电解电容器）。

三、电容器的充电与放电

电容器的充电与放电就是指电容器储存电荷与释放电荷的过程。

做一做　　电容器充电、放电实验电路如图 4.7 所示。C 为大容量电解电容器，R 为电位器，指示灯串联在 RC 电路中，电流表 A 用于测量 RC 电路的电流，电压表 V 用于测量电容器两端的电压，S 为单刀双掷开关，S 拨在"1"时，电源 E 对电容器充电；充电结束后，再将 S 拨在"2"

时，电容器放电。电容器的充、放电电路的实验现象如表 4.3 所示。

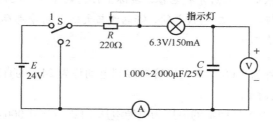

图 4.7　电容器充电、放电实验电路

表 4.3　　　　　　　　　电容器的充、放电电路的实验现象记录表

序号	过程	实验现象			结束标志
		指示灯	电流表	电压表	
1	充电	由亮逐渐变暗，最后熄灭	读数由大逐渐变小，最后为 0	读数由 0 逐渐变大，最后为 E	$I_C=0$，$U_C=E$
2	放电	由亮逐渐变暗，最后熄灭	读数由大逐渐变小，最后为 0	读数由 E 逐渐变小，最后为 0	$I_C=0$，$U_C=0$

由电容器的充、放电过程可知，电容器具有以下特点。

1. 电容器是一种储能元件

电容器的充电过程就是极板上电荷不断积累的过程。电容器充满电荷时，相当于一个等效电源。随着放电的进行，原来储存的电场能量又全部释放出来，即电容器本身只与电源进行能量交换，而并不损耗能量，因此电容器是一种储能元件。

2. 电容器能够隔直流、通交流

当电容器接通直流电源时，仅仅在刚接通瞬间发生充电过程。充电结束后，电路处于开路状态，即"隔直流"；当电容器接通交流电源时，由于交流电流的大小和方向不断交替变化，使电容器反复进行充电和放电，电路中就出现连续的交流"电流"，即"通交流"。

提示　电容器的充、放电过程，与水容器（如水桶）的蓄、放水过程非常相似。充电（蓄水）时，充电电流流入电容器（蓄水水流流入水容器），电容两端电压 U_C 上升（水容器内水位上升），电荷被储存在电容器中（水被储存在水容器内）。放电（放水）时，过程也类似，同学们可以自己想一想。

工程应用　由于电容器的充、放电特性，电容器被广泛地应用于电子技术中的电源滤波电路中，利用电容器滤波可以让脉动的直流电变换成平滑的直流电。如图 4.8 所示为计算机主机电源中的低压滤波电路。

图 4.8　低压滤波电路

阅读材料

早期科学家暂存电荷的装置是莱顿瓶，它是由穆申布鲁克（1692年—1761年）于公元1746年，在荷兰莱顿大学研究发现的，这便是其名称的由来。操作时，电荷可沿着金属链流进瓶内的金属层，因为这些电荷无法穿过玻璃瓶漏出来，自然就被存储在瓶子里。当放电杆移进莱顿瓶时，瓶内的电荷会从瓶口的金属球跳出，顺着放电杆流到瓶外的金属层而产生电火花。莱顿瓶可算是一种早期的电容器。法拉第还发现电介质的作用，创立了介电常数的概念。后来电容的单位法拉就是用他的姓氏缩写命名的。

四、电容器的电场能量

电容器在充电过程中，电容器两个极板上有电荷积累。两极板间形成电场，电场具有能量。电容器充电时，电源把自由电子由一个极板上移到另一个极板上，电源克服正极板对电子的吸引力和负极板对电子的斥力而做功，使正、负极板上储存的电荷量不断增加。整个充电过程是电源不断搬运电荷的过程，所消耗的能量转化为电场能储存在电容器之中。

电容器充电时所储存的电场能为

$$W_{\mathrm{C}} = \frac{1}{2}QU_{\mathrm{C}} = \frac{1}{2}CU_{\mathrm{C}}^2 \qquad (4\text{-}4)$$

式中：W_{C}——电容器中的电场能，单位是焦耳（J）；

C——电容器的电容，单位是法拉（F）；

U_{C}——电容器两极板间的电压，单位是伏特（V）。

提示

在电压一定的条件下，电容器电容越大，储存的能量越多。

【例4.2】 一个电容为 $1\,000\,\mu\mathrm{F}$ 的电容器接到220kV高压电路中，电容器中存储了多少电场能？

【分析】 电容器两端的电压为电源电压 $U = 220\mathrm{kV} = 2.2 \times 10^5\mathrm{V}$，$C = 1\,000\,\mu\mathrm{F} = 1 \times 10^{-3}\mathrm{F}$。

解：电容器中存储的电场能为

$$W_{\mathrm{C}} = \frac{1}{2}CU_{\mathrm{C}}^2 = \frac{1}{2} \times 1 \times 10^{-3} \times (2.2 \times 10^5)^2 = 2.42 \times 10^7 \mathrm{J}$$

提示

由例4.2计算可知：选用大电容（$1\,000\,\mu\mathrm{F}$），在220kV高压充电获得的电场能也只有 $2.42 \times 10^7\mathrm{J}$，相当于6.72kW·h电能，这表明电容器只能存储少量电能。

工程应用

随着社会经济的发展，人们对于绿色能源和生态环境越来越关注，超级电容器作为一种新型的储能器件，越来越受到人们的重视。

超级电容器又称超大容量电容器、金电容、黄金电容、储能电容、法拉电容、电化学电容器或双电层电容器（Electric Double Layer Capacitors，EDLC），是靠极化电解液来存储电能的新型电化学装置，如图4.9（a）所示。它是近十几年随着材料科学的突破而出现的新型功率型储能元件，其批量生产不过几年时间。同传统的电容器和二次电池相比，超级电容器储存电荷的能力比普通电容器高，并具有充放电速度快、效率高、对环境无污染、循环寿命长、使用温度范围宽、安全性高等特点。

在小功率应用超级电容器方面，国内不少厂商都开发出了相应的应用或替代方案，使其产品获得了具体应用。部分公司的产品已经应用到太阳能高速公路指示灯、玩具车、微机后备电源等领域。目前，国内厂商也很注重超级电容器的大功率应用，如环保型交通工具、电站直流控制、车辆应急启动装置、脉冲电能设备等。如图4.9（b）所示为首次在奥运村里使用的利用超级电容器的高科技环保型太阳能路灯。

（a）超级电容器实物图　　　　　（b）高科技环保型太阳能应用路灯

图4.9　超级电容器

课堂练习

一、填空题

1. 电容器的基本特性是能够 _____，它的主要参数有 _____ 和 _____。

2. 电容是表示电容器 _____ 的物理量，它表示 _____ 与 _____ 的比值，其表达式为 _____。

3. 将 $10\mu F$ 的电容器充电到 100V，这时电容器储存的电场能是 _____。

二、选择题

1. 如果把一电容器极板面积缩小为原来的一半，并使其两极板间距离减半，则（ ）。

A. 电容减半　　　B. 电容加倍　　　C. 电容增大到4倍　　　D. 电容保持不变

2. 一只电容器接到 10V 电源上，它的电容 $10\mu F$，当接到 20V 电源上时，其电容量为（ ）。

A. $5\mu F$　　　B. $10\mu F$　　　C. $20\mu F$　　　D. $100\mu F$

第2节 电容器的连接

在实际应用中，电容器的选择主要考虑电容器的容量和额定工作电压。如果电容器的容量和额定工作电压不能满足电路要求，可以将电容器适当连接，以满足电路工作要求。与电阻的连接方式相似，电容器的连接方式也有串联和并联，它们的特点怎么样？如何分析电容电路呢？

一、电容器的串联

将 2 个或 2 个以上的电容器首尾依次相连，中间无分支的连接方式叫做电容器的串联，如图 4.10 所示。电容器串联电路具有以下特点。

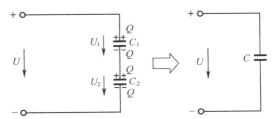

图 4.10 电容器串联电路

1. 电量特点

电容器串联电路中各电容器所带的电量相等。

在电容器串联电路中，将电源接到这个电容器组的两个极板上，当给电容 C_1 上面的极板充上电荷量 $+Q$ 时，则下面的极板由于静电感应而产生电荷量 $-Q$，这样电容 C_2 上面的极板出现电荷量 $+Q$，下面的极板带电量 $+Q$。因此，每个电容器的极板上充有等量异种电荷，因此各电容器所带的电量相等，并等于串联后等效电容器上所带的电量，即

$$Q = Q_1 = Q_2 \qquad (4\text{-}5)$$

2. 电压特点

电容器串联电路的总电压等于每个电容器两端电压之和，即

$$U = U_1 + U_2 \qquad (4\text{-}6)$$

3. 电容特点

将式（4-6）同除以电量 Q，得

$$\frac{U}{Q} = \frac{U_1}{Q} + \frac{U_2}{Q}$$

因为

$$Q = Q_1 = Q_2$$

所以

$$\frac{1}{C} = \frac{1}{C_1} + \frac{1}{C_2} \qquad (4\text{-}7)$$

即电容器串联电路的等效电容的倒数等于各个分电容的倒数之和。

提示

电容器串联电路的电容特点与电阻并联电路的电阻特点类似，实际应用中要加以区别。当有 n 个等值电容器串联时，其等效电容为 $C = \dfrac{C_0}{n}$。

4. 电压分配

因为

$$Q = Q_1 = Q_2$$

所以

$$C_1 U_1 = C_2 U_2$$

即电容器串联电路中各电容器两端的电压与电容量成反比。

 同学们可以对照 2 个电阻并联的分流公式推导出 2 个电容器串联的分压公式。

工程实例 　　电容器串联后，耐压增大。因此，当一只电容器的额定工作电压值太小不能满足需要时，除选用额定工作电压值高的电容器外，还可以采用电容器串联的方式来获得较高的额定工作电压。

在如图 4.11 所示的扬声器中，采用了"电容器偏置电压技术"，用于音频和视频传输放大电路中，可防止有信号通过的电容器出现动态开路而短暂失效的问题，能带来纤尘不染的高透明度以及巨细无遗的超级音乐解析力。该技术是将两个电容器串联起来作为一个电容器使用，总电容按串联计算，关键是要加一个稳定的直流电压，这就是偏置电压。这样便使得电容器一直处于偏置状态，极板上始终聚集着同性电荷，当信号通过电容器时，极板上的同性电荷只会增减变化，而不会再出现以往正负电荷中和的现象，因此也就不会导致电容器有动态开路而失效的状况。

图 4.11　电容器串联应用于扬声器

【例 4.3】　有 2 个电容器，其中一只 $C_1 = 200\,\mu F$，耐压 400V，另一只 $C_2 = 300\,\mu F$，耐压 500V。求：（1）它们串联使用时的等效电容；（2）2 个电容器串联后接到电压为 800V 的电源上，电路能否正常工作？

【分析】　电路能否正常工作，需求串联电路中每只电容器上所承受的电压是否超过自身的耐压。若在耐压范围之内，工作是安全可靠的，否则会发生危险。

解：（1）串联使用的总电容 $C = \dfrac{C_1 C_2}{C_1 + C_2} = \dfrac{200 \times 300}{200 + 300} = 120\ \mu F$

（2）2 个电容器串联后接到电压为 800V 的电源上：

各电容器所带电荷量 $Q = Q_1 = Q_2 = CU = 120 \times 10^{-6} \times 800 = 9.6 \times 10^{-2} C$

C_1 承受的电压 $U_1 = \dfrac{Q}{C_1} = \dfrac{9.6 \times 10^{-2}}{200 \times 10^{-6}} = 480V > 400V$

C_2 承受的电压 $U_2 = \dfrac{Q}{C_2} = \dfrac{9.6 \times 10^{-2}}{300 \times 10^{-6}} = 320V$

由于 C_1 所承受的电压是 480V，超过了它的耐压，C_1 会破击穿，导致 800V 电压全部加到 C_2 上，C_2 也会被击穿，因此，电路不能正常工作。

二、电容器的并联

将 2 个或 2 个以上电容器接在相同的两点之间的连接方式叫做电容器的并联,如图 4.12 所示。电容器并联电路具有以下特点。

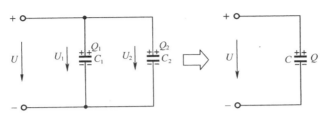

图 4.12　电容器并联电路

1. 电压特点

电容器并联电路每个电容器两端的电压相同,并等于外加电源电压,即

$$U = U_1 = U_2 \tag{4-8}$$

2. 电量特点

由于并联电容器两端的电压相同,每个电容器所充有的电荷量为

$$Q_1 = C_1 U, \quad Q_2 = C_2 U$$

因此,总电荷量为

$$Q = Q_1 + Q_2 \tag{4-9}$$

3. 电容特点

电容器并联后的等效电容等于各个电容器的电容之和。

$$C = \frac{Q}{U} = \frac{Q_1 + Q_2}{U} = \frac{C_1 U + C_2 U}{U} = C_1 + C_2$$

即

$$C = C_1 + C_2 \tag{4-10}$$

提示　当 n 个等值电容器并联时,其等效电容为 $C = nC_0$。

在电容器并联电路中,每个电容器均承受外加电压,因此每个电容器的耐压均应大于外加电压。如果一个电容器被击穿,整个并联电路被短路,会对电路造成危害,所以,等效电容耐压值为并联电路中耐压最小的电容器耐压值。

工程应用　电容器并联后,电容增大。因此,当一个电容器的电容太小不能满足需要时,除选用电容大的电容器外,还可以采用电容器并联的方式来获得较大的电容。如图 4.13 所示为电力系统中的电容器组,就是采用多个电容器并联的方式来获得较大的电容。

图 4.13　电容器组

【例4.4】 有两个电容器并联，已知 $C_1 = 10 \mu F$，耐压 25V，$C_2 = 47 \mu F$，耐压 16V，求并联后的等效电容及耐压。

【分析】 电路能否正常工作，每个电容器的耐压均应大于外加电压，所以等效电容耐压值应保证每个电容器都能承受。

解：并联后的等效电容为 $C = C_1 + C_2 = 10 + 47 = 57 \mu F$

并联后的耐压 $U = 16V$

课堂练习

一、填空题

1. 当两个电容 C_1 与 C_2 串联时，等效电容 C 是_____。

2. 并联电容器的等效电容量总是_____其中任一电容器的电容。并联电容器越多，总的等效电容_____。

二、选择题

1. 一个电容为 C 的电容器和一个电容为 $4 \mu F$ 的电容器串联，总电容为 $\frac{1}{3}C$，则电容 C 是（　）。

A.$4 \mu F$ B.$8 \mu F$ C.$12 \mu F$ D.$16 \mu F$

2. "$0.25 \mu F$ 200V"、"$0.5 \mu F$ 300V"的两个电容器，串联后接到电压为 450V 的电源上，则（　）。

A. 能正常使用   B. 其中一只电容器击穿   C. 两只电容器均被击穿   D. 无法判断

*第3节　瞬态过程

一辆汽车从静止到匀速行驶，需要一个过程。它由静止启动，受到一个大小、方向恒定不变的外力，汽车的速度由零逐渐变大。当汽车受到的外力与所受的阻力相等时，汽车在平衡力的作用下以某一速度匀速行驶。汽车静止时，处于一种稳定状态；汽车以某一速度匀速行驶时，处于另一种稳定状态。汽车由一种稳定状态到另一种稳定状态所经历的过程，就是一种过渡过程，即瞬态过程。在含有储能元件（电感或电容）的电路中，也有相似的瞬态过程。什么叫瞬态过程？如何分析瞬态过程呢？

一、瞬态过程

做一做　在如图4.14所示电路中，HL_1、HL_2、HL_3 是 3 个完全相同的灯泡。当开关 S 断开时，3 个灯泡都不会亮，3 条支路都没有电流，这是一种稳定状态。当开关 S 闭合时，灯泡 HL_1 立即正常发光；灯泡 HL_2 由暗逐渐变亮，经过一段时间，达到与 HL_1 相同的亮度；灯泡 HL_3 由亮逐渐变暗，经过一段时间熄灭。

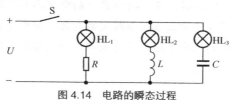

图4.14　电路的瞬态过程

【结论】

灯泡 HL_1 支路与纯电阻电路串联，在开关 S 闭合瞬间，该支路电流立刻达到稳定值，说明纯电阻电路不需要时间过程。

灯泡 HL_2 支路与纯电感电路串联，在开关 S 闭合瞬间，该支路电流从一种稳定状态到另一种稳定状态，需要一个时间过程，即瞬态过程。

灯泡 HL_3 支路与纯电容电路串联，在开关 S 闭合瞬间，该支路电流从一种稳定状态到另一种稳定状态，需要一个时间过程，即瞬态过程。

因此，如果电路中有储能元件，储能元件状态的变化反映出所存储能量的变化。能量的变化需要经过一段时间，电路由一个稳定状态过渡到另一个稳定状态要有一个过程，这个过程称为瞬态过程，也叫过渡过程。

引起瞬态过程的外因是电路状态的改变，内因是要有储能元件。在含有储能元件的电路中，当电路结构或元件参数发生改变时，会引起电路中电流和电压的变化，而电路中电压和电流的建立或其量值的改变，必然伴随着电容器中电场能量和电感中磁场能量的改变。这种改变是能量渐变，而不是突变（即从一个量值即时地变到另一个量值）。

研究电路的瞬态过程有着重要的实际意义：一方面是为了有效利用，如电子技术中的多谐振荡器、单稳态触发器及晶闸管触发电路都应用了 RC 电路的瞬态过程；另一方面，在有些电路中，由于电路的瞬态过程可能出现过电压、过电流，进行瞬态过程分析可获得预见，以便采取措施防止出现过电压、过电流。

二、换路定律

电源开关的闭合与打开、电路的参数变化、线路的改接等现象统称为换路。电路换路后的瞬间，如果流过电容器的电流和电感两端的电压为有限值，则电容器两端的电压与电感上的电流都应保持换路前的一瞬间的原数值而不能突变，电路换路后就以此为初始值连续变化直至达到新的稳定值。这个规律称为换路定律或换路条件。

为了简化问题，通常认为换路是在瞬间完成的，而且把换路的瞬间作为计算时间的起点。即设换路的瞬间为 $t = 0$，换路前的瞬间为 $t = 0^-$，换路后的瞬间为 $t = 0^+$，则换路定律的数学表达式为

$$u_C(0^+) = u_C(0^-)$$

$$i_L(0^+) = i_L(0^-)$$

$$(4\text{-}11)$$

换路定律的实质是"能量不能突变"这一自然规律在电容器和电感上的具体反映。

三、RC 电路的瞬态过程

RC 电路的瞬态过程就是电容器充电、放电过程。由第 1 节图 4.7 电容器充电、放电实验电路可知：电容器充电过程中，电容器两端电压逐渐升高，充电电流也随之减小。电流的减小，说明电容器极板上电荷增加的速率和电容器两端的电压增大的速率在减小，即电压增加得越来越慢。

当电容器两端电压上升到等于电源电压 E 时，充电电流下降到零，瞬态过程结束，电路处于稳定状态。

实验证明：RC 串联电路接通直流电路时，充电电压 u_C 与充电电流 i 随时间变化的曲线如图 4.15 所示。

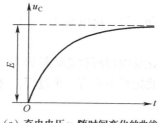

（a）充电电压 u_C 随时间变化的曲线　　　　（b）充电电流 i 随时间变化的曲线

图 4.15　充电电压 u_C 与充电电流 i 随时间变化的曲线

在电容器放电过程中，电容器两端电压逐渐减小，充电电流也随之减小。当电容器两端电压下降到零时，充电电流下降到零，瞬态过程结束，电路处于稳定状态。

实验证明：RC 串联电路短接时，放电电压 u_C 与放电电流 i 随时间变化的曲线如图 4.16 所示。

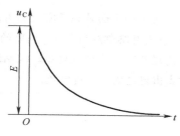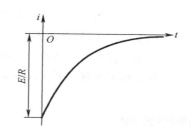

（a）放电电压 u_C 随时间变化的曲线　　　　（b）放电电流 i 随时间变化的曲线

图 4.16　放电电压 u_C 与放电电流 i 随时间变化的曲线

四、时间常数

由图 4.15 和图 4.16 可以看出，无论电容器是充电还是放电，电流、电压随时间变化的曲线都是开始较快，以后逐渐减慢，直至无限接近最终值。数学证明，电容器充电时，充电电压 u_C 按指数规律上升，充电电流 i 按指数规律下降；电容器放电时，放电电压 u_C 按指数规律下降，放电电流 i 按指数规律下降。

电容器充电时，当电路中电阻一定时，电容越大，则达到同一电压所需要的电荷就越多，因此所需要的时间就越长；若电容一定，电阻越大，充电电流就越小，因此充电到同样的电荷值所需要的时间就越长。放电规律也是如此。这说明 R 和 C 的大小影响着充、放电时间的长短。

电阻 R 和电容 C 的乘积称为 RC 电路的时间常数，用 τ 表示，即

$$\tau = RC \tag{4-12}$$

式中：τ——RC 电路的时间常数，单位为秒（s）。

因此，充电和放电时间的快慢可以用 τ 表示。τ 越大，充电越慢，即瞬态过程越长；反之，τ 越小，

充电越快，即瞬态过程越短，如表4.4所示。

表4.4　　　　　　电容器充电电压 u_C、充电电流 i_L 随时间 t 变化关系

时间 t	0	τ	2τ	3τ	4τ	5τ
充电电压 u_C	0	0.03E	0.864E	0.95E	0.982E	0.9933E
充电电流 i_L	I_0	$0.37 I_0$	$0.136 I_0$	$0.05 I_0$	$0.0183 I_0$	$0.0067 I_0$

理论上，必须经过无限长的时间瞬态过程才能结束。但在实际中，当 $t = (3\sim5)\tau$ 时，瞬态过程基本结束。

工程应用　　时间常数与电阻和电容有关。因此，调节 RC 电路的参数可以调整 RC 电路充、放电时间的长短。如在多谐振荡器电路中，调节整电路参数（R 和 C）可以调整多谐振荡器的振荡周期。

课堂练习

一、填空题

1. 由一个稳定状态过渡到另一个稳定状态要有一个过程，这个过程称为_____，也叫_____。

2. 电源开关的闭合与打开、电路的参数变化、线路的改接等现象统称为_____。

二、选择题

1. 决定 RC 电路时间常数的因素是（　　）。

A. 电路两端电压　　　　B. 通过电路的电流　　　　C. 电路的电阻　　　　D. 电路参数 R 与 C 的乘积

2. 在电容器充、放电过程中，随时间按指数规律上升的是（　　）。

A. 充电电压 u_C　　　　B. 充电电流 i_L　　　　　　C. 放电电压 u_C　　　　D. 放电电流 i_L

技 能 实 训

实训　测量电容器

学习目标　　◎认识常见电容器，会使用万用表检测电容器的质量。

情境聚焦　　假期里，小明的妈妈正在准备洗衣服，可他家的洗衣机却"罢工"了。小明连忙打开洗衣机后盖，拿出万用表检查，故障很快找到了，是洗衣机电动机的起动电容器被击穿了。小明更换电容器后，洗衣机又欢快地工作了。小明是如何检测电容器质量的呢？一起来学一学，做一做！

知识准备

➤ **知识1　常见电容器**

常见电容器的名称、外形及特性如表4.5、表4.6和表4.7所示。

表 4.5   **常见固定电容器的名称、外形及特性**

电容器名称	外 形	特 性
纸介电容器		体积较大，容量范围大（1 000pF ~ 0.1μF），额定工作电压较高（160 ~ 400V），价格便宜；但漏电流和损耗较大，高频性能不好，热稳定性差
金属化纸介电容器	密封金属化纸介电容器 金属化纸介电容器	体积较小，容量较大，具有自愈能力（当电容器某点击穿时，短路电流产生的热量将作为介质的金属膜蒸发，从而避免两极间产生短路）
云母电容器		耐高温、耐高压（250 ~ 7 000V），体积小，绝缘电阻大，介质损耗小，性能稳定，工作频率高；但电容量小（4.7 ~ 3 000pF），价格高
陶瓷电容器高频（CC）、低频（CT）	高频陶瓷电容器 低频陶瓷电容器	电容量一般较小，稳定性好，损耗小
电解电容器	管状非固体电介质烧结钽电容器 固体电介质烧结钽电容器 纸壳筒形电解电容器 铝电解电容器 塑料壳小型电解电容器	电容量大（数十万微法），体积适中，价格低廉；但由于它的介质是极薄的氧化铝薄膜，因此存在漏电大、介质损耗大、寿命较短等缺点，在直流电压连续影响下，容易老化，若长期搁置，电解液会干涸变质而失效

表 4.6   **常见微调电容器的名称、外形及特性**

电容器名称	外 形	特 性
瓷介微调电容器		由 2 块镀有半圆银层的陶瓷片组成，其上片可调，下片固定。转动上片，可改变电容量的大小。它具有性能稳定、不易损坏、寿命长等特点
有机薄膜介质微调电容器		通过改变定片和动片的间距来改变容量。它体积极小，能装在密封双联可调电容器的顶部起补偿调节作用，故多用于袖珍半导体收音机。但该电容器稳定性差，在焊接时，时间不宜过长，否则会损坏薄膜介质
拉线微调电容器（管形微调电容器）	标志点	以镀银瓷管为定片，在瓷管外密绕的细铜丝为动片，从而拉出铜线减小圈数，达到减小电容的目的。该电容器可以由大至小地微量调节电容，但不可逆向调节。由于制作方便，价格低廉，该电容器常用于收音机的振荡电路中

电容器名称	外　形	特　性
云母微调电容器		通过调节定片与动片的间距来改变电容的大小。其动片带有弹性，可以反复调节电容大小

表4.7	常见可变电容器的名称、外形及特性	
电容器名称	外　形	特　性
空气介质可变电容器	动片　动片引出焊片 定片焊片　空气单联　定片焊片　空气双联（2×365pF）	性能好，使用寿命长，但防尘能力差，体积大
薄膜介质可变电容器	定片焊片　动片焊片　定片焊片 密封单联　动片焊片　定片焊片 密封双联（2×270pF）	体积小，重量轻，防尘性能好，但易磨损，噪声大，使用寿命短

> **知识2　电解电容器极性的判别**

（1）从外观判别电解电容器的极性。未使用过的电解电容器以引线的长短来区分电容器的正、负极，长引线为正极，短引线为负极。也可以通过电容器外壳标注来判别，例如有些电容器外壳标注负号，对应的引线为负极，如图4.17所示。

图4.17　通过电容器外壳标注来判别电解电容器的极性

（2）用指针式万用表判别电解电容器的极性。利用电解电容器正向漏电电阻（即正向漏电电流小）大于反向漏电电阻（即反向漏电电流大）的特性，通过测量电容器的漏电电阻来判别电解电容器的极性。测试时，用指针式万用表的高阻挡（视电容器的容量而定）测量。将两表棒分别接触电容器的两引线，指针会迅速向右偏转，然后逐渐向左回转，直到停在某一位置。这时指针所指的是该电容器的漏电电阻值。第二次测量漏电电阻前，必须将电容器两引脚短接一下，以释放第一次测量储存的电能，再将两表笔对调测量漏电阻值。通过比较，两次测试中漏电电阻值小的一次，黑表笔接的为负极，红表笔接的为正极。

> **知识3　电容器质量检测方法**

较大容量电容器的质量可以用万用表进行检测。其检测方法是：首先根据电容器容量的大小选择合适的量程，通常为 $0.01 \sim 10 \mu F$ 选用 $R \times 10 k\Omega$ 挡，$100 \mu F$ 选用 $R \times 1 k\Omega$ 挡，$1\,000 \mu F$ 选用 $R \times 100 \Omega$ 挡或 $R \times 10 \Omega$ 挡。然后用表笔短接电容器的两引脚进行放电，再用表笔分别接触电容器的两根引脚，若指针迅速向顺时针方向转动，然后又慢慢地退回到"∞"附近，这时指针所指的数值就是该电容器的漏电电阻值。漏电电阻大（一般为几百到几千兆欧），说明电容器绝缘性能好。若漏电电阻小（几兆欧以下），表明电容器漏电严重，不能使用。如果指针在"0"附近，表示电容器击穿短路；如果指针一动不动，表示电容器开路失效。值得注意的是，对于耐压低于9V的电解电容器，不能用 $R \times 10k$ 挡来检查，因为万用表在 $R \times 10k$ 挡用的电池电压为9V、15V或22.5V。

实践操作

 认一认　仔细观察各种不同类型、规格的电容器的外形，从所给的电容器中任选 5 个，将电容器的名称、特点填入表 4.8 中。

表 4.8　　　　　　　　　　　　　　电容器的识别

序　号	1	2	3	4	5
名　称					
符　号					
容　量					
耐　压					
特　点					

测一测　用万用表检测电解电容器正反向漏电电阻值，并判断电容器极性，将结果填入表 4.9 中。

表 4.9　　　　　　　　　用万用表判断电解电容器极性

序号	漏电阻值（Ω）		电解电容器极性
	第 1 次	第 2 次	
1			
2			
3			

查一查　用万用表检测大容量电容器的质量，将结果填入表 4.10 中。

表 4.10　　　　　　　用万用表检测大容量电容器的质量

序号	万用表量程	测量结果	结论
1			
2			
3			

 实训总结　把测量电容器的收获、体会填入表 4.11 中，并完成评价。

表 4.11　　　　　　　　测量电容器训练总结表

课题	测量电容器					
班级		姓名		学号	日期	
训练收获						
训练体会						
训练评价	评定人	评　语			等级	签名
	自己评					
	同学评					
	老师评					
	综合评定等级					

实训拓展

➢ 拓展 1　小容量电容器质量检测

容量较小的电容器，可以用一只耳机、一节 1.5V 电池，按如图 4.18 所示电路接法来判别。若耳机一端与被测电容器相碰时，耳机发出"咔咔"声，连续碰几下，声音就小了，说明电容器是好的；若连续碰，一直有"咔咔"声，说明电容器内部短路或严重漏电；若没有声音，说明电容器内部开路。

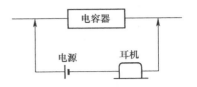

图 4.18　用耳机判别容量较小电容器的质量

➢ 拓展 2　特殊电容器的应用

电容器除广泛地用于耦合、滤波、隔直流、调谐电路中，以及与电感器组成振荡电路，电力电容器还应用于一些特殊的电力场合，如表 4.12 所示。

表 4.12　　　　　　　　　　　电力电容器应用的特殊场合

名　称	外　形　图	特　殊　功　能
高电压并联电容器		高电压并联电容器用于工频（50Hz 或 60Hz）1kV 及以上交流电力系统中，提高功率因数，改善电网质量
电热电容器		电热电容器主要用于中频感应加热电气系统中，提高功率因数或改善回路特性
电感电阻型限流器		电感电阻型限流器用于交流 50Hz，标称电压为 6kV、10kV、35kV 的电力系统中，与电容器串联，以限制并联电容器组的合闸涌流，消除电力系统短路时电容器放电电流的影响

单元
小结

这一单元学习了电容器的基本知识。电容器是电路中的常见元件，一定要掌握好电容器的基本知识。

1.什么叫电容器？什么是电容器的电容？平行板电容器的电容与哪些因素有关？电容器如何充电与放电？写出电容器充电所储存的电场能的计算公式。

2. 电容器的连接方式有串联和并联，电容器串联和并联有哪些特点？应用在什么场合？完成表 4.13。

表 4.13　　　　　　　　　　　电容器串联和并联电路比较表

连接方式		串　联	并　联
特点	电量		
	电压		
	电容		
应用			

3. 什么叫瞬态过程？什么是换路定律？什么是时间常数？

4. 如何用万用表检测电容器的质量？

思考与练习

一、填空题

1. 组成电容器的两个导体叫_____，中间的绝缘物质叫_____。

2. 电容器的额定工作电压一般称_____，接到交流电路中，其额定工作电压_____交流电压最大值。

3. 1F = _____ μF = _____ pF。

4. 平行板电容器的电容量与_____成正比，与_____成反比，还与电介质的介电常数有关。

5. 在电容器充电电路中，已知 $C=1\mu F$，电容器上的电压从 2V 升高到 12V，电容器储存的电场能从_____增加到_____，增大了_____。

6. 2 个电容为 $50\mu F$ 的电容器，并联在电压为 50V 的电源上，其总电容为_____。

二、选择题

1. 某电容为 C 的电容器与一个 $10\mu F$ 的电容器并联，并联后的电容是 C 的 2 倍，则电容 C 应是（　　）。

　A. $5\mu F$　　　　　B. $10\mu F$　　　　　C. $20\mu F$　　　　　D. $40\mu F$

2. 电容器 C_1 和 C_2 串联，$C_1 = 3C_2$，则 C_1、C_2 所带电荷量 Q_1、Q_2 间的关系是（　　）。

　A. $Q_1 = Q_2$　　　B. $Q_1 = 3Q_2$　　　C. $3Q_1 = Q_2$　　　D. 以上答案都不对

3. 3 个相同的电容器并联之后的等效电容与它们串联之后的等效电容之比为（　　）。

　A. 1∶9　　　　　B. 9∶1　　　　　C. 1∶3　　　　　D. 3∶1

4. 如图 4.19 所示，当 $C_1>C_2>C_3$ 时，它们两端的电压关系是（　　）。

　A. $U_1=U_2=U_3$　　　B. $U_1>U_2>U_3$

　C. $U_1<U_2<U_3$　　　D. 不能确定

图 4.19　选择题 4 用图

三、综合题

1. 某同学做实验，第 1 次需要耐压为 50V，电容为 $10\mu F$ 的电容器，第 2 次需要耐压为

10V，电容为 200μF 的电容器，第 3 次需要耐压为 20V，电容为 50μF 的电容器，如果当时他手中只有耐压为 10V，电容为 50μF 的电容器若干只，那么他怎样做能满足实验要求？

2.有电容是 0.25μF、耐压是 300V 和电容是 0.5μF、耐压是 250V 的两个电容器。

（1）若将它们串联起来，它们能承受的最高工作电压是多少？总电容又是多少？

（2）若将它们并联起来，它们能承受的最高工作电压是多少？总电容又是多少？

3.到电子市场实地走访和上网查询，认识各种电容器，并收集相关资料。

第5单元

磁与电

情 景 导 入

远在两千多年以前，我国劳动人民最先发现了一种特殊的"石头"，它具有吸引铁制物体的性质。这种石头就是天然磁石矿，也叫天然磁铁。如图5.1所示为战国时期出现的指南针始祖——司南，它是利用天然磁铁制成的。在科技发达的当代，工程师利用磁极之间的相互作用实现了磁悬浮。2002年，我国建成了第一条投入运行的磁悬浮铁路——上海至浦东机场磁悬浮铁路，如图5.2所示为正在运行的磁悬浮列车。

在发电厂里，发电机正在运行，为人类提供了所需要的电能，实现了机械能与电能的相互转换，如图5.3所示。在工厂里，机器轰隆，拖动各种设备运行的电动机，实现了电能与机械能的相互转换，如图5.4所示。这一切，离不开磁与电的相互关系。

磁与电密不可分。你想知道磁与电之间的奥秘吗？一起来学一学磁与电的基本知识吧！

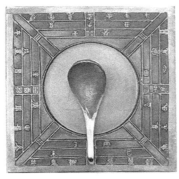

图 5.1　中国古代指南针——司南

图 5.2　磁悬浮列车

图 5.3　发电机

图 5.4　电动机

知 识 链 接

第 1 节　磁场的基本概念

在公元 11 世纪，我国劳动人民在实践中发现了用天然磁铁做成的细长的小磁针，它有一头总是指向南方，另一头指向北方。人们利用它制成了可以确定南北方向的罗盘，如图 5.5 所示。罗盘中间悬挂着一根能自由转动的小磁针（即指南针）。罗盘的发明，给航海的人指明了方向，推动了世界航海事业的迅猛发展。如何认识磁场呢？

一、磁体、磁场与磁极

1. 磁体

物体具有吸引铁、钴、镍等物质的性质叫磁性。具有磁性的物体叫磁体。磁体分为天然磁体和人造磁体。常见的条形磁铁、蹄形磁铁、针形磁铁等都是人造磁体，如图 5.6 所示。

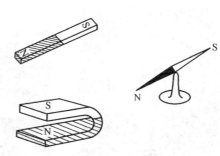

图 5.5 罗盘

图 5.6 常见的人造磁体

2. 磁极

磁体两端磁性最强的区域叫磁极。实验证明：任何磁体都有两个磁极，磁针经常指向北方的一端称为北极，用字母 N 表示；经常指向南方的一端称为南极，用字母 S 表示，如图 5.7 所示。N 极和 S 极总是成对出现并且强度相等，不存在独立的 N 极和 S 极。

图 5.7 磁针的指向

3. 磁的相互作用

用一个条形磁铁靠近一个悬挂的小磁针（或条形磁铁），如图 5.8 所示。条形磁铁的 N 极靠近小磁针的 N 极，小磁针 N 极一端马上被排斥；当条形磁铁的 N 极靠近小磁针的 S 极时，小磁针 S 极一端立刻被条形磁铁吸引。这说明磁极之间存在相互作用力，同名磁极互相排斥，异名磁极互相吸引。

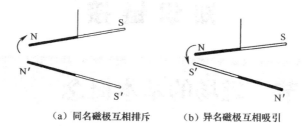

（a）同名磁极互相排斥　　（b）异名磁极互相吸引

图 5.8 磁极之间存在相互作用力

4. 磁场

磁极之间存在的相互作用力是通过磁场传递的。磁场是磁体周围存在的特殊物质。磁场与电场一样是一种特殊物质。磁场也有方向。在磁场中某点放一个能自由转动的小磁针，小磁针静止时 N 极所指的方向，就是该点磁场的方向。

工程应用　磁悬浮的构想是由德国工程师赫尔曼·肯佩尔于 1922 年提出的。磁悬浮列车，其实就是利用磁极之间存在的相互作用力将列车托起，使列车悬浮在轨道上方，和轨道之间没有直接接触，大大减小了运行阻力，达到高速运行的目的。

磁悬浮列车用电磁力将列车浮起而取消轮轨，采用长定子同步直流电动机将电供至地面线圈，驱动列车高速行驶。磁悬浮列车主要依靠电磁力来实现传统铁路中的支承、导向、牵引和制动功能。列车在运行过程中，与轨道保持 1cm 左右距离，处于一种"若即若离"的状态。由于避免了与轨道的直接接触，磁悬浮列车的行驶速度也大大提高，其正常的运行速度可以达到 430km/h。世界上第一列磁悬浮列车小型模型于 1969 年在德国出现，日本在 3 年后研制成功。仅仅 10 年后的 1979 年，磁悬浮列车技术就创造了 517km/h 的速度纪录。

二、磁感线

为了形象地看到磁场强弱和方向的分布情况，可以把条形磁铁、U 形磁铁放在撒满一层铁屑的玻璃板下，当轻轻敲打玻璃板时，铁屑就会逐步排列成无数的细条，形成一幅"美妙"的图案，如图 5.9 所示。

（a）条形磁铁

（b）U 形磁铁

图 5.9　磁铁的磁场

从图案中可以清楚地看到在磁体两极处，铁屑聚集最多，说明磁性作用最强；而在磁体中部铁屑聚集较少，说明磁性作用较弱。这种形象地描绘磁场的曲线，称为磁感线，也叫磁力线。磁铁两极处铁屑最多，用较密的磁感线来表示；而其他地方铁屑稀少，则用较稀的磁感线来表示。

如图 5.10 所示为磁铁磁场的磁感线分布，磁感线具有以下几个特征。

（1）磁感线是互不相交的闭合曲线，在磁铁外部，磁感线从 N 极到 S 极；在磁铁内部，磁感线从 S 极到 N 极。

（2）磁感线的疏密反映磁场的强弱。磁感线越密表示磁场越强，磁感线越疏表示磁场越弱。

（3）磁感线上任意一点的切线方向，就是该点的磁场方向。

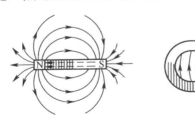
（a）条形磁铁　　　　　　　（b）U 形磁铁

图 5.10　磁铁磁场的磁感线分布

三、电流的磁效应

1. 电流的磁效应

电与磁有密切联系。1820 年，奥斯特从实验中发现：放在导线旁边的小磁针，当导线通过电流时，磁针会受到力的作用而偏转。这说明通电导体周围存在磁场，即电流具有磁效应。电流的

磁效应说明：磁场是由电荷运动产生的。安培提出了著名的分子电流假说，揭示了磁现象的电本质，即磁铁的磁场和电流的磁场一样，都是由电荷运动产生的。

2. 安培定则

通电导体周围的磁场方向，即磁感线方向与电流的关系可以用安培定则来判断，安培定则也称右手螺旋法则。

（1）直线电流的磁场。直线电流的磁场的磁感线是以导线上各点为圆心的同心圆，这些同心圆都在与导线垂直的平面上，如图5.11（a）所示。磁感线方向与电流的关系用安培定则判断：用右手握住通电直导体，让伸直的大拇指指向电流方向，那么，弯曲的四指所指的方向就是磁感线的环绕方向，如图5.11（b）所示。

（2）通电螺线管的磁场。通电螺线管表现出来的磁性类似条形磁铁，一端相当于N极，另一端相当于S极。通电螺线管的磁场方向判断方法是：用右手握住通电螺线管，让弯曲的四指指向电流方向，那么，大拇指所指的方向就是螺线管内部磁感线的方向，即大拇指指向通电螺线管的N极，如图5.12所示。

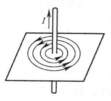

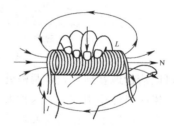

（a）直线电流的磁场　　（b）安培定则

图5.11　通电直导线的磁场方向　　　　图5.12　通电螺线管的磁场方向

 工程应用　　如果参观大型的铁金属加工厂，会发现有一种庞大的起重机。大家虽然看不到它的"手"，但是它却像"手"一样灵活地搬运各种铁件。这是怎么回事？原来是电磁铁在工作。

在工业生产上广泛应用的电磁铁就是利用电流的磁效应制成的，如电磁起重机和电磁钻床中的电磁铁等。

在一定形状的铁磁物体上用包有绝缘层的导线缠绕几十匝，并把这绕组的两端接到一个直流电源上，即可得到电磁铁。工人师傅在操作电磁起重机或电磁钻床时，只要按动串联在它们上面的按钮，电磁起重机就可以将铁质物件灵活地吊来吊去，如图5.13所示。电磁钻床也会紧紧吸住铁质加工件进行安全加工。

图5.13　电磁起重机

 阅读材料　　奥斯特（1777年—1851年），丹麦物理学家、化学家。

奥斯特的主要成就是在1820年发现了电流的磁效应，证明了电与磁能相互转化，为电磁学的发展打下了基础。

奥斯特还于1822年精密地测定了水的压缩系数值，论证了水的可压缩性。他还对库仑扭秤做了一些重要的改进。

课堂练习

一、填空题

1. 物体具有吸引铁、钴、镍等物质的性质叫_____，具有磁性的物体叫_____。

2. 磁极之间存在的相互作用力是通过_____传递的，_____是磁体周围存在的特殊物质。

3. 形象地描绘磁场的曲线，称为_____，也叫_____。

4. 磁现象的电本质，即磁铁的磁场和电流的磁场一样，都是由_____产生的。

二、选择题

1. 条形磁铁磁感应强度最强的位置是（　　）。

A. 磁铁两极　　　　B. 磁铁中心点　　　　C. 闭合磁力线中间位置　　　　D. 磁力线交汇处

2. 下列装置工作时，利用电流磁效应工作的是（　　）。

A. 电镀　　　　B. 白炽灯　　　　C. 电磁铁　　　　D. 干电池

第2节　磁场的基本物理量

用磁感线描述磁场，虽然形象直观，但只能做定性分析。在工程中，有时需要定量地描述磁场。如何定量地描述磁场呢?

一、磁通

磁感线的疏密定性地表示了磁场在空间的分布情况。磁通是定量地描述磁场在一定面积的分布情况的物理量。

通过与磁场方向垂直的某一面积上的磁感线的总数，叫做通过该面积的磁通量，简称磁通，用字母 Φ 表示。磁通的单位是韦伯，简称韦，用符号 Wb 表示。

当面积一定时，通过该面积的磁通越大，磁场就越强。在工程中，选用电磁铁、变压器等铁心材料时，就要尽可能多地让全部磁感线通过铁心截面。

阅读材料　　韦伯（1804年—1891年），德国物理学家。

韦伯的主要贡献是在电学和磁学方面。1832年韦伯协助高斯提出磁学量的绝对单位，1833年又与高斯合作发明了世界上第一台有线电报机。韦伯还发明了许多电磁仪器，如双线电流表、电功率表、地磁感应器等。韦伯在理论上的重要贡献是提出电磁作用的基本定律，将库仑静电定律、安培电动力定律和法拉第电磁感应定律统一在一个公式中。他的名字被命名为磁通量的国际单位。

二、磁感应强度

磁感应强度是定量地描述磁场中各点的强弱和方向的物理量。

与磁场方向垂直的单位面积上的磁通，叫做磁感应强度，也称磁通密度，用字母 B 表示。磁

感应强度的单位是特斯拉，简称特，用符号 T 表示。

在匀强磁场中，磁感应强度与磁通的关系可以用公式表示为

$$B = \frac{\Phi}{S} \tag{5-1}$$

式中：B——匀强磁场的磁感应强度，单位是特斯拉（T）；

Φ——与 B 垂直的某一面积上的磁通，单位是韦伯（Wb）；

S——与 B 垂直的某一截面面积，单位是平方米（m^2）。

 阅读材料

特斯拉（1856 年—1943 年），出生于克罗地亚的史密里安，后加入美国籍。

特斯拉在科学技术上的最大贡献是开创了交流电系统，促进了交流电的广泛应用。他还从事高频电热医疗器械、无线电广播、微波传输电能、电视广播等方面的研制。为纪念这位杰出的科学发明家，国际电气技术协会决定用他的名字作为磁感应强度的单位。

三、磁导率

做一做　用一个插有铁棒的通电线圈去吸引铁屑，然后把通电线圈中的铁棒换成铜棒再去吸引铁屑，发现在两种情况下吸力大小不同，前者比后者大得多。

这个实验说明不同的媒介质对磁场的影响不同，影响的程度与媒介质的导磁性能有关。

磁导率就是一个用来表示媒介质导磁性能的物理量，用字母 μ 表示，单位是亨利每米，用符号 H/m 表示。不同的媒介质有不同的磁导率。实验测定，真空中的磁导率是一个常数，用 μ_0 表示，即

$$\mu_0 = 4\pi \times 10^{-7} \text{H/m}$$

为了便于比较各种物质的导磁性能，任一物质的磁导率 μ 与真空磁导率 μ_0 的比值称为相对磁导率，用 μ_r 表示，即

$$\mu_r = \frac{\mu}{\mu_0} \tag{5-2}$$

或　　$\mu = \mu_0 \mu_r$

相对磁导率只是一个比值，它表明在其他条件相同的情况下，媒介质的磁感应强度是真空中的多少倍。几种常见铁磁物质的相对磁导率如表 5.1 所示。

表 5.1　　　　　　　　　　常见铁磁物质的相对磁导率

铁磁物质	相对磁导率	铁磁物质	相对磁导率
钴	174	硅钢片	7 000 ~ 10 000
未经退火的铸铁	240	镍铁铁氧体	1 000
已经退火的铸铁	620	真空中熔化的电解铁	12 950
镍	1 120	镍铁合金	60 000
软钢	2 180	坡莫合金	115 000

根据磁导率的大小，可将物质分成 3 类：μ_r 略大于 1 的物质称为顺磁物质，如空气、铝、锡等；μ_r 略小于 1 的物质称为反磁物质，如氢、铜、石墨等；顺磁物质和反磁物质统称为非铁磁物质。μ_r 远远大于 1 的物质称为铁磁物质，如铁、钴、镍、硅钢、铁氧体等。如图 5.14 所示是磁力吊正在吊起圆柱形导磁材料的工件。

图 5.14　磁力吊吊起导磁材料

四、磁场强度

磁场中各点的磁感应强度 B 与磁导率 μ 有关，计算比较复杂。为方便计算，引入磁场强度这个新的物理量来表示磁场的性质，用字母 H 表示。磁场中某点的磁场强度等于该点的磁感应强度与媒介质的磁导率的比值，用公式表示为

$$H = \frac{B}{\mu}$$

$$\text{或} \quad B = \mu H$$

（5-3）

磁场强度的单位是安每米，用符号 A/m 表示。

提示 磁场强度是为方便计算引入的计算辅助量。磁场强度是矢量，在均匀媒介质中，它的方向与磁感应强度的方向一致。

课堂练习

一、填空题

1. 与磁场方向垂直的单位面积上的磁通，叫做＿＿＿＿，也称＿＿＿＿，其单位是＿＿＿＿。

2. 磁导率就是一个用来表示＿＿＿＿导磁性能的物理量，单位是＿＿＿＿。真空中的磁导率为＿＿＿＿。

二、选择题

1. 磁通的单位是（　　）。

A. 安 / 米　　　　B. 安米　　　　C. 韦伯　　　　D. 特斯拉

2. 定量地描述磁场在一定面积的分布情况的物理量是（　　）。

A. 磁通　　　　B. 磁导率　　　　C. 磁场强度　　　　D. 磁感应强度

*第 3 节　铁磁性材料

用铁钉靠近铁屑，铁屑并不能被吸引。但如果把铁钉先去靠近磁铁，再靠近铁屑，发现铁屑被吸引了。而如果用铜钉替换成铁钉，不论如何操作，铁屑都不能被吸引。这是为什么呢？原来铁是铁磁性材料，而铜是非铁磁性材料。那么，铁磁性材料有哪些性质呢？

一、铁磁性材料的磁化

像铁钉这种本来不具备磁性的物质，在外磁场作用下产生磁性的现象称为磁化。只有铁磁性

材料才能被磁化，非铁磁物质是不能被磁化的。

铁磁性材料被磁化的内因，是因为铁磁性材料是由许多被称为磁畴的磁性小区域组成的，每一个磁畴相当于一个小磁铁，当无外磁场作用时，磁畴杂乱无章地排列，磁性相互抵消，对外不显磁性，如图5.15（a）所示。只有外磁场作用时，磁畴将沿着磁场方向作有序整齐排列，形成附加磁场，使磁场显著加强，如图5.15（b）所示。当有些铁磁性材料在撤去磁场后，磁畴的一部分或大部分仍然保持取向一致，即对外仍显磁性，成为永久磁铁。

（a）

（b）

图5.15　铁磁性材料的磁化

工程应用　铁磁性材料被磁化的性能，被广泛地应用于电子和电气设备中，如变压器、继电器、电动机等，采用相对磁导率高的铁磁性材料做线圈的铁心，可使同样容量的变压器、继电器、电动机的体积大大缩小，重量大大减轻，如图5.16（a）所示；半导体收音机的天线线圈绕在铁氧体磁棒上，可以提高收音机的灵敏度，如图5.16（b）所示。

（a）电动机的铁心　　　　（b）天线线圈绕在铁氧体磁棒上

图5.16　铁磁性材料

二、磁化曲线

磁化曲线用来描述铁磁性材料的磁化特性。铁磁性材料的磁感应强度 B 随磁场强度 H 变化的曲线，称为磁化曲线，也叫 B—H 曲线。铁磁物质的磁化曲线如图5.17所示。由图可以看出，磁感应强度 B 与 H 的关系是非线性的，即 $\mu = \dfrac{B}{H}$ 不是常数。

（1）$O \sim 1$ 段：曲线上升缓慢，这是由于磁畴的惯性，当磁场强度 H 从0开始增加时，磁感应强度 B 增加缓慢，称为起始磁化段。

（2）$1 \sim 2$ 段：随着磁场强度 H 的增大，磁感应强度 B 几乎直线上升，这是由于磁畴在外磁场作用下，大部分都趋向磁场强度 H 方向，磁感应强度 B 增加很快，曲线很陡，称为直线段。

（3）$2 \sim 3$ 段：随着磁场强度 H 的增加，磁感应强度 B 的上升又缓慢了，这是由于大部分磁畴方向已转向磁场强度 H 方向，随着 H 的增加只有少数磁畴继续转向，磁感应强度 B 增加变慢。

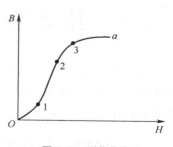
图5.17　磁化曲线

（4）3点以后：到达3点以后，磁畴几乎全部转到了外磁场方向，再增大磁场强度 H 值，磁感应强度 B 也几乎不再增加，曲线变得平坦，称为饱和段，此时的磁感应强度叫饱和磁感应强度。

不同的铁磁性材料，磁感应强度 B 的饱和值不同。对同一种材料，磁感应强度 B 的饱和值是一定的。电动机和变压器，通常工作在曲线的 2 ～ 3 段，即接近饱和的地方。

在磁化曲线中，已知磁场强度 H 值就可查出对应的磁感应强度 B 值。因此，在计算介质中的磁场问题时，磁化曲线是一个很重要的依据。

三、磁滞回线

磁化曲线只反映了铁磁性材料在外磁场由零逐渐增强的磁化过程。而在很多实际应用中，铁磁性材料是工作在交变磁场中的。所以，必须研究铁磁性材料反复交变磁化的问题。某种铁磁性材料的磁滞回线如图 5.18 所示。

（1）当磁感应强度 B 随磁场强度 H 沿起始磁化曲线达到饱和值以后，逐渐减小磁场强度 H 的数值，由图可看出，磁感应强度 B 并不沿起始磁化曲线减小，而是沿另一条在它上面的曲线 ab 下降。

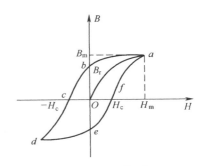

图 5.18　磁滞回线

（2）当 H 减小到 0 时，磁感应强度 $B \neq 0$，而是保留一定的值，称为剩磁，用 B_r 表示。永久性磁铁就是利用剩磁很大的铁磁性材料制成的。

（3）为消除剩磁，必须加反向磁场。随着反向磁场的增强，铁磁性材料逐渐退磁，当反向磁场增大到一定值时，磁感应强度 B 值变为 0，剩磁完全消失，如 bc 段。bc 段曲线叫退磁曲线，这时的 H 值是为克服剩磁所加的磁场强度，称为矫顽磁力，用 H_C 表示。矫顽磁力的大小反映了铁磁性材料保存剩磁的能力。

（4）当反向磁场继续增大时，磁感应强度 B 值从 0 起改变方向，沿曲线 cd 变化，并能达到反向饱和点 d。

（5）使反向磁场减弱到 0，B—H 曲线沿 de 变化，在 e 点磁场强度 $H=0$，再逐渐增大正向磁场，B—H 曲线沿 efa 变化，完成一个循环。

（6）从整个过程看，磁感应强度 B 的变化总是落后于 H 的变化，这种现象称为磁滞现象。通过反复磁化得到的 B—H 关系曲线，是一个封闭的对称于原点的闭合曲线（$abcdefa$），称为磁滞回线。

磁滞形成的原因是铁磁材料中磁分子的惯性和摩擦。在反复磁化过程中，磁畴要来回翻转，在这个过程中，产生了能量损耗，称为磁滞损耗。磁滞回线包围的面积越大，磁滞损耗就越大，所以剩磁和矫顽磁力越大的铁磁性材料，磁滞损耗就越大。因此，磁滞回线的形状常被用来判断铁磁性材料的性质和作为选择材料的依据。减小磁滞损耗的基本方法是降低矫顽磁力 H_C。

改变交变磁场强度 H 的幅值，可相应得到一系列大小不一的磁滞回线，如图 5.19 所示。连接各条对称的磁滞回线的顶点，得到一条磁化曲线，叫基本磁化曲线。

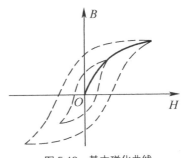

图 5.19　基本磁化曲线

四、铁磁性材料的分类

不同的铁磁材料具有不同的磁滞回线，其剩磁和矫顽磁力是不相同的，因而其特性和用途也是不同的，一般将铁磁材料分成以下3类。

1. 硬磁性材料

硬磁性材料是剩磁和矫顽磁力都很大的铁磁材料。其特点是磁滞回线很宽，如图5.20（a）所示，这类材料不易磁化，也不易去磁，剩磁较强，所以也称永磁材料。典型材料有钨钢、钴钢等，常用来制造各种永久磁铁、扬声器的磁钢等。

2. 软磁性材料

软磁性材料是剩磁和矫顽磁力都很小的铁磁材料。其特点是磁滞回线较窄，磁滞损耗很小，如图5.20（b）所示，这类材料容易磁化，也容易去磁。典型材料有硅钢片、铸铁、坡莫合金等，常用来制造电动机、变压器、继电器的铁心等。

3. 矩磁性材料

矩磁性材料的磁滞回线的形状如矩形，如图5.20（c）所示，这类材料在很弱的外磁场作用下，就能被磁化，并达到饱和，当撤掉外磁场后，磁性仍然保持与磁饱和状态相同。典型材料有锰锌铁氧体等，常用来制造计算机中存储器的磁芯等。

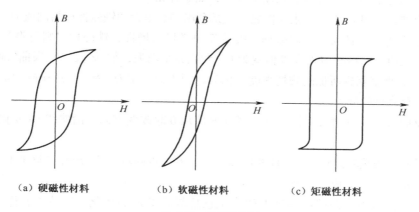

（a）硬磁性材料　　　　（b）软磁性材料　　　　（c）矩磁性材料

图5.20　铁磁性材料

五、充磁与消磁

1. 充磁

充磁就是将铁磁性材料磁化的过程。充磁机就是利用自身的强磁场而使一些具有矩形磁滞回线的铁磁性材料的磁畴沿某一方向顺序排列，当外磁场消除后这些物质的磁畴还能保持这种排列而具有磁性。常用的充磁机有恒流充磁机和脉冲充磁机等。

（1）恒流充磁机：在线圈中通过恒流的直流电，使线圈产生恒定磁场，适合于低矫顽磁力永磁材料的充磁。

（2）脉冲充磁机：在线圈中通过瞬间的脉冲大电流，使线圈产生短暂的超强磁场，适合于高矫顽磁力永磁材料或复杂多极充磁的场合，广泛使用于永磁材料生产和应用企业，用于各类永磁材料零件及部件的磁化，如铝镍钴系列、铁氧体系列、稀土永磁系列等。

2. 消磁

消磁就是将铁磁性材料去磁的过程。铁磁性材料有磁性时它的磁感线是有规律排列的,消磁就是将带有磁性的铁磁性材料放在一个交变磁场中(如放在螺旋线圈中,通上交流电,其体积大时线圈也要大),通过往复运动将铁磁性材料中按规律排列的磁力线打乱,这样铁磁性材料的磁性就被消除了。

课堂练习

一、填空题

1. 铁磁性材料的磁感应强度 B 随_____变化的曲线,称为磁化曲线。磁化曲线用来描述铁磁性材料的_____特性。

2. 剩磁和矫顽磁力都很大的铁磁材料是_____材料,常用来制作_____。

二、选择题

1. 电动机、变压器、继电器等铁心常用的硅钢片是( )。

A. 软磁性材料　　　　B. 硬磁性材料　　　　C. 矩磁性材料　　　　D. 导电材料

2. 制造计算机中存储器的磁芯是( )。

A. 软磁性材料　　　　B. 硬磁性材料　　　　C. 矩磁性材料　　　　D. 导电材料

*第 4 节　磁路

为了使磁通集中在一定的路径上来获得较强的磁场,常常把铁磁性材料制成一定形状的铁心,构成各种电器设备所需的磁路。什么叫磁路? 与电路相比,磁路有哪些不同呢?

一、磁路简介

1. 磁路

磁通集中经过的闭合路径叫磁路。磁路和电路一样,分为有分支磁路和无分支磁路 2 种类型。如图 5.21 (a) 所示为无分支磁路,图 5.21 (b) 所示为有分支磁路。在无分支磁路中,通过每一个横截面的磁通都相等。

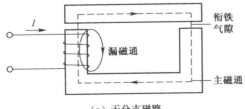
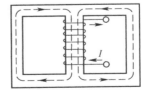

(a) 无分支磁路　　　　　　　　　　(b) 有分支磁路

图 5.21　磁路

2. 主磁通和漏磁通

如图 5.21 (a) 所示,当线圈中通以电流后,大部分磁感线沿铁心、衔铁和工作气隙构成回路,这部分磁通称为主磁通;还有一部分磁通,没有经过气隙和衔铁,而是经空气自成回路,这部分磁通称为漏磁通。

 提示 利用铁磁性材料可以尽可能地将磁通集中在磁路中。但与电路比较，漏磁现象比漏电现象严重得多。为了计算简便，在漏磁不严重的情况下可将它略去，只计算主磁通。

二、磁路的基本物理量

1. 磁通势

产生磁场的根本原因是电流。通电线圈产生的磁场，电流越大，磁场越强，磁通越多；通电线圈每一匝都要产生磁通，这些磁通是彼此相加，线圈匝数越多，磁通也越多。因此，线圈产生磁通的数量，随着线圈匝数和通过的电流的增大而增大，即通电线圈产生的磁通 Φ 与线圈的匝数 N 和线圈中所通过的电流 I 的乘积成正比。

通过线圈的电流 I 与线圈匝数 N 的乘积，称为磁通势，也叫磁动势，用符号 F_m 表示，单位是安培（A），用公式表示为

$$F_m = NI \tag{5-4}$$

2. 磁阻

电路有电阻，与此相类似，磁路也有磁阻。磁阻就是磁通通过磁路时所受到的阻碍作用，用符号 R_m 表示。

实验证明：磁路中磁阻的大小与磁路的长度 l 成正比，与磁路的横截面积 S 成反比，并与组成磁路的材料性质有关，用公式表示为

$$R_m = \frac{l}{\mu S} \tag{5-5}$$

式中：R_m——磁阻，单位是 1/亨（H^{-1}）；

μ——磁导率，单位是亨利每米（H/m）；

l——磁路的长度，单位是米（m）；

S——磁路的横截面积，单位是平方米（m^2）。

由于磁导率 μ 不是常数，因此 R_m 也不是常数。

 提示 磁阻与磁路的尺寸及铁磁物质的磁导率有关。如铁心的几何尺寸一定时，磁导率越大，则磁阻越小。

三、磁路欧姆定律

1. 磁路欧姆定律

与电路的欧姆定律相似，磁路也有欧姆定律。磁路欧姆定律的内容是：通过磁路的磁通与磁通势成正比，与磁阻成反比，即

$$\Phi = \frac{F_m}{R_m} \tag{5-6}$$

式（5-6）与电路的欧姆定律相比，磁通 Φ 对应于电流 I，磁通势 F_m 对应于电动势 E，磁阻 R_m 对应于电阻 R。

2. 磁路与电路的对应关系

磁路中的某些物理量与电路中的某些物理量有对应关系，同时磁路中的某些物理量之间与电路中的某些物理量之间也有相似的关系。

如图 5.22 所示为相对应的两种电路和磁路。表 5.2 所示为磁路与电路对应的物理量及其关系式。

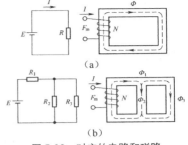

图 5.22 对应的电路和磁路

表 5.2 　　　　　　　　　　磁路与电路的比较

序号	磁路	电路
1	磁通势 $F_m = NI$	电动势 E
2	磁通 Φ	电流 I
3	磁阻 $R_m = \dfrac{l}{\mu S}$	电阻 $R = \rho \dfrac{L}{S}$
4	磁导率 μ	电阻率 ρ
5	磁路欧姆定律 $\Phi = \dfrac{F_m}{R_m}$	电路欧姆定律 $I = \dfrac{E}{R}$

 提示 　磁路与电路虽然有相似之处，但有本质的不同。电路有开关，电路可以处于开路状态，而磁路是没有开路状态的（磁感线是闭合曲线），磁路也不可能有开关。

课堂练习

一、填空题

1. _____集中经过的闭合路径叫磁路。磁路分为_____和_____2 种类型。

2. 在电路与磁路的对比中，电流对应于_____，电动势对应于_____，电阻对应于_____。

二、选择题

1. 磁通集中经过的闭合路径叫（ ）。

A. 磁通 　　　　B. 磁路 　　　　C. 磁场 　　　　D. 磁密

2. 磁路中，与电动势相对应的物理量是（ ）。

A. 磁通 　　　　B. 磁阻 　　　　C. 磁通势 　　　　D. 磁导率

第5节　磁场对电流的作用

作为拖动各种设备运行的电动机，它是如何实现电能与机械能的相互转换的呢？原来，电动机的工作原理与磁场对电流的作用有关。磁场中的载流导体会受到力的作用，这种作用是磁场的重要特性。磁场对永磁铁的作用，实质上是磁场对永磁铁的分子电流的作用。磁场对电流的作用力大小与哪些因素有关？方向又如何判断呢？

一、磁场对通电直导体的作用

如图 5.23 所示，把一根直导线 AB 垂直放入蹄形磁铁的磁场中。当导体未接通电流时，导体不会运动。如果接通电源，当电流从 B 流向 A 的时候，导线立即向磁铁外侧运动。若改变导体电流方向，则导体会向相反方向运动。通电导体在磁场中所受的作用力称为电磁力，也称安培力。从本质上讲，电磁力是磁场和通电导线周围形成的磁场相互作用的结果。

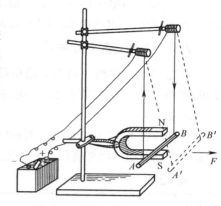

图 5.23　通电导线在磁场中运动

实验证明：在匀强磁场中，当通电导体与磁场方向垂直时，电磁力的大小与导体中的电流大小成正比，与导体在磁场中的有效长度及载流导体所在的磁感应强度成正比，用公式表示为

$$F = BIL \qquad (5\text{-}7)$$

式中：F——导体受到的电磁力，单位是牛顿（N）；

　　　B——均匀磁场的磁感应强度，单位是特斯拉（T）；

　　　I——导体中的电流强度，单位是安培（A）；

　　　L——导体在磁场中的有效长度，单位是米（m）。

实验还证明：当导线和磁感线方向成 α 角时，如图 5.24 所示，电磁力的大小为

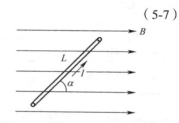

图 5.24　导线和磁感线方向成 α 角

$$F = BIL\sin\alpha \qquad (5\text{-}8)$$

 提示　　当导体与磁感线方向平行放置时，导体受到的电磁力为 0；当导体与磁感线方向垂直放置时，导体受到的电磁力最大。

通电导线在磁场中受到的电磁力的方向，可以用左手定则来判断，如图 5.25 所示。伸出左手，让大拇指与四指在同一平面内，大拇指与四指垂直，让磁感线垂直穿过手心，四指指向电流方向，大拇指所指的方向，就是磁场对通电导线的作用力方向。

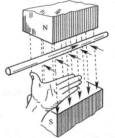

图 5.25　左手定则

【例 5.1】　如图 5.26 所示为两根平行直导线，给它们通以同方向的电流，它们将互相吸引还是互相排斥？

【分析】　两根通电平行直导线，产生磁场，它们各自在对方磁场的作用下产生电磁力。

解：两根通电平行直导线产生的磁场方向如图 5.26 所示，导体 1 在导体 2 产生的磁场 B_2 作用下，产生电磁力 F_1，根据左手定则，电磁力 F_1 方向向右；同理，导体 2 在导体 1 产生的磁场 B_1 作用下，产生电磁力 F_2，根据左手定则，电磁力 F_2 方向向左。两根平行直导线在 F_1 和 F_2 作用下将互相吸引。

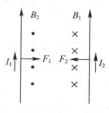

图 5.26　例 5.1 用图

工程应用 给两根平行直导线通以同方向的电流，导线之间将产生吸引力。高压输电采用裸导线输电，导线之间将产生吸引力，为防止输电线短路，两根输电线之间必须保持一定距离，如图 5.27 所示。

图 5.27　保持一定距离的高压输电线

*二、磁场对通电矩形线圈的作用

如图 5.28 所示为直流电动机原理图。一矩形线圈 abcd 放在磁场中，直流电流通过电刷和换向器通入线圈，线圈的两个有效边 ab、cd 受到的电磁力的方向如图 5.28 所示。它们是一对大小相等、方向相反、作用力不在同一直线上的力偶。线圈在力偶作用下，绕转轴 OO' 转动。理论和实验证明：线圈的力偶矩，即转矩的大小为

$$M = BIS\cos\alpha \qquad (5\text{-}9)$$

式中：M——线圈的力偶矩（转矩），单位是牛顿米（N·m）；

　　　B——匀强磁场的磁感应强度，单位是特斯拉（T）；

　　　I——通过线圈的电流，单位是安培（A）；

　　　S——线圈在磁场中的面积，单位是平方米（m²）；

　　　α——线圈平面与磁感线的夹角。

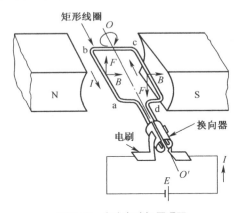

图 5.28　直流电动机原理图

 提示 当线圈平面与磁感线平行时，线圈的转矩为最大；当线圈平面与磁感线垂直时，线圈的转矩为零。

 工程应用 如图 5.29 所示为工程中常用的直流电动机，它是应用磁场对通电线圈的作用原理制成的。常用的直流电流表、直流电压表、万用表等磁系仪表也都是应用磁场对通电线圈的作用原理制成的。

图 5.29　直流电动机

课堂练习

一、填空题

1. 在匀强磁场中，当通电导体与磁场方向垂直时，电磁力的大小与导体中的_____成正比，与导体在磁场中的_____及载流导体所在的_____成正比。

2. 在磁感应强度为 2T 的匀强磁场中，有一长度为 0.05m 的导线，通过导线的电流为 5A，导线与磁场相互垂直，则导体所受的电磁力为_____。

二、选择题

1. 判断磁场对通电导体的作用力方向是用（ ）。

A. 右手定则　　　　B. 左手定则　　　　C. 安培定则　　　　D. 楞次定律

2. 有一小段通电导线长 1cm，电流强度为 5A，把它置入磁场中某点，受到的安培力为 0.1N，则该点的磁感应强度（ ）。

A. B=2T　　　　B. B ≤ 2T　　　　C. B ≥ 2T　　　　D. 以上情况都有可能

第6节 电磁感应

1820 年奥斯特发现电流的磁效应以后，人们很自然地想到：既然电流能产生磁场，磁场能否产生电流呢？许多科学家开始不懈地探索。1831 年，法拉第终于发现了由磁场产生电流的条件和规律，即电磁感应现象。电磁感应的大小与哪些因素有关？方向如何判断呢？

一、电磁感应现象

做一做

【实验1】如图 5.30 所示，在匀强磁场中放置一根导体 AB，导体 AB 的两端分别与灵敏电流计的接线柱连接形成闭合回路。当导线 AB 在磁场中做切割磁感线运动时，电流计指针偏转，表明闭合回路有电流流过；当导线 AB 平行于磁感线方向运动时，电流计指针不偏转，表明闭合回路没有电流流过。

【实验结论】闭合回路中的一部分导体相对于磁场做切割磁感线运动时，回路中有电流流过。

【实验2】如图 5.31 所示，空心线圈的两端分别与灵敏电流计的接线柱连接形成闭合回路。当用条形磁铁快速插入线圈时，电流计指针偏转，表明闭合回路有电流流过；当条形磁铁静止不动时，电流计指针不偏转，表明闭合回路没有电流流过；当条形磁铁快速拔出线圈时，电流计指针偏转，表明闭合回路有电流流过。

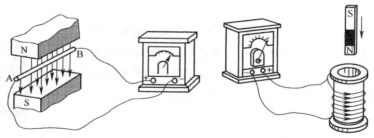

图 5.30　导体相对于磁场做切割磁感线运动　　　　图 5.31　条形磁铁在磁场中运动

【实验结论】闭合回路中的磁通发生变化时，回路中有电流流过。

因此，不论是闭合回路的一部分导体做切割磁感线运动，还是闭合回路中的磁场发生变化，穿过线圈的磁通都发生变化。可以得出结论：不论用什么方法，只要穿过闭合回路的磁通发生变化，闭合回路就有电流产生。这种利用磁场产生电流的现象叫做电磁感应现象，用电磁感应的方法产生的电流叫做感应电流。

*二、法拉第电磁感应定律

要使闭合回路有电流流过，电路中必须有电源，电流是由电动势产生的。在电磁感应现象中，既然闭合回路有感应电流，这个回路中就必然有电动势存在。在电磁感应现象中产生的电动势叫做感应电动势。产生感应电动势的那部分导体就相当于电源，如图 5.30 所示的导体 AB、如图 5.31 所示的线圈就相当于电源。只要知道感应电动势的大小，就可以根据闭合电路的欧姆定律计算感应电流。

实验证明：感应电动势的大小与磁通变化的快慢有关。磁通变化的快慢叫做磁通的变化率，即单位时间内磁通的变化量。法拉第电磁感应定律内容是电路中感应电动势的大小，与穿过这一电路的磁通的变化率成正比，用公式表示为

$$e = \frac{\Delta \Phi}{\Delta t} \tag{5-10}$$

如果线圈的匝数有 N 匝，那么，线圈的感应电动势为

$$e = N \frac{\Delta \Phi}{\Delta t} \tag{5-11}$$

式中：e——线圈在 Δt 时间内产生的感应电动势，单位是伏特（V）；

$\Delta \Phi$——线圈在 Δt 时间内磁通的变化量，单位是韦伯（Wb）；

Δt——磁通变化所需要的时间，单位是秒（s）；

N——线圈的匝数。

 提示

当闭合回路的一部分导体做切割磁感线运动时，如果导体的运动方向与磁场方向的夹角是 α，如图 5.32 所示，那么，导体产生的感应电动势的一般表达式为

$$e = BLv\sin\alpha$$

式中：e——导体产生的感应电动势，单位是伏特（V）；

B——磁感应强度，单位是特斯拉（T）；

L——导体做切割磁感线运动的有效长度，单位是米（m）；

v——导线的运动速度，单位是米 / 秒（m/s）；

α——导体的运动方向与磁场方向的夹角。

当 $\alpha = 90°$ 时，感应电动势 $e = BLv$。

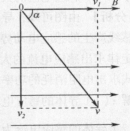

图 5.32 部分导体做切割磁感线运动

阅读材料

法拉第（1791 年—1867 年），英人，19 世纪电磁学领域中最伟大的实验物理学家。

法拉第最伟大的贡献是发现电磁感应现象及电解的有关规律，即法拉第电磁感应定律和法拉第电解定律。1831 年，法拉第发明了一种电磁电流发生器，即原始的发电机。这是 19 世纪最伟大的发明之一，在科学技术史上具有划时代的意义。法拉第的另一贡献是提出了电场和磁场的概念。

三、右手定则

闭合回路的一部分导体做切割磁感线运动时，感应电流（感应电动势）的方向可以用右手定则判定。

伸出右手，让大拇指与四指在同一平面内，大拇指与四指垂直，让磁感线垂直穿过手心，大拇指指向导体运动方向，四指所指的方向，就是感应电流的方向，如图 5.33 所示。

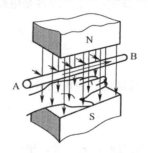

图 5.33　右手定则

【例 5.2】　如图 5.34 所示，设匀强磁场的磁感应强度 B 为 1T，导体在磁场中的有效长度 L 为 20cm，导体向右作切割磁感线运动的速度 v 为 10m/s，导体电阻 R 为 10Ω。求：（1）感应电动势的大小；（2）感应电流的大小和方向；（3）电阻消耗的功率。

【分析】　由图可知，导体的运动方向与磁场方向的夹角为 90°，因此本题可直接应用导体切割磁感线产生的感应电动势公式 $E = BLv$ 求出感应电动势的大小，再根据欧姆定律求出感应电流的大小，用右手定则判断感应电流方向，应用电功率公式求出电阻消耗的功率。

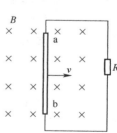

解：（1）导体的感应电动势为 $E = BLv = 1 \times 0.2 \times 10 = 2 \text{ V}$

（2）导体的感应电流为 $I = \dfrac{E}{R} = \dfrac{2}{4} = 0.5 \text{ A}$

应用右手定则，确定感应电流的方向为沿着导体从 b 到 a。

（3）电阻消耗的功率 $P = I^2R = 0.5^2 \times 4 = 1 \text{ W}$

图 5.34　例 5.2 用图

*四、涡流

把块状金属放在交变磁场中，金属块内将产生感应电流。这种电流在金属块内自成回路，像水的旋涡，因此叫涡电流，简称涡流。

由于整块金属电阻很小，因此涡流很大，不可避免地使铁心发热，温度升高，引起材料绝缘性能下降，甚至破坏绝缘造成事故。铁心发热，还使一部分电能转换为热能白白浪费，这种电能损失叫涡流损失。

在电动机、电器的铁心中，完全消除涡流是不可能的，但可以采取有效措施尽可能地减小涡流。为减小涡流损失，电动机和变压器的铁心通常不用整块金属，而用涂有绝缘漆的薄硅钢片叠压制成。这样涡流被限制在狭窄的薄片内，回路电阻很大，涡流大为减小，从而使涡流损失大大降低。

铁心采用硅钢片，是因为这种钢比普通钢电阻率大，可以进一步减小涡流损失，硅钢片的涡流损失只有普通钢片的 1/5 ~1/4。

工程应用　　在一些特殊场合，涡流也可以被利用，如可用于有色金属和特种合金的冶炼。利用涡流加热的电炉叫高频感应炉，如图 5.35 所示。它的主要结构是一个与大功率高频交流电源相接的线圈，被加热的金属就放在线圈中间的坩埚内，当线圈中通以强大的高频电流时，它的交变磁场在坩埚内的金属中产生强大的涡流，发出大量的热，使金属熔化。

图 5.35　高频感应炉

课堂练习

一、填空题

1. 不论用什么方法，只要穿过闭合回路的磁通发生_____，闭合回路就有电流产生。这种利用磁场产生电流的现象叫做_____现象，用这种方法产生的电流叫做_____。

2. 闭合回路的一部分导体做切割磁感线运动时，感应电动势的方向可以用_____判定。

二、选择题

1. 在电磁感应现象中，能量的转化关系是（　　）。

A. 机械能变成电能　　　　B. 化学能变成电能　　　C. 电能变成机械能　　　D. 电能变成化学能

2. 通过线圈的磁通（　　）时，线圈中就有感应电动势产生。

A. 很小　　　　　　　　B. 很大　　　　　　　　C. 不变　　　　　　　　D. 发生变化

第 7 节　电 感 器

电感器是电路的 3 种基本元件之一。用导线绕制而成的线圈就是一个电感器。电感器也是一个储能元件。与电容器相比，电感器有哪些特点？电感器的主要参数有哪些？如何判断电感器的质量？

一、自感现象

做一做

【实验1】如图 5.36 所示，HL$_1$、HL$_2$ 是两个完全相同的灯泡，L 是一个电感较大的线圈，调

节可变电阻 R 使灯泡 HL_1、HL_2 亮度相同。当开关 S 闭合瞬间，与可变电阻 R 串联的灯泡 HL_2 立刻正常发光，与电感线圈 L 串联的灯泡 HL_1 逐渐变亮。

【分析】在开关 S 闭合瞬间，通过线圈的电流由 0 增大，穿过线圈的磁通也随着增大。根据电磁感应定律，线圈中必然产生感应电动势。因此，通过 HL_1 的电流要逐渐增大，HL_1 逐渐变亮。

【实验 2】如图 5.37 所示，灯泡 HL 与铁心线圈 L 并联在直流电源上。当开关 S 闭合后，灯泡正常发光，接着马上将开关 S 断开。在开关 S 断开的瞬间，灯泡不是立即熄灭，而是发出更强的光，然后再慢慢熄灭。

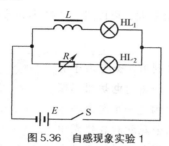

图 5.36　自感现象实验 1

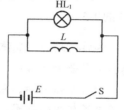

图 5.37　自感现象实验 2

【分析】在开关 S 断开瞬间，通过线圈的电流突然减小，穿过线圈的磁通也随着减小，线圈产生很大的感应电动势，与 HL 组成闭合电路，产生很强的感应电流，使灯泡发出短暂的强光。

从上面的实验可以发现，当线圈中的电流变化时，线圈本身就产生了感应电动势，这个电动势总是阻碍线圈中电流的变化。这种由于线圈本身电流发生变化而产生电磁感应的现象叫自感现象，简称自感。在自感现象中产生的感应电动势，叫自感电动势。

 工程应用

自感现象在各种电气设备和电子技术中有着广泛的应用。如日光灯电路中利用镇流器的自感现象，获得点燃灯管所需要的高压；无线电技术中常用电感线圈和电容器组成滤波电路和谐振电路。

自感现象也有不利的一面。在自感系数很大而电流又很强的电路中，在切断电源瞬间，由于电流在很短的时间内发生了很大变化，会产生很高的自感电动势，在断开处形成电弧，这不仅会烧坏开关，甚至会危及工作人员的安全。因此，切断这类电源必须采用特制的安全开关。如图 5.38 所示为带有完善灭弧装置的高压断路器。

图 5.38　高压断路器

二、自感系数

自感电动势的大小除了和流过线圈的电流变化快慢有关以外，还与线圈本身的特性有关。对于同样的电流，若线圈的尺寸、匝数等发生变化，则产生的自感电动势也随之变化。这种线圈的特性用自感系数来表示。自感系数，简称电感，用字母 L 表示。电感的单位是亨利，用符号 H 表示。常用单位有毫亨（mH）、微亨（μH）。

$$1H=10^3mH=10^6\mu H$$

线圈的电感是由线圈本身的特性所决定的，它与线圈的尺寸、匝数和媒介质的磁导率有关，而与线圈中有无电流及电流的大小无关。线圈的横截面积越大，线圈越长，匝数越多，它的电感

就越大。有铁心的线圈的电感比空心线圈要大得多，工程上常在线圈中放置铁心或磁心来获得较大的电感。

 提示 电感 L（自感系数）是电感器的主要参数之一。电感器的主要参数还有额定电流，即允许长时间通过电感元件的直流电流值。其他参数还有品质因数 Q、自谐频率 f、直流电阻 R_{DC} 等。

三、磁场能

电感线圈也是一个储能元件。当线圈中通有电流时，线圈中就要储存磁场能量，通过线圈的电流越大，储存的能量就越多；在通有相同电流的线圈中，电感越大的线圈，储存的能量越多，因此线圈的电感也反映了它储存磁场能量的能力。

理论和实验证明，线圈中储存的磁场能量与通过线圈的电流的平方成正比，与线圈的电感成正比，用公式表示为

$$W_L = \frac{1}{2} L I^2 \tag{5-12}$$

四、电感器

常用电感器如图 5.39 所示。电感器分为空心电感线圈（如空心螺线管等）和铁心电感线圈（如日光灯镇流器等）两种，其图形符号如图 5.40（a）、（b）所示。

忽略导线电阻的能量损耗和匝间分布电容影响的线圈称为纯电感元件。实际电感线圈若其导线电阻 R 不能忽略，则可以用电阻 R 与纯电感 L 串联来等效表示，如图 5.40（c）所示。

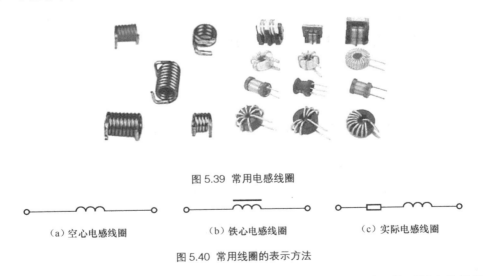

图 5.39 常用电感线圈

（a）空心电感线圈　　　（b）铁心电感线圈　　　（c）实际电感线圈

图 5.40 常用线圈的表示方法

电感器的电感可以用万用表（必须有电感量刻度线）测量。测量时，将万用表的量程选择至万用表说明书规定的某个交流电压挡（如交流 5V 挡），将两表笔分别接在电感器两端即可。

电感器的直流电阻值可以用万用表的欧姆挡来检测。电感器的直流电阻应较小。若测量阻值为无穷大，表明电感器开路；若测得阻值为 0，则表明电感器线圈完全短路。

亨利（1797 年—1878 年），美国物理学家。

亨利在物理学方面的主要成就是对电磁学的独创性研究。亨利制成了强电磁铁，为改进发动机打下了基础；比法拉第早一年发现电磁感应现象；发现了自感现象；亨利的电磁铁为电报机的发明作出了贡献，实用电报的发明者莫尔斯和惠斯通都采用了亨利发明的继电器。为纪念亨利，电感的单位以亨利命名。

课堂练习

一、填空题

1. 由于线圈本身电流发生变化而产生电磁感应的现象叫_____，简称_____。在自感现象中产生的感应电动势，叫_____。

2. 电感器的主要技术参数有_____和_____。

二、选择题

1. 与线圈电感无关的物理量是（ ）。

A. 线圈的尺寸　　　　B. 线圈的匝数　　　　C. 媒介质的磁导率　　　　D. 通过线圈的电流

2. 任何万用表都可以测量的电感参数是（ ）。

A. 电感　　　　B. 额定电流　　　　C. 直流电阻　　　　D. 品质因数

*第8节　互感

互感现象是一种特殊的电磁感应现象。自感是线圈自身变化产生的电磁感应现象，与自感现象相比，互感现象反映的是 2 个或多个线圈发生的电磁感应，两者的本质是一样的。什么叫互感现象？什么叫同名端？变压器又是如何工作的？

一、互感

　　　如图 5.41 所示，A、B 是两个互相独立的线圈，线圈 B 套在线圈 A 的外面，线圈 A 与开关 S、滑动变阻器 R_P 及直流电源 E 串联组成闭合电路，线圈 B 与灵敏电流计串联组成闭合回路。在开关 S 闭合的瞬间，灵敏电流计指针偏转；当线圈 A 电路中的电流稳定时，灵敏电流计指针不偏转；当改变滑动变阻器 R_P 的阻值时，灵敏电流计指针偏转；在开关 S 断开的瞬间，灵敏电流计指针偏转。

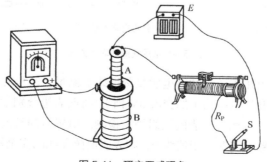

图 5.41　研究互感现象

【分析】在开关 S 闭合或断开的瞬间，线圈 A 中的电流发生变化，线圈 A 中的磁通随着发生变化，穿过线圈 B 的磁通也随着发生变化，线圈 B 就产生了感应电动势；当改变滑动变阻器 RP 的阻值时，线圈 A 中的电流也发生变化，线圈 B 也就产生了感应电动势。

从上面的实验可以发现，当线圈 A 中的电流发生变化时，线圈 B 产生了感应电动势。由于一个线圈的电流变化，导致另一个线圈产生感应电动势的现象，称为互感现象。在互感现象中产生的感应电动势，叫互感电动势。

互感现象在电力工程和电子技术中有着广泛的应用。常用的电源变压器、电流互感器、电压互感器、中频变压器、钳形电流表等都是根据互感原理工作的。如图 5.42 所示为用于测量高电压的电压互感器。

互感现象也有不利的一面。在电子技术中，若线圈位置安放不当，各个线圈会因互感而相互干扰，影响设备的正常工作。为此，需要进行磁屏蔽。

图 5.42　电压互感器

二、同名端

1. 互感线圈的同名端

在工程中，对 2 个或 2 个以上的有电磁耦合的线圈，常常需要知道互感电动势的极性。互感线圈由于电流变化所产生的自感电动势极性与互感电动势的极性始终保持一致的端点叫同名端，反之叫异名端。

在电路中，一般用"˙"表示同名端，如图 5.43 所示。在标出同名端后，每个线圈的具体绕法和它们之间的相对位置就不需要在图上表示出来了。

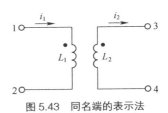

图 5.43　同名端的表示法

2. 同名端的判定方法

（1）根据线圈绕向判定。如图 5.44 所示，线圈 L_1 通有电流 i，并且电流随时间增加时，电流 i 所产生的自感磁通和互感磁通也随时间增加。由于磁通的变化，线圈 L_1 中要产生自感电动势，线圈 L_2 中要产生互感电动势。以磁通 Φ 作为参考方向，应用安培定则，则线圈 L_1 上的自感电动势 A 点为正极性点，B 点为负极性点；线圈 L_2 上的自感电动势 C 点为正极性点，D 点为负极性点。由此可见，A 与 C、B 与 D 的极性相同。当电流 i 减小时，L_1、L_2 中的感应电动势方向都反了过来，但端点 A 与 C、B 与 D 的极性仍然相同。

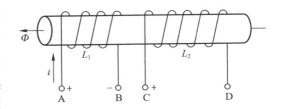

图 5.44　互感线圈的极性

因此，无论电流从哪一端流入线圈，大小变化如何，A 与 C、B 与 D 端的极性都保持一致，即线圈绕向一致的 A 与 C、B 与 D 为同名端。

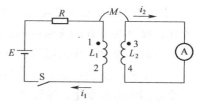

（2）用实验法判定。若不知道线圈的具体绕法，可以用实验法来判定。如图 5.45 所示为判定同名端的实验电路。当开关 S 闭合时，电流从线圈的端点 1 流入，且电流随时间增大。若此时电流表的指针向正方向偏转，说明 1 与 3 是同名端，否则 1 与 3 是异名端。

图 5.45　判定同名端的实验电路

三、变压器

变压器是由一个矩形铁心和两个互相绝缘的线圈所组成的装置，它是利用互感原理工作的，如图 5.46 所示。

在如图 5.46 所示的两个线圈中，左边的一个线圈与交流电源相接，称为原线圈，又称初级线圈或一次线圈（一次侧），右边的一个线圈与用电设备（如电灯、电动机等）或电路元件（如电阻、电感等）相接，叫副线圈，又称次级线圈或二次线圈（二次侧）。变压器的符号如图 5.47 所示。

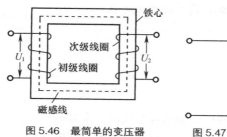

图 5.46　最简单的变压器　　　　图 5.47　变压器符号

当交流电通过变压器原线圈时，由于铁心是导磁的，就在铁心内产生交变的磁感线。这变化的磁感线通过初、次级线圈，由于自感及互感现象，就在两个线圈中都感应出电动势来，而且它的频率等于原线圈中的电流频率。

变压器不仅能变换交流电压而且能变换交流电流、交流阻抗等。

1. 变换交流电压

如图 5.48 所示，将变压器的初级线圈接上交流电压，次级线圈不接负载，变压器空载运行。此时，铁心中产生的交变磁通同时通过初、次级线圈，初、次级线圈中交变的磁通近似相等。

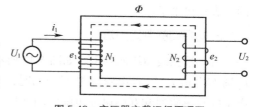

图 5.48　变压器空载运行原理图

设初级线圈匝数为 N_1，次级线圈匝数为 N_2，磁通为 Φ，变压器的自感与互感感应电动势分别为

$$E_1 = \frac{N_1 \Delta \Phi}{\Delta t} , \qquad E_2 = \frac{N_2 \Delta \Phi}{\Delta t}$$

因此

$$\frac{E_1}{E_2} = \frac{N_1}{N_2}$$

忽略线圈内阻得

$$\frac{U_1}{U_2} = \frac{N_1}{N_2} = n$$

（5-13）

式中，n 为变压器的变压比。

由式（5-13）可知，变压器初、次级线圈的电压比等于它们的匝数比。

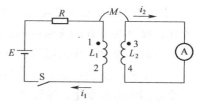

第 5 单元　磁与电

如果 $N_1 < N_2$，$n < 1$，电压上升，称为升压变压器；如果 $N_1 > N_2$，$n > 1$，电压下降，称为降压变压器。

 提示 在实际应用中，只要适当设计初、次级线圈的圈数，即可任意改变电源的电压，"变压器"这一名字就是这样得来的。

2. 变换交流电流

当变压器带负载工作时，线圈电阻、铁心及涡流会产生一定的能量损耗，但是比负载消耗的功率小得多，一般情况下可以忽略不计，将变压器视做是理想变压器，变压器的输入功率全部消耗在负载上，即

$$U_1 I_1 = U_2 I_2$$

$$\frac{I_1}{I_2} = \frac{U_2}{U_1} = \frac{N_2}{N_1} = \frac{1}{n} \tag{5-14}$$

可见，变压器工作时初、次级线圈的电流与线圈的匝数成反比。变压器不但能改变初、次级电压，而且，由于变压器本身是一种功率转换设备，因而变压器还能改变初、次级之间的电流。

 提示 高压线圈通过的电流小，用较细的导线绕制；低压线圈通过的电流大，用较粗的导线绕制。这是在外观上区别变压器高、低压线圈的方法。

3. 变换交流阻抗

变压器负载运行时，设变压器初级输入阻抗为 z_1，次级负载阻抗为 z_2，则

$$\frac{z_1}{z_2} = \frac{\dfrac{U_1}{I_1}}{\dfrac{U_2}{I_2}} = \frac{U_1}{U_2} \times \frac{I_2}{I_1} = n^2 \tag{5-15}$$

即

$$z_1 = n^2 z_2$$

这说明变压器次级接上负载 z_2 时，相当于初级接上一个阻抗为 $n^2 z_2$ 的负载。

 提示 变压器的阻抗变换特性，在电子电路中常用来实现阻抗匹配和信号源内阻相等，使负载获得最大功率。

四、磁屏蔽

在电子技术中，仪器中的变压器或其他线圈所产生的漏磁通，可能会影响某些器件的正常工作，出现干扰和自激，因此必须将这些器件屏蔽起来，使其免受外界磁场的影响，这种措施叫磁屏蔽。常用的磁屏蔽方法如下。

（1）利用软磁性材料制成屏蔽罩，将需要屏蔽的器件放在罩内。为了更好地达到磁屏蔽的目的，常常采用多层铁壳屏蔽的方法，把漏进空腔的残余磁通一次一次地屏蔽。对高频变化的磁场，由于软磁性材料的电阻率和功率损耗较大，屏蔽效果不好，因此常常采用铜或铝等导电性能良好的金属制成屏蔽罩，如图 5.49 所示。

图 5.49 磁屏蔽罩

（2）将2个相邻线圈互相垂直放置。

提示　静电屏蔽是屏蔽层把电力线中断，即电力线不能进入屏蔽罩。磁屏蔽是屏蔽层把磁感线旁路，即让磁感线从屏蔽罩的侧壁通过，两者的屏蔽原理是不同的。

课堂练习

一、填空题

1. 由于一个线圈的电流变化，导致另一个线圈产生感应电动势的现象，称为_____。在互感现象中产生的感应电动势，叫_____。

2. 互感线圈由于电流变化所产生的自感电动势的极性与互感电动势的极性始终保持一致的端点叫_____。

3. 变压器不仅能变换交流电压，而且能变换_____、_____等。

二、选择题

1. 变压器不能改变的物理量是（　　）。

A. 电压　　　　　　B. 电流　　　　　　C. 频率　　　　　　D. 阻抗

2. 应用互感原理工作的仪表是（　　）。

A. 万用表　　　　　B. 电能表　　　　　C. 直流电流表　　　　D. 钳形电流表

单元小结

这一单元学习了磁场和磁路的基本知识，学习了磁场对电流的作用以及电磁感应现象产生的条件和基本定律，还学习了自感与互感现象等。电磁理论是机电能量转换的基础，在生产和生活中有广泛的应用，要很好地理解和掌握。

1. 什么叫磁体和磁极？磁极之间的相互作用力怎样？磁感线如何形象地描述磁场？

2. 什么叫电流的磁效应？电流产生的磁场方向如何判断？

3. 定性描述磁场的物理量有哪些？在匀强磁场中，磁通与磁感应强度关系如何，写出它们的关系式。什么叫磁导率？什么叫磁场强度？

4. 什么叫铁磁性材料的磁化？如何分析磁化曲线和磁滞回线？常用的铁磁性材料有哪几类？

5. 什么叫磁路？磁路的基本物理量有哪些？磁路的欧姆定律如何表达？

6. 磁场对通电直导线的作用力方向如何判断？写出作用力大小表达式。

7. 什么叫电磁感应现象？什么叫感应电动势？什么叫感应电流？产生电磁感应现象的条件是什么？

8. 法拉第电磁感应定律的内容是什么？如何用右手定律判断感应电动势方向？

9. 什么叫自感现象？什么叫自感系数？电感器有哪些参数？

10. 什么叫互感现象？什么叫同名端？变压器的基本功能有哪些？

思考与练习

一、填空题

1. 磁极之间存在相互作用力，_____互相排斥，_____互相吸引。

2. 电流与电流之间的相互作用力是通过_____发生的，电荷之间的相互作用力是通过_____发生的。

3. 可以用来制造计算机中存储元件的材料是_____。

4. 通电导体在磁场中所受的电磁力方向由_____确定，而导体在磁场中作切割磁感线运动时，产生的感应电动势方向由_____确定。

5. 电感元件是一种_____元件，可将输入的电能转化为_____能储存起来。

二、选择题

1. 制造指南针是应用（　　）原理制成的。

A. 磁场　　　　　B. 电磁感应　　　　　C. 机械原理　　　　　D. 电子原理

2. 磁感线集中经过的路径叫（　　）。

A. 磁通　　　　　B. 磁路　　　　　C. 磁密　　　　　D. 磁场

3. 如图 5.50 所示，两根互相平行的通电导体的相互作用是（　　）。

A. 互相排斥　　B. 互相吸引　　　　C. 无作用力　　　　D. 无法判断

4. 下列装置中应用电磁感应现象工作的是（　　）。

A. 发电机　　　　B. 电磁继电器　　　C. 电热器　　　　D. 直流电动机

三、综合题

1. 判断如图 5.51 所示线圈通电后电源的极性。

2. 为保证如图 5.52 所示磁铁的极性，正确连接铁心上的两个线圈与导线。

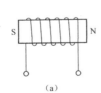

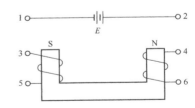

图 5.50　选择题 3 用图　　　　图 5.51　综合题 1 用图　　　　图 5.52　综合题 2 用图

第6单元

单相正弦交流电路

知识目标

- 了解正弦交流电的概念，理解正弦交流电的三要素。
- 掌握正弦交流电的表示法，会比较同频率正弦交流电的相位。
- 掌握纯电阻、纯电感、纯电容电路的特点。
- 掌握 RLC 串联、并联电路的特点，了解提高功率因素的意义和方法。
- *理解串联谐振电路和并联谐振电路的概念和特点。
- 了解照明电路配电板的组成，了解电能表、开关、保护装置等器件的外部结构、性能和用途。
- 了解常用电光源、新型电光源及其构造和应用场合。

技能目标

- 会应用纯电阻、纯电感、纯电容交流电路的特点分析单一元件交流电路。
- 会应用 RLC 串联、并联交流电路的特点分析实际交流电路，计算电路的有功功率、无功功率和视在功率。
- *会应用电路谐振的特点分析谐振电路，计算谐振频率。
- 会使用示波器观察交流信号波形。
- 会安装照明电路配电板。
- 会安装日光灯电路，能排除日光灯电路简单故障。

情 景 导 入

　　在家里，温暖的灯光不仅给人们带来了光明，还给人们带来了温馨，如图 6.1 所示；在工厂，明亮的灯光也给大家带来了光明和方便，如图 6.2 所示。这些照明装置用的都是单相正弦交流电。

　　炎热的夏天，电风扇为人们带来一丝凉风，如图 6.3 所示；电视机让大家认识外面的世界，如图 6.4 所示。这些电器设备用的也都是单相正弦交流电。

　　在日常生活和工农业生产中，用得最多的是交流电。因为与直流电相比，交流电有许多优点：发电机产生的是交流电；在电能的输送、分配和使用中起重要作用的变压器只能依靠交流电工作；作为动力的电动机，交流电动机比同样功率的直流电动机结构简单，维护使用方便……正是因为交流电的方便、经济，在工程中，即使是在使用直流电的场合，大多数也是应用整流装置将交流电变换成直流电。

那么，与直流电相比，交流电有哪些特点？如何分析单相正弦交流电路呢？一起来学一学单相正弦交流电路吧！

图6.1　家庭照明

图6.2　工厂照明

图6.3　电风扇

图6.4　电视机

知 识 链 接

 第1节　正弦交流电的基本物理量

在电路中，大小和方向随时间作周期性变化的电流和电压，分别称为交变电流和交变电压，统称交流电。交流电分为正弦交流电和非正弦交流电。大小和方向随时间按正弦规律变化的电压与电流，称为正弦交流电，即平时所说的单相交流电，其文字符号用字母"AC"表示，图形符号用"～"表示，如图6.5（a）所示。大小和方向随时间不按正弦规律变化的电压与电流，称为非正弦交流电，常见的有矩形波、三角波等，如图6.5（b）、（c）所示。交流电流与电压在变化过程中的任一瞬间，都有确定的大小和方向，称为交流电的瞬时值，分别用小写字母 i、u、e 表示电流、电压和电动势。

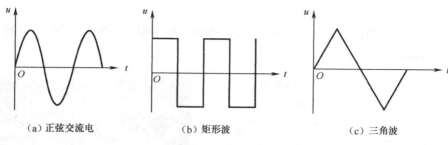

（a）正弦交流电　　　　　　　（b）矩形波　　　　　　　（c）三角波

图6.5　常见的交流电

正弦交流电的大小和方向随时间按正弦规律变化，比直流电要复杂。如何完整地描述正弦交流电呢？

一、交流电变化的范围

1. 最大值

正弦交流电的大小和方向随时间按正弦规律变化，正弦交流电在一个周期内所能达到的最大数值，可以用来表示正弦交流电变化的范围，称为交流电的最大值，又称振幅、幅值或峰值，用带下标 m 的大写字母 I_m、U_m、E_m 分别表示电流、电压、电动势的最大值。

最大值在工程中具有实际意义。例如，电容器的额定工作电压（耐压）是指它能够承受的最大电压，把它接在交流电路中，其额定工作电压就要不小于交流电压的最大值；否则，就有可能被击穿。但在研究交流电的功率时，用最大值表示不够方便，它不适于表示交流电产生的效果。因此，在工程中通常用有效值来表示。

2. 有效值

交流电的有效值是根据电流的热效应来规定的。让直流电和交流电分别通过阻值相等的电阻，如果在相同的时间内产生的热量相等，如图 6.6 所示。这一直流电的数值称为交流电的有效值，分别用大写字母 I、U、E 来表示电流、电压、电动势的有效值。例如，在相同的时间内，某一交流

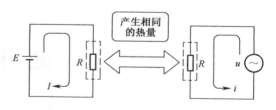

图6.6　交流电的有效值

电通过一个电阻产生的热量，与 5A 的直流电通过阻值相等的另一电阻产生的热量相等，那么，就认为这一交流电的有效值是 5A。

理论和实验证明，正弦交流电的最大值与有效值的关系为

$$\boxed{最大值} = \sqrt{2} \; \boxed{有效值}$$

（6-1）

即 $\begin{cases} I_m = \sqrt{2}I \\ U_m = \sqrt{2}U \\ E_m = \sqrt{2}E \end{cases}$　　或 $\begin{cases} I = \dfrac{1}{\sqrt{2}}I_m = 0.707I_m \\ U = \dfrac{1}{\sqrt{2}}U_m = 0.707U_m \\ E = \dfrac{1}{\sqrt{2}}E_m = 0.707E_m \end{cases}$

提示　　最大值和有效值从不同角度反映交流电的强弱。通常所说的交流电流、电压、电动势的值，如果不作特殊说明都是指有效值。交流电气设备铭牌上所标的额定电压和额定电流都是指有效值。交流电流表、电压表上的指示值也是指有效值。

3. 平均值

在电工电子技术中，有时还需要求交流电的平均值。交流电压或电流在半个周期内所有瞬时值的平均数，称为该交流电压或电流的平均值，分别用 $\overline{E}$、$\overline{U}$、$\overline{I}$ 表示电动势、电压、电流的平均值，如图 6.7 所示。

理论和实验证明，正弦交流电最大值与平均值的关系为

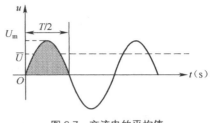

图 6.7　交流电的平均值

$$\boxed{\text{最大值}} = \frac{\pi}{2} \boxed{\text{平均值}} \tag{6-2}$$

即 $\begin{cases} I_{\mathrm{m}} = \dfrac{\pi}{2}\overline{I} = 1.57\overline{I} \\[2mm] U_{\mathrm{m}} = \dfrac{\pi}{2}\overline{U} = 1.57\overline{U} \\[2mm] E_{\mathrm{m}} = \dfrac{\pi}{2}\overline{E} = 1.57\overline{E} \end{cases}$　或 $\begin{cases} \overline{I} = \dfrac{2}{\pi}I_{\mathrm{m}} = 0.637I_{\mathrm{m}} \\[2mm] \overline{U} = \dfrac{2}{\pi}U_{\mathrm{m}} = 0.637U_{\mathrm{m}} \\[2mm] \overline{E} = \dfrac{2}{\pi}E_{\mathrm{m}} = 0.637E_{\mathrm{m}} \end{cases}$

【例 6.1】　我国动力用电和照明用电的电压分别为 380 V、220 V，它们的最大值分别是多少？

解：动力用电的最大值 $U_{\mathrm{m1}} = \sqrt{2}\ U_1 = \sqrt{2} \times 380 = 537\ \mathrm{V}$

照明用电的最大值 $U_{\mathrm{m2}} = \sqrt{2}\ U_2 = \sqrt{2} \times 220 = 311\ \mathrm{V}$

提示　　目前我国供电系统中的照明电压为 220 V，是指电压的有效值为 220 V，其最大值为 311 V。因此，家用电器如洗衣机、电风扇中的启动电容器的额定工作电压要不小于 311 V，一般选 400 V 或 500 V。

二、交流电变化的快慢

1. 周期

正弦交流电完成一次周期性变化所需要的时间，称为正弦交流电的周期，通常用字母 T 表示，国际单位是秒，符号为 s。

2. 频率

正弦交流电在 1s 内完成周期性变化的次数，称为正弦交流电的频率，通常用 f 表示，国际单位是赫兹，符号为 Hz。频率的常用单位还有千赫（kHz）和兆赫（MHz）：

$$1\mathrm{kHz} = 10^3\mathrm{Hz}$$

$$1\mathrm{MHz} = 10^6\mathrm{Hz}$$

3. 角频率

正弦交流电每循环变化一次，交流电的电角度变化了 2π 弧度或 $360°$。正弦交流电在 1s 内

变化的电角度，称为正弦交流电的角频率，用字母 ω 表示，单位是弧度／秒，符号为 rad/s。

角频率与周期、频率之间的关系为

$$\omega = 2\pi f = \frac{2\pi}{T} \quad\quad\quad (6\text{-}3)$$

$$f = \frac{1}{T} \quad\quad\quad (6\text{-}4)$$

在我国的供电系统中，交流电的频率为 50Hz，习惯上称为"工频"，其周期是 0.02s，角频率是 100π rad/s 或 314 rad/s。

交流电的频率，世界各国多采用 50 Hz 和 60 Hz。其中，欧洲为 50 Hz，美国为 60 Hz。日本以日本列岛中央、富士河附近为分界线，东部为 50 Hz，西部为 60 Hz。

【例 6.2】 某正弦交流电在 $\frac{1}{20}$ s 内循环变化了 3 次，它的周期、频率和角频率分别为多少？

【分析】 根据正弦交流电周期的定义先求出周期，再根据频率、角频率与周期的关系求出频率、角频率。

解：$T = \dfrac{\frac{1}{20}}{3} = \dfrac{1}{60}$ s

$f = \dfrac{1}{T} = 60\text{Hz}$

$\omega = 2\pi f = 2 \times 3.14 \times 60 = 376.8$ rad/s

工程应用

频率从几十赫（甚至更低）到 300 千兆赫左右整个频谱范围内的电磁波，称为无线电波。无线电波按频率分为：极低频无线电波（30～300 Hz）、音频无线电波（300～3 000 Hz）、甚低频无线电波（超长波，3～30 kHz）、低频无线电波（长波、30～300 kHz）、中频无线电波（中波，300～3 MHz）、高频无线电波（短波，3～30 MHz）、甚高频无线电波（超短波，30～300 MHz）和微波（300～300GHz）。随着科技的发展，各种频率的无线电波已被广泛应用于电报、电话、广播、通信、计算机、电视等领域。

微波是指频率为 300MHz（兆赫）～300GHz（吉赫）的电磁辐射。微波是无线电波中的最高频率，所以又把微波称做超高频无线电波。第二次世界大战后，微波应用从军事方面扩展到工农业、医疗、科研领域并进入家庭。如图 6.8 所示为日常生活使用的微波炉。微波炉是通过磁控管把低频率的高压直流电转变为 2 450MHz（兆赫）高频率的微波，然后通过波导管将微波能输送到炉体。当用微波炉加热食品时，微波炉中的微波电场变化速度达每秒 24.5 亿次，食品中的水分子随其旋转、摆动的次数亦达每秒 24.5 亿次。分子的高速旋转摆动和互相摩擦产生的热量是非常高的，这就是微波的热力效应，也是微波炉使食品由生变熟、由凉变热的原理。

图 6.8 微波炉

阅读材料

赫兹（1857年—1894年），德国物理学家。

赫兹对人类最伟大的贡献是用实验证实了电磁波的存在。1888年1月，赫兹发表了《论动电效应的传播速度》，轰动了全世界的科学界，成了近代科学史上的一座里程碑。赫兹的发现具有划时代的意义，它不仅证实了麦克斯韦发现的真理，更重要的是开创了无线电电子技术的新纪元。为了纪念他的卓越贡献，频率的单位被命名为赫兹。

三、交流电变化的起点

1. 相位与初相位

正弦交流电每时每刻都在变化，其瞬时值的大小不仅仅是由时间 t 确定的，而是由 $\omega t + \varphi_0$ 确定的。这个相当于角度的量决定了正弦交流电的变化趋势，是正弦交流电随时间变化的核心部分，称为正弦交流电的相位，也称相角。

$t = 0$ 时的相位，称为初相位，简称初相，用字母 φ_0 表示。初相位反映的是正弦交流电的计时起点。所取计时起点不同，正弦交流电的初相位也不同。初相位 φ_0 的单位应与 ωt 的单位一样为弧度，但工程中习惯以度为单位，在计算时须将 ωt 与 φ_0 换成相同的单位。初相位 φ_0 的变化范围一般为 $-\pi \leqslant \varphi_0 \leqslant \pi$。

2. 相位差与相位关系

两个交流电的相位之差称为正弦交流电的相位差，用 $\Delta\varphi$ 表示。如果正弦交流电的频率相同，则相位差等于初相位之差，即

$$\Delta\varphi = (\omega t + \varphi_{01}) - (\omega t + \varphi_{02}) = \varphi_{01} - \varphi_{02} \tag{6-5}$$

可见，相位差与时间无关，在正弦量变化过程中的任一时刻都是常数，表明了两个交流电在时间上超前或滞后的关系，即相位关系。在实际应用中，规定相位差的范围一般为 $-\pi \leqslant \Delta\varphi \leqslant \pi$。

如图 6.9（a）所示，当 $\Delta\varphi > 0$ 时，称为 u_1 超前 u_2，或者说 u_2 滞后 u_1；如图 6.8（b）所示，当 $\Delta\varphi < 0$ 时，称为 u_1 滞后 u_2，或者说 u_2 超前 u_1。

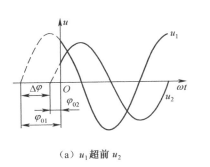
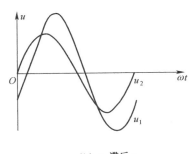

（a）u_1 超前 u_2 （b）u_1 滞后 u_2

图 6.9 两个同频率交流电的相位关系

当 $\Delta\varphi = 0$ 时，称为两个交流电同相，即两个同频率交流电的相位相同，如图 6.10（a）所

示；当 $\Delta\varphi = \pi$ 时，称为两个交流电反相，即两个同频率交流电的相位相反，如图 6.10（b）所示；当 $\Delta\varphi = \dfrac{\pi}{2}$ 时，称为两个交流电正交，如图 6.10（c）所示。

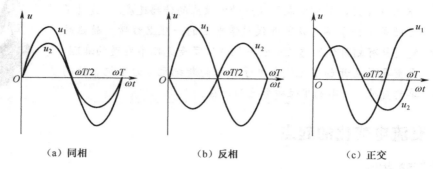

（a）同相　　　　　　（b）反相　　　　　　（c）正交

图 6.10　两个同频率交流电的同相、反相和正交

【例 6.3】　加在某元件两端的正弦交流电压的初相位为 30°，通过这个元件的正弦交流电流的初相位为 –60°，比较正弦交流电压与电流的相位差。

【分析】　加在同一元件的正弦交流电压、电流一定是同频率的正弦交流电。因此，它们的相位差就是它们的初相位之差。

解：$\Delta\varphi = (\omega t + \varphi_u) - (\omega t + \varphi_i) = \varphi_u - \varphi_i = 30° - (-60°) = 90°$

因此，交流电压超前电流 90°。

正弦交流电的电流、电压和电动势的最大值（或有效值）、频率（或周期、角频率）、初相位称为正弦交流电的三要素，它们是表征正弦交流电的 3 个重要物理量，能完整地描述正弦交流电。

一、填空题

1. 用交流电表测得交流电的数值是_____，最大值和有效值之间的关系_____。

2. 我国交流电的频率为_____，周期为_____，角频率为_____。

3. 一交流电流的有效值为 10A，则它的最大值等于_____，用电流表测量它，则电流表的读数为_____。

二、选择题

1. 一个电容器的耐压为 250V，把它接到正弦交流电路中使用时，加在电容器上的交流电压有效值可以是（　　）。

    A. 250V　　　　B. 200V　　　　C. 176V　　　　D. 150V

2. 2 个同频率的正弦交流电的相位差等于 180° 时，则它们的相位关系是（　　）。

    A. 同相　　　　B. 反相　　　　C. 相等　　　　D. 正交

第2节 正弦交流电的表示法

正弦交流电的最大值、频率、初相位能完整地描述正弦交流电,正弦交流电的表示方法有哪些?它们是如何来表示正弦交流电的变化规律的呢?

一、解析法

用正弦函数式表示正弦交流电随时间变化的关系的方法称为解析式表示法,简称解析法,其表达方法为

$$\boxed{瞬时值} = \boxed{最大值}\sin(\ \boxed{角频率}\ t + \boxed{初相位}\ ) \tag{6-6}$$

即正弦交流电的电流、电压和电动势解析式分别为

$$i = I_m\sin(\omega t + \varphi_{i0})$$
$$u = U_m\sin(\omega t + \varphi_{u0})$$
$$e = E_m\sin(\omega t + \varphi_{e0})$$

【例6.4】 已知某正弦交流电动势 $e = 311\sin(100\pi t - 30°)$V,求这个正弦交流电动势的最大值、有效值、频率、周期、角频率和初相位。

【分析】 已知某正弦交流电的解析式,只需对号入座,就能求出正弦交流电的三要素。

解:最大值 $E_m = 311$V

有效值 $E = \dfrac{E_m}{\sqrt{2}} = \dfrac{311}{\sqrt{2}} = 220$V

角频率 $\omega = 100\pi$ rad/s

频率 $f = \dfrac{\omega}{2\pi} = \dfrac{100\pi}{2\pi} = 50$Hz

周期 $T = \dfrac{1}{f} = \dfrac{1}{50} = 0.02$s

初相位 $\varphi_0 = -30°$

【例6.5】 已知某正弦交流电流的有效值为2A,频率为50Hz,初相位为 $\dfrac{\pi}{3}$,写出这个正弦交流电流的解析式。

【分析】 已知某正弦交流电的三要素,也只需对号入座,就能写出正弦交流电的解析式。

解:最大值 $I_m = \sqrt{2}\ I = 2\sqrt{2}$ A

角频率 $\omega = 2\pi f = 2\pi \times 50 = 100\pi$ rad/s

因此,正弦交流电流的解析式为 $i = 2\sqrt{2}\sin(100\pi t + \dfrac{\pi}{3})$A

二、图像法

用正弦曲线表示正弦交流电随时间变化的关系的方法称为波形图表示法，简称波形图，也称图像法，如图 6.11 所示，图中的横坐标表示时间 t 或电角度 ωt，纵坐标表示随时间变化的电流、电压和电动势的瞬时值，波形图可以完整地反映正弦交流电的三要素。

几种常见正弦交流电的波形图如图 6.12 所示。

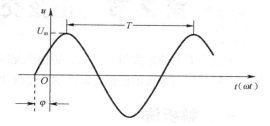

图 6.11 正弦交流电的波形图表示法

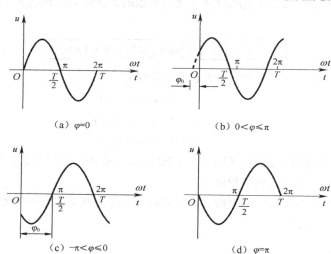

（a）$\varphi=0$ （b）$0<\varphi\leqslant\pi$

（c）$-\pi<\varphi\leqslant0$ （d）$\varphi=\pi$

图 6.12 常见正弦交流电的波形图

【例 6.6】 写出如图 6.13 所示的正弦交流电的解析式。

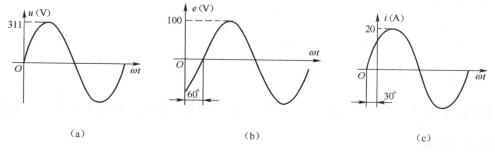

（a） （b） （c）

图 6.13 例 6.6 用图

【分析】 先根据波形图读出正弦交流电的三要素，再根据三要素写出正弦交流电的解析式。

解：图 6.13（a）的正弦交流电压的三要素分别为 311V、ω、0°，其正弦交流电压的解析式为

$$u=311\sin\omega t \text{ V}$$

图 6.13（b）的正弦交流电动势的三要素分别为 100V、ω、$-60°$，其正弦交流电动势的解析式为

$$e=100\sin(\omega t-60°)\text{V}$$

图 6.13（c）的正弦交流电流的三要素分别为 20A、ω、30°，其正弦交流电流的解析式为

$$i = 20\sin(\omega t + 30°)\text{A}$$

三、旋转矢量法

正弦交流电的解析法和图像法虽然能完整地反映正弦交流电的三要素，但在分析正弦交流电路，对同频率正弦量进行加、减运算时，采用这两种方法都比较麻烦。为此，引入正弦交流电的旋转矢量表示法。

旋转矢量表示法是在一个直角坐标系中用绕原点旋转的矢量来表示正弦交流电的方法。如图 6.14 所示，以坐标原点 O 为端点作一条有向线段，线段的长度为正弦量的最大值 E_m，旋转矢量的起始位置与 x 轴正方向的夹角为正弦量的初相位 φ_0，它以正弦量的角频率 ω 为角速度，绕原点 O 逆时针匀速旋转。这样，在任一瞬间，旋转矢量在纵轴上的投影就是该时刻正弦量的瞬时值。旋转矢量既可以反映正弦交流电的三要素，又可以通过它在纵轴上的投影求出正弦量的瞬时值。因此，旋转矢量能完整地表示正弦量。

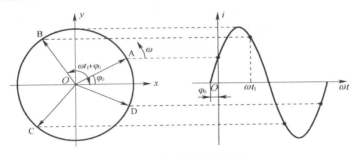

图 6.14　正弦交流电的旋转矢量

用旋转矢量表示正弦量时，不可能把每一时刻的位置都画出来。由于分析的都是同频率的正弦量，矢量的旋转速度相同，它们的相对位置不变。因此，只需画出旋转矢量的起始位置，即旋转矢量的长度为正弦量的最大值，旋转矢量的起始位置与 x 轴正方向的夹角为正弦量的初相位 φ_0，而角速度就不必标明，如图 6.15（a）所示。这种仅反映正弦量的最大值和初相位的矢量，与一般的空间矢量（如力、速度）是不同的，它只是正弦量的一种表示方法。为了与一般的空间矢量相区别，用大写字母上加点"·"表示，如用 $\dot{I}_m$、$\dot{U}_m$、$\dot{E}_m$ 分别表示正弦交流电流、电压和电动势。

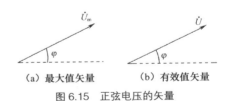

（a）最大值矢量　　（b）有效值矢量
图 6.15　正弦电压的矢量

在实际应用中常采用有效值矢量图。这样，矢量图中的长度就变为正弦量的有效值。有效值矢量用 $\dot{I}$、$\dot{U}$、$\dot{E}$ 表示，如图 6.15（b）所示。

【例 6.7】　某正弦交流电压与电流的矢量图如图 6.16 所示，求该正弦交流电压与电流的相位关系。

【分析】　由矢量图读出正弦交流电压与电流的初相位，即可求出它们的相位差。

解：由矢量图可知，正弦交流电压的初相位 $\varphi_u = -30°$

正弦交流电流的初相位 $\varphi_i = 45°$

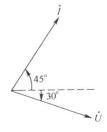

图 6.16　例 6.7 用图

$$\Delta\varphi = (\omega t + \varphi_u) - (\omega t + \varphi_i) = \varphi_u - \varphi_i = -30° - 45° = -75°$$

正弦交流电压滞后电流 75°。

【例 6.8】 已知正弦交流电压 $u=220\sqrt{2}\sin(\omega t+30°)\mathrm{V}$，交流电流 $i=20\sin(\omega t+120°)\mathrm{A}$，画出它们的矢量图。

【分析】 在同一坐标上画不同物理量的矢量图，关键是要画准矢量与水平方向的夹角，矢量的长度因表示不同的物理量只要示意即可。

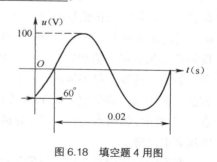

图 6.17　例 6.8 用图

解： 画矢量图的步骤如下。

（1）画出水平方向的参考矢量。

（2）画出与水平方向成 30° 的有向线段，标上 $\dot{U}$，标注角度 30°。

（3）画出与水平方向成 120° 的有向线段，标上 $\dot{I}$，标注角度 120°。

所作矢量图如图 6.17 所示。

 提示 同频率正弦量加、减运算，可先作出与正弦量对应的矢量图，再按平行四边形法则求和，和的长度表示正弦量的最大值（有效值矢量表示有效值），和与 x 轴正方向的夹角为正弦量和的初相位，角频率不变。

课堂练习

一、填空题

1. 用三角函数式表示正弦交流电随时间变化的关系的方法叫_____。

2. 已知某交流电压的最大值 $U_m=311\mathrm{V}$，频率 $f=50\mathrm{Hz}$，$\varphi=\dfrac{\pi}{2}$，则有效值 $U=$_____，角频率 $\omega=$_____，周期 $T=$_____，解析式为 $i=$_____。

3. 某正弦交流电流 $i=10\sin(314t-30°)\mathrm{A}$，则最大值 I_m 为_____，有效值 I 为_____，角频率 ω 为_____，频率 f 为_____，周期 T 为_____，初相位 $\varphi=$_____。$t=0$ 时，i 的瞬时值为_____。

4. 某正弦交流电压的波形图如图 6.18 所示，则该电压的频率 $f=$_____，有效值 $U=$_____，解析式 $u=$_____。

图 6.18　填空题 4 用图

二、选择题

1. 两个正弦交流电流的解析式是 $i_1=10\sqrt{2}\sin(100\pi t+\dfrac{\pi}{3})\mathrm{A}$，$i_2=10\sin(100\pi t+\dfrac{\pi}{6})\mathrm{A}$，这两个交流电流相同的量是（　　　）。

　　A. 最大值　　　　B. 有效值　　　　C. 周期　　　　D. 初相位

2. 有 3 个正弦交流电压，解析式分别为 $u_1=100\sin(100\pi t+30°)\mathrm{V}$，$u_2=30\sin(100\pi t+90°)\mathrm{V}$，$u_3=200\sin(100\pi t-120°)\mathrm{V}$，则（　　　）。

　　A. u_1 滞后 u_2 为 60°　B. u_1 超前 u_2 为 60°　C. u_1 滞后 u_3 为 150°　D. u_1 超前 u_3 为 90°

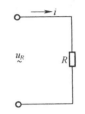

第3节　单一元件交流电路

直流电路的负载都可以等效为电阻元件。而在交流电路中，负载可以等效为电阻元件、电感元件和电容元件。因此，单一元件的交流电路包括纯电阻电路、纯电感电路和纯电容电路，如何分析单一元件的交流电路呢？

一、纯电阻电路

纯电阻电路是只有电阻负载的交流电路，如图 6.19 所示。常见的白炽灯、电炉、电烙铁等交流电路都是纯电阻交流电路。

图 6.19　纯电阻电路

1. 电流与电压的关系

在如图 6.19 所示的纯电阻交流电路中，设加在电阻 R 两端的交流电压为

$$u_R = U_{Rm}\sin\omega t$$

实验证明，纯电阻交流电路的电流与电压的数量关系为

$$I_m = \frac{U_{Rm}}{R} \text{ 或 } I = \frac{U_R}{R} \qquad (6\text{-}7)$$

即纯电阻交流电路的电流与电压的最大值（或有效值）符合欧姆定律。

纯电阻交流电路的电流与电压的相位关系为纯电阻交流电路的电流与电压同相。

因此，纯电阻交流电路的电流瞬时值表达式为

$$i = I_m\sin\omega t$$

纯电阻交流电路的电流与电压的矢量图如图 6.20（a）所示，波形图如图 6.20（b）所示。

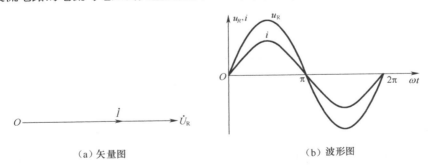

（a）矢量图　　　　　　　　　　　　　　　（b）波形图

图 6.20　纯电阻交流电路的矢量图和波形图

所以，纯电阻交流电路的电流与电压的瞬时值关系为

$$i = \frac{u_R}{R}$$

即纯电阻交流电路的电流与电压的瞬时值也符合欧姆定律。

 提示　　只有纯电阻交流电路的电流与电压的瞬时值符合欧姆定律，即在纯电阻交流电路中，任一时刻的电流与电压都符合欧姆定律。

2. 电路的功率

在纯电阻交流电路中，电流、电压都是随时间变化的。电压瞬时值 u 和电流瞬时值 i 的乘积称为瞬时功率，用小写字母 p 表示，即

$$p = ui$$

因此，纯电阻交流电路的瞬时功率为

$$p = u_R i = U_{Rm}\sin\omega t I_m\sin\omega t = U_{Rm}I_m\sin^2\omega t = \frac{1}{2}U_{Rm}I_m(1-\cos 2\omega t) = U_R I(1-\cos 2\omega t)$$

因此，纯电阻交流电路的瞬时功率的大小随时间作周期性变化，其频率是电流、电压频率的 2 倍，它表示任一时刻电路中能量转换的快慢程度，如图 6.21 所示。瞬时功率总是正值，表示电阻总是消耗功率，把电能转换成热能。

由于瞬时功率是随时间变化的，测量和计算都不方便，因此在工程中常用有功功率表示。有功功率，也称平均功率，是瞬时功率在一个周期内的平均值，用大写字母 P 表示，国际单位是瓦特（W）。

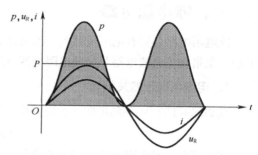

图 6.21　纯电阻交流电路的功率

理论和实验证明，纯电阻交流电路的有功功率为

$$P = U_R I \qquad\qquad (6\text{-}8)$$

式中：P——纯电阻交流电路的有功功率，单位是瓦特（W）；

　　　U_R——电阻 R 两端交流电压的有效值，单位是伏特（V）；

　　　I——流过电阻 R 的交流电流的有效值，单位是安培（A）。

根据欧姆定律

$$U_R = RI, \quad I = \frac{U_R}{R}$$

因此，纯电阻交流电路的有功功率还可以表示为

$$P = U_R I = I^2 R = \frac{U_R^2}{R}$$

【例 6.9】　将一个阻值为 484Ω 的白炽灯，接到电压为 $u = 220\sqrt{2}\sin(100\pi t - 30°)$V 的电源上，求：（1）通过白炽灯的电流，写出电流的解析式；（2）白炽灯消耗的功率是多少？

【分析】　从电压瞬时值表达式中先读出电压的有效值和初相位，再根据欧姆定律和有功功率的计算公式求出电流和有功功率。

解：由 $u = 220\sqrt{2}\sin(100\pi t - 30°)$V 可知

电源电压的有效值 $U = 220$V，初相位 $\varphi_u = -30°$

（1）通过白炽灯的电流 $I = \dfrac{U}{R} = \dfrac{220}{484} = 0.455$A

初相位 $\varphi_i = \varphi_u = -30°$

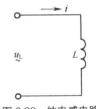

电流的解析式为 $i = 0.455\sqrt{2}\ \sin(100\pi t - 30°)$A

（2）白炽灯消耗的功率 $P = UI = 220 \times 0.455 = 100$W

二、纯电感电路

纯电感电路是只有空心线圈的负载，而且线圈的电阻和分布电容均忽略不计的交流电路，如图 6.22 所示。纯电感电路是理想电路，实际的电感线圈都有一定的电阻，当电阻很小可以忽略不计时，电感线圈可看做是纯电感交流电路。

图 6.22　纯电感电路

1. 感抗

交流电通过电感线圈时，电流时刻在变。变化的电流产生变化的磁场，电感线圈中必然产生自感电动势阻碍电流的变化，这样就形成了电感线圈对电流的阻碍作用。线圈对交流电的阻碍作用称为电感电抗，简称感抗，用符号 X_L 表示，单位是欧姆。

理论和实验证明，感抗的大小与电源频率成正比，与线圈的电感成正比，用公式表示为

$$X_L = \omega L = 2\pi fL \tag{6-9}$$

式中：X_L——线圈的感抗，单位是欧姆（Ω）；

$\quad\quad f$——交流电源的频率（角频率），单位是赫兹（Hz）；

$\quad\quad L$——线圈的电感，单位是亨利（H）。

 感抗 X_L 和电阻 R 的阻碍作用虽然相似，但是它与电阻 R 对电流的阻碍作用有本质的区别。线圈的感抗表示线圈所产生的自感电动势对通过线圈的交流电流的反抗作用，只有在正弦交流电路中才有意义。

 公式 $X_L = 2\pi fL$ 表明感抗 X_L 与通过线圈的交流电流的频率 f 成正比。对于直流电，$f = 0$，$X_L = 0$，电感元件相当于短路；对于 50Hz 的低频交流电，如 $L = 0.1$H，$X_L = 31.4\Omega$；对于 50kHz 的高频交流电，如 $L = 0.1$H，$X_L = 31.4$kΩ。因此，电感线圈在交流电路中有"通直流阻交流，通低频阻高频"的特性。

在工程中，用来"通直流阻交流"的电感线圈称为低频扼流圈，线圈绕在闭合铁心上，匝数为几千甚至超过一万，电感为几十亨利，这种线圈对低频交流电有很大的阻碍作用。用来"通低频阻高频"的电感线圈称为高频扼流圈，线圈有的绕在圆柱形的铁氧体铁心上，有的是空心，匝数为几百，电感为几毫亨，这种线圈对低频交流电的阻碍作用较小，对高频交流电的阻碍作用较大。如图 6.23 所示为计算机主机电源中的扼流线圈。

图 6.23　扼流线圈

2. 电流与电压的关系

在如图 6.22 所示的纯电感交流电路中，设加在电感 L 两端的交流电压为

$$u_L = U_{Lm}\sin\omega t$$

实验证明，纯电感交流电路的电流与电压的数量关系为

$$I_m = \frac{U_{Lm}}{X_L}\ \text{或}\ I = \frac{U_L}{X_L} \tag{6-10}$$

即纯电感交流电路的电流与电压的最大值（或有效值）符合欧姆定律。

纯电感交流电路的电流与电压的相位关系为纯电感交流电路两端的电压超前电流 $\dfrac{\pi}{2}$，或者说电流滞后电压 $\dfrac{\pi}{2}$。

因此，纯电感交流电路的电流瞬时值表达式为

$$i = I_\mathrm{m}\sin\left(\omega t - \frac{\pi}{2}\right)$$

纯电感交流电路的电流与电压的矢量图如图 6.24（a）所示，波形图如图 6.24（b）所示。

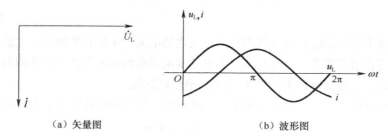

（a）矢量图   （b）波形图

图 6.24　纯电感交流电路的矢量图和波形图

3. 电路的功率

纯电感交流电路的瞬时功率为

$$p = u_\mathrm{L}\,i = U_\mathrm{Lm}\sin\omega t\, I_\mathrm{m}\sin\left(\omega t - \frac{\pi}{2}\right) = U_\mathrm{Lm}I_\mathrm{m}\sin\omega t\,(-\cos\omega t\,) = -\frac{1}{2}\,U_\mathrm{Lm}I_\mathrm{m}\sin 2\omega t = -\,U_\mathrm{L}I\sin 2\omega t$$

因此，纯电感交流电路的瞬时功率的大小随时间作周期性变化，如图 6.25 所示。瞬时功率曲线一半为正，一半为负。因此，瞬时功率的平均值为零，即纯电感交流电路的有功功率为零，表示电感元件不消耗功率。

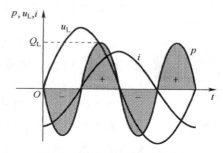

图 6.25　纯电感交流电路的功率

电感元件虽然不消耗功率，但与电源之间不断进行能量交换：瞬时功率为正时，电感线圈从电源吸收能量，并储存在电感线圈内部；瞬时功率为负时，电感线圈把储存能量向电源释放，即电感线圈与电源之间进行着可逆的能量交换。为反映纯电感交流电路中能量转换的多少，单位时间内能量转换的最大值（即瞬时功率的最大值），称为无功功率，用符号 Q_L 表示，单位是乏，符号为 var，即

$$Q_\mathrm{L} = U_\mathrm{L} I \tag{6-11}$$

式中：Q_L——纯电感交流电路的无功功率，单位是乏（var）；

$\qquad$ U_L——电感 L 两端交流电压的有效值，单位是伏特（V）；

$\qquad$ I——流过电感 L 电流的有效值，单位是安培（A）。

根据欧姆定律

$$U = X_\mathrm{L}I, \ \ I = \frac{U_\mathrm{L}}{X_\mathrm{L}}$$

因此，无功功率还可以表示为

$$Q_\mathrm{L} = U_\mathrm{L}I = I^2 X_\mathrm{L} = \frac{U_\mathrm{L}{}^2}{X_\mathrm{L}}$$

提示　无功功率不是无用功率。"无功"的含义是"交换"而不是"消耗"，是相对于"有功"而言的。无功功率表示交流电路中能量转换的最大速率。在工程中，具有电感性质的电动机、变压器等设备都是依据电磁能量转换工作的。如果没有无功功率，就没有电源和磁场间的能量交换，这些设备就无法工作。

【例6.10】　一个电感为127mH的纯电感线圈，接在电压$u=311\sin(314t+30°)$V的电源上，求：（1）通过线圈的电流，写出电流的解析式；（2）电路的无功功率为多少？

【分析】　从电压表达式中先读出电压的有效值、角频率和初相位，再根据欧姆定律和无功功率的计算公式求出电流和无功功率。

解：由 $u = 311\sin(314t+30°)$V 可知

电源电压有效值 $U = 220$V，角频率 $\omega = 314$rad/s，初相位 $\varphi_u = 30°$

（1）线圈的感抗 $X_L = \omega L = 314 \times 127 \times 10^{-3} = 40\Omega$

通过线圈的电流 $I = \dfrac{U_L}{X_L} = \dfrac{220}{40} = 5.5$A

初相位 $\varphi_i = \varphi_u - 90° = 30° - 90° = -60°$

电流的解析为 $i = 5.5\sqrt{2}\sin(\omega t - 60°)$A

（2）电路的无功功率 $Q_L = U_L I = 220 \times 5.5 = 1\,210$var

三、纯电容电路

纯电容电路是只有电容器的负载，而且电容器的漏电电阻和分布电感均忽略不计的交流电路，如图6.26所示。

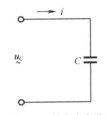

1. 容抗

交流电通过电容器时，电源和电容器之间不断地充电和放电，电容器对交流电也会有阻碍作用。电容器对交流电的阻碍作用称为电容电抗，简称容抗，用符号 X_C 表示，单位是欧姆。

图6.26　纯电容电路

理论和实验证明，容抗的大小与电源频率成反比，与电容器的电容成反比，其表达式为

$$X_C = \frac{1}{\omega C} = \frac{1}{2\pi fC} \tag{6-12}$$

式中：X_C——电容器的容抗，单位是欧姆（Ω）；

　　　f——交流电源的频率（角频率），单位是赫兹（Hz）；

　　　C——电容器的电容，单位是法拉（F）。

 工程应用　公式 $X_C = \dfrac{1}{\omega C} = \dfrac{1}{2\pi fC}$ 表明容抗 X_C 与通过电容器的电流的频率成反比。对于直流电，$f = 0$，$X_C = \infty$，电容器相当于开路；对于50Hz的低频交流电，如 $C = 100\mu$F，$X_C = 31.8\Omega$；对于50kHz的高频交流电，如 $C = 100\mu$F，$X_C = 0.0318\Omega$。因此，电容器在交流电路中有"隔直流通交流，阻低频通高频"的特性。在工程中，常用做隔直电容器（一般容量较大）和旁路电容器（一般容量较小）。如图6.27所示为常见的隔直电容器。

图6.27　隔直电容器

2. 电流与电压的关系

在如图 6.26 所示纯电容交流电路中，设加在 C 两端的交流电压为

$$u_C = U_{Cm}\sin\omega t$$

实验证明，纯电容交流电路的电流与电压的数量关系为

$$I_m = \frac{U_{Cm}}{X_C} \text{ 或 } I = \frac{U_C}{X_C} \tag{6-13}$$

即纯电容交流电路的电流与电压的最大值（或有效值）符合欧姆定律。

纯电容交流电路的电流与电压的相位关系为纯电容交流电路两端的电压滞后电流 $\frac{\pi}{2}$，或者说电流超前电压 $\frac{\pi}{2}$。

因此，纯电容交流电路的电流瞬时值表达式为

$$i = I_m\sin\left(\omega t + \frac{\pi}{2}\right)$$

纯电容交流电路的电流与电压的矢量图如图 6.28（a）所示，波形图如图 6.28（b）所示。

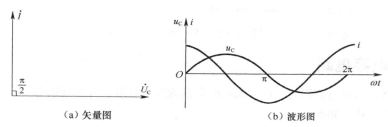

（a）矢量图　　　　　　　　　　（b）波形图

图 6.28　纯电容交流电路的矢量图和波形图

3. 电路的功率

纯电容交流电路的瞬时功率为

$$p = u_C\,i = U_{Cm}\sin\omega t\, I_m\sin\left(\omega t + \frac{\pi}{2}\right) = U_{Cm}I_m\sin\omega t\cos\omega t = \frac{1}{2}U_m I_m\sin2\omega t = U_C I\sin2\omega t$$

因此，纯电容交流电路的瞬时功率的大小随时间作周期性变化，如图 6.29 所示。瞬时功率曲线一半为正，一半为负。因此，瞬时功率的平均值为零，即纯电容交流电路的有功功率为零，表示电容器不消耗功率。

电容器虽然不消耗功率，但与电源之间不断进行能量交换，即电容器的充电和放电。纯电容交流电路的无功功率为

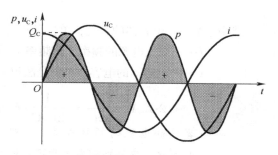

图 6.29　纯电容交流电路的功率

$$Q_C = U_C I \tag{6-14}$$

式中：Q_C——纯电容交流电路的无功功率，单位是乏（var）；

　　　　U_C——电容器两端交流电压的有效值，单位是伏特（V）；

　　　　I——流过电容器电流的有效值，单位是安培（A）。

根据欧姆定律

$$U = X_C I, \quad I = \frac{U}{X_C}$$

因此，无功功率还可以表示为

$$Q_C = U_C I = I^2 X_C = \frac{U^2}{X_C}$$

【例6.11】 一个容量为63.6μF的电容器，接在电压 $u = 220\sqrt{2}\sin(314t+45°)$V 的电源上，求：（1）通过电容器的电流，写出电流的解析式；（2）电路的无功功率为多少？

【分析】 本题的求解方法与例6.9、例6.10相似。

解：由 $u = 220\sqrt{2}\sin(314t+45°)$V 可知

电源电压有效值 $U = 220$V，角频率 $\omega = 314$rad/s，初相位 $\varphi_u = 45°$。

（1）电容器的容抗 $X_C = \dfrac{1}{\omega C} = \dfrac{1}{314 \times 63.6 \times 10^{-6}} = 50\Omega$

通过线圈的电流 $I = \dfrac{U_C}{X_C} = \dfrac{220}{50} = 4.4$A

初相位 $\varphi_i = \varphi_u + 90° = 45° + 90° = 135°$

电流的解析式为 $i = 4.4\sqrt{2}\sin(\omega t + 135°)$A

（2）电路的无功功率 $Q_C = U_C I = 220 \times 4.4 = 968$var

课堂练习

一、填空题

1. 在交流电路中，_____元件两端的电压超前电流 $\dfrac{\pi}{2}$，_____元件两端的电压滞后电流 $\dfrac{\pi}{2}$，_____元件两端的电压与超前电流同相。

2. 高频扼流圈的电感量 $L = 5$mH，当频率 $f = 50$Hz 时，感抗 $X_L =$ _____；当频率 $f = 500$Hz 时，感抗 X_L 变为_____。

3. 已知电容器的容量 $C = 20\mu$F，当频率 $f = 50$Hz 时，容抗 $X_C =$ _____；当频率 $f = 500$Hz 时，容抗 X_C 变为_____。

二、选择题

1. 在纯电感交流电路中，计算电流的公式（　　　）。

　　A. $i = \dfrac{U}{L}$　　　　B. $I_m = \dfrac{U}{\omega L}$　　　　C. $I = \dfrac{U}{\omega L}$　　　　D. $I = \dfrac{u}{\omega L}$

2. 若电路中某元件两端的电压为 $u = 36\sin(314t - 180°)$V，电流 $i = 4\sin(314t + 180°)$A，则该元件是（　　　）。

　　A. 电阻　　　　B. 电感　　　　C. 电容　　　　D. 无法判断

第 **4** 节 RLC 串联电路

在工程中，如单相电动机的起动电路、供电系统的补偿电路和电子技术中常用的串联谐振电路等，都是电阻、电感和电容器串联组成的电路，称为 RLC 串联电路。RLC 串联电路是工程实际中常用的典型电路，它包含了电阻、电感和电容器 3 个不同的电路参数，如何分析 RLC 串联电路呢？

一、RLC 串联电路电流与电压的关系

RLC 串联电路如图 6.30 所示。交流电路的分析方法是以矢量图为工具，画矢量图时要先确定参考正弦量。因为串联电路的电流处处相等，所以分析 RLC 串联交流电路以电流作为参考正弦量。

设通过 RLC 串联交流电路的电流为

$$i = I_\mathrm{m}\sin\omega t$$

则电阻两端的电压为

$$u_\mathrm{R} = RI_\mathrm{m}\sin\omega t$$

电感两端的电压为

$$u_\mathrm{L} = X_\mathrm{L}I_\mathrm{m}\sin\left(\omega t + \frac{\pi}{2}\right)$$

电容器两端的电压为

$$u_\mathrm{C} = X_\mathrm{C}I_\mathrm{m}\sin\left(\omega t - \frac{\pi}{2}\right)$$

图 6.30　RLC 串联电路

电路总电压的瞬时值等于各个元件电压瞬时值之和，即

$$u = u_\mathrm{R} + u_\mathrm{L} + u_\mathrm{C}$$

由此作出 RLC 串联交流电路的矢量图，如图 6.31 所示。

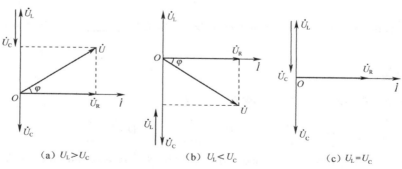

（a）$U_\mathrm{L} > U_\mathrm{C}$　　　　（b）$U_\mathrm{L} < U_\mathrm{C}$　　　　（c）$U_\mathrm{L} = U_\mathrm{C}$

图 6.31　RLC 串联交流电路的矢量图

由图 6.31 可以看出，电路的总电压与各分电压构成直角三角形，这个直角三角形称为电压三角形。由电压三角形可得总电压有效值和分电压有效值之间的关系为

$$U = \sqrt{U_R^2 + (U_L - U_C)^2} \qquad\qquad (6\text{-}15)$$

总电压与电流间的相位差为

$$\varphi = \arctan \frac{U_L - U_C}{U_R} \qquad\qquad (6\text{-}16)$$

当 $U_L > U_C$ 时，$\varphi > 0$，电压超前电流；当 $U_L < U_C$ 时，$\varphi < 0$，电压滞后电流；当 $U_L = U_C$ 时，$\varphi = 0$，电压与电流同相。

二、RLC 串联电路的阻抗

因为串联电路的电流处处相等，将式（6-15）两边同除以电流 I

$$\frac{U}{I} = \sqrt{\left(\frac{U_R}{I}\right)^2 + \left(\frac{U_L}{I} - \frac{U_C}{I}\right)^2}$$

设

$$\frac{U}{I} = z$$

则

$$z = \sqrt{R^2 + (X_L - X_C)^2} = \sqrt{R^2 + X^2} \qquad\qquad (6\text{-}17)$$

$X = X_L - X_C$ 称为电抗，它是电感与电容器共同作用的结果；z 称为交流电路的阻抗，是电阻、电抗共同作用的结果。电抗和阻抗的单位均为欧姆（Ω）。

将电压三角形 3 边同时除以电流 I，可以得到由阻抗 z、电阻 R 和电抗 X 组成的直角三角形，称为阻抗三角形，如图 6.32 所示。阻抗三角形和电压三角形是相似三角形。

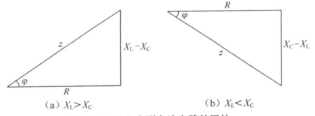

(a) $X_L > X_C$　　　　　　　(b) $X_L < X_C$

图 6.32　RLC 串联交流电路的阻抗

由图 6.32 可得

$$\varphi = \arctan \frac{X_L - X_C}{R} \qquad\qquad (6\text{-}18)$$

阻抗三角形中的 φ，称为阻抗角。阻抗角的大小决定于电路参数 R、L、C 及电源频率 f，电抗 X 的值决定电路的性质。

（1）当 $U_L > U_C$ 时，即 $X_L > X_C$，$X > 0$，$\varphi = \arctan \dfrac{X}{R} > 0$，总电压超前总电流，电路呈电感性；

（2）当 $U_L < U_C$ 时，即 $X_L < X_C$，$X < 0$，$\varphi = \arctan \dfrac{X}{R} < 0$，总电压滞后总电流，电路呈电容性；

（3）当 $U_L = U_C$ 时，即 $X_L = X_C$，$X = 0$，$\varphi = \arctan \dfrac{X}{R} = 0$，总电压与总电流同相，电路呈电阻性，

此时的电路状态称为谐振。

提示 公式 $I = \dfrac{U}{z}$ 是交流电路电流与电压关系的表达式，其中 I 是交流电路总电流的有效值，U 是交流电路总电压的有效值，z 是交流电路的总阻抗。不同的交流电路，具有不同的总阻抗。

三、RLC 串联电路的功率

1. 有功功率、无功功率和视在功率

将式（6-15）两边同乘以电流 I

$$UI = \sqrt{(U_R I)^2 + (U_L I - U_C I)^2}$$

设

$$S = UI$$

则

$$S = \sqrt{P^2 + (Q_L - Q_C)^2} = \sqrt{P^2 + Q^2} \qquad （6-19）$$

S 称为交流电路的视在功率，视在功率表示电源提供的总功率（包括有功功率和无功功率），即交流电源的容量。视在功率等于总电压有效值与总电流有效值的乘积，单位为伏安（VA），常用单位还有 kVA 和 MVA。

将电压三角形 3 边同时乘以电流 I，可以得到由视在功率 S、有功功率 P 和无功功率 Q 组成的直角三角形，称为功率三角形，如图 6.33 所示。功率三角形和电压三角形是相似三角形。

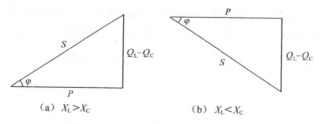

（a）$X_L > X_C$ （b）$X_L < X_C$

图6.33　RLC 串联交流电路的功率

由图 6.33 可得交流电路的有功功率为

$$P = UI\cos\varphi \qquad （6-20）$$

交流电路的无功功率为

$$Q = Q_L - Q_C = UI\sin\varphi \qquad （6-21）$$

2. 功率因数

在 RLC 串联交流电路中，既有耗能元件（电阻），又有储能元件（电感和电容器）。因此，电源提供的总功率一部分被电阻消耗（有功功率），一部分被电感、电容器与电源交换（无功功率）。有功功率与视在功率的比值，反映了功率的利用率，称为功率因数，用 λ 表示。

$$\lambda = \cos\varphi = \frac{P}{S} \qquad （6-22）$$

式（6-22）表明，当视在功率一定时，功率因数越大，用电设备的有功功率也越大，电源输出功率的利用率就越大。

> **提示** 因电压三角形、阻抗三角形和功率三角形都是相似三角形，它们的 φ 角是相等的。所以，功率因数的计算公式也可表达为 $\cos\varphi = \dfrac{R}{z} = \dfrac{U_R}{U}$。RLC 串联交流电路的功率因数由电路参数 R、L、C 和电源频率 f 决定。

【例 6.12】 在 RLC 串联交流电路中，已知 $R = 40\Omega$，$L = 254\text{mH}$，$C = 63.6\mu\text{F}$，电路两端交流电压 $u = 311\sin 314t$ V。求 :（1）电路的阻抗 ;（2）电流有效值 ;（3）各元件两端电压有效值 ;（4）电路的有功功率、无功功率、视在功率和功率因数。

【分析】 从电压表达式中先读出电压的有效值、角频率，求出阻抗，再根据欧姆定律和功率的计算公式求出有关量。

解： 由 $u = 311\sin 314t$ V 可知，电源电压有效值 $U = 220\text{V}$，角频率 $\omega = 314\text{rad/s}$。

（1）线圈的感抗 $X_L = \omega L = 314 \times 254 \times 10^{-3} = 80\Omega$

电容器的容抗 $X_C = \dfrac{1}{\omega C} = \dfrac{1}{314 \times 63.6 \times 10^{-6}} = 50\Omega$

电路的阻抗 $z = \sqrt{R^2 + (X_L - X_C)^2} = \sqrt{40^2 + (80 - 50)^2} = 50\Omega$

（2）电流有效值 $I = \dfrac{U}{z} = \dfrac{220}{50} = 4.4\text{A}$

（3）各元件两端电压有效值

$$U_R = RI = 40 \times 4.4 = 176\text{V}$$

$$U_L = X_L I = 80 \times 4.4 = 352\text{V}$$

$$U_C = X_C I = 50 \times 4.4 = 220\text{V}$$

（4）电路的有功功率、无功功率、视在功率和功率因数

$$P = I^2 R = 4.4^2 \times 40 = 774.4\text{W}$$

$$Q = I^2(X_L - X_C) = 4.4^2 \times (80 - 50) = 580.8\text{var}$$

$$S = UI = 220 \times 4.4 = 968\text{VA}$$

$$\cos\varphi = \dfrac{R}{z} = \dfrac{40}{50} = 0.8$$

四、RLC 串联电路的特例

1. RL 串联电路

当 RLC 串联交流电路中的 $X_C = 0$ 时，此时的电路就是 RL 串联交流电路，如图 6.34（a）所示，矢量图如图 6.34（b）所示，其电压三角形、阻抗三角形和功率三角形分别如图 6.35（a）、（b）、（c）所示。

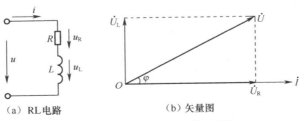

（a）RL 电路   （b）矢量图

图 6.34 RL 串联交流电路及其矢量图

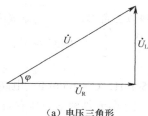
（a）电压三角形

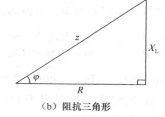
（b）阻抗三角形

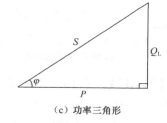
（c）功率三角形

图 6.35　RL 串联交流电路的电压三角形、阻抗三角形和功率三角形

由图 6.35 可知总电压有效值和分电压有效值之间的关系为

$$U = \sqrt{U_R^2 + U_L^2} \qquad (6\text{-}23)$$

总电压与电流间的相位差为

$$\varphi = \arctan \frac{U_L}{U_R} = \arctan \frac{X_L}{R} \qquad (6\text{-}24)$$

总电压超前电流 φ。

电路的阻抗为

$$z = \sqrt{R^2 + X_L^2} \qquad (6\text{-}25)$$

电路的视在功率为

$$S = \sqrt{P^2 + Q_L^2} \qquad (6\text{-}26)$$

 工程应用　　如图 6.36 所示为教室里常用的日光灯。日光灯电路是常见的 RL 串联电路。日光灯的灯管可以看做是一个电阻，日光灯的镇流器的电阻很小，可以看做是一个纯电感，它们是串联连接的。常见的线圈，如电动机、变压器的线圈也是 RL 串联电路。

图 6.36　教室里常用的日光灯

【例 6.13】　如图 6.37 所示为日光灯电路原理图。若测得流过灯管的电流是 0.366A，灯管两端电压为 110V，镇流器两端电压为 190V（内阻忽略不计）。求：（1）电源电压 U；（2）灯管电阻 R；（3）镇流器感抗 X_L；（4）日光灯消耗功率 P；（5）电路的功率因数 $\cos\varphi$。

【分析】　日光灯电路是常见的 RL 串联电路，根据 RL 串联电路的特点和欧姆定律即可求出有关量。

解：（1）电源电压 $U = \sqrt{U_R^2 + U_L^2} = \sqrt{110^2 + 190^2} = 220\text{V}$

（2）灯管电阻 $R = \dfrac{U_R}{I} = \dfrac{110}{0.366} = 300\Omega$

（3）镇流器感抗 $X_L = \dfrac{U_L}{I} = \dfrac{190}{0.366} = 519\Omega$

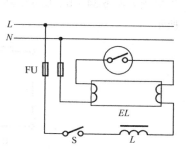
图 6.37　日光灯电路原理图

（4）日光灯消耗功率 $P = U_R I = 110 \times 0.366 = 40\text{W}$

（5）电路的功率因数 $\cos\varphi = \dfrac{U_R}{U} = \dfrac{110}{220} = 0.5$

2. RC 串联电路

当 RLC 串联交流电路中的 $X_L = 0$ 时，此时的电路就是 RC 串联交流电路，如图 6.38（a）所示，矢量图如图 6.38（b）所示，其电压三角形、阻抗三角形和功率三角形分别如图 6.39（a）、（b）、（c）所示。

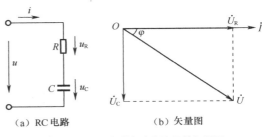

（a）RC 电路　　　　　　（b）矢量图

图 6.38　RC 串联交流电路及其矢量图

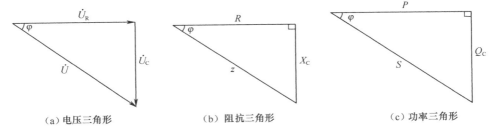

（a）电压三角形　　　　　（b）阻抗三角形　　　　　（c）功率三角形

图 6.39　RC 串联交流电路的电压三角形、阻抗三角形和功率三角形

由图 6.38 可知总电压有效值和分电压有效值之间的关系为

$$U = \sqrt{U_R^2 + U_C^2} \tag{6-27}$$

总电压与电流间的相位差为

$$\varphi = \arctan\frac{U_C}{U_R} = \arctan\frac{X_C}{R} \tag{6-28}$$

总电压滞后电流 φ。

电路的阻抗为

$$z = \sqrt{R^2 + X_C^2} \tag{6-29}$$

电路的视在功率为

$$S = \sqrt{P^2 + Q_C^2} \tag{6-30}$$

 提示　　电子技术中常见的 RC 移相电路、RC 振荡电路、阻容耦合电路等都是 RC 串联电路。

　　【例 6.14】　在如图 6.40（a）所示的电路中，已知电阻 $R = 10\Omega$，输入电压 u_i 的频率为 500Hz，如果要求输出电压 u_o 的相位比输入电压 u_i 的相位超前 30°，则电容器的容量应为多少？

　　【分析】　根据题意画出矢量图如图 6.40（b）所示，再根据电压三角形即可求出未知量。

　　解：根据矢量图可知

$$\tan 30° = \frac{U_C}{U_O} = \frac{I X_C}{I R} = \frac{X_C}{R}$$

所以

$$X_C = R\tan 30° = 10 \times 0.577 = 5.77\Omega$$

电容器的容量 $C = \dfrac{1}{2\pi fX_C} = \dfrac{1}{2 \times 3.14 \times 500 \times 5.77} = 55.2 \times 10^{-6}\text{F} = 55.2\mu\text{F}$

如图 6.40（a）所示的电路因为能够产生相位偏移，所以也称为 RC 移相电路。

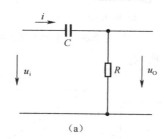
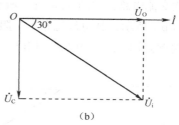

图 6.40 例 6.14 用图

一、填空题

1. 在 RL 串联正弦交流电路中，电压三角形由 U_R、_____和_____组成。

2. 在 RC 串联正弦交流电路中，用电压表测量电阻 R 两端的电压为 4V，电感 C 两端的电压为 3V，则电路的总电压是_____。

3. 在 RLC 串联正弦交流电路中，当 $X_L > X_C$ 时，电路呈_____性；当 $X_L < X_C$ 时，电路呈_____性；$X_L = X_C$，电路呈_____性。

二、选择题

1. 在 RL 串联正弦交流电路中，下列阻抗表达式正确的是（　　）。

A. $z = R + X_L$ 　　　B. $z = \sqrt{R^2 + X_L^2}$ 　　　C. $z = \sqrt{R^2 + X_L}$ 　　　D. $z = \sqrt{R^2 + L^2}$

2. 把一个电阻器和一个电容器串联后接到 110V 的交流电压上，已知电阻 $R = 6\Omega$，电容容抗 $X_L = 8\Omega$，则电路阻抗为（　　）。

A. 6Ω 　　　　B. 8Ω 　　　　C. 10Ω 　　　　D. 14Ω

第5节 电能的测量与节能

电是一种商品，准确测量电能，合理计收电费，是电能计量的基本要求。生活中用的是单相正弦交流电，应如何测量单相交流电能？在工程中，如何提高电路的功率因数以节约电能呢？

一、电能的测量

1. 单相电能表的基本原理

电能表也称电度表，又叫千瓦小时表，俗称火表，是计量电能的仪表，图 6.41 所示为最常用

的一种交流感应式单相电能表。

　　单相电能表由电压磁铁、电流磁铁、可绕轴旋转的铝盘以及计数机构4部分组成。电压磁铁的通电线圈匝数多，导线细，与电源并联；电流磁铁的通电线圈匝数少，导线粗，与用电器串联。

　　当有电流通过时，两只电磁铁产生磁性，它们共同作用在铝盘上，驱动铝盘绕轴转动。如果家中的照明灯或家用电器用得多，通过电能表的电流就大，铝盘转得就快，计数器累积的数字就大。用电时间越长，铝盘转动时间就越长，累积的数字也越大。这样，用电器耗电的多少就可以从计数器中显示出来。

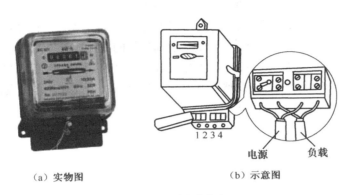

（a）实物图　　　　　（b）示意图

图6.41　单相电能表

2. 单相电能表的铭牌

　　在电度表的铭牌上都标有一些字母和数字，如图6.42所示为某单相电能表的铭牌。DD862是电能表的型号，DD表示单相电能表，数字862为设计序号；一般家庭使用就需选用DD系列的电能表，设计序号可以不同。220V、50Hz是电能表的额定电压和工作频率，它必须与电源的规格相符合。5（20）A是电能表的标定电流值和最大电流值，5（20）A表示标定电流为5A，允许使用的最大电流为20A。1 440r/kWh表示电能表的额定转速是每千瓦时1 440转。

3. 电能表的接线方式

　　家庭用电量一般较少，因此单相电能表可采用直接接入方式，即电能表直接接入线路，接线方式如图6.43所示。

图6.42　单相电能表的铭牌

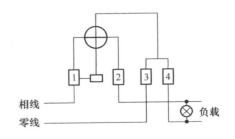

图6.43　单相电能表的接线方式

4. 新型电能表

　　（1）长寿式机械电能表。长寿式机械电能表是在充分吸收国内外先进电能表设计、选材和制

作经验的基础上开发的新型电能表，具有宽负载、长寿命、低功耗、高精度等优点，如图 6.44（a）所示。

（2）静止式电能表。静止式电能表也称电子式电能表，是借助于电子电能计量先进的机理，继承传统感应式电能表的优点，采用全屏蔽、全密封的结构，具有良好的抗电磁干扰性能，集节电、可靠、轻巧、高精度、高过载、防窃电等于一体的新型电能表，如图 6.44（b）所示。

（3）电卡预付费电能表。电卡预付费电能表即机电一体化预付费电能表，又称 IC 卡表或磁卡表。它不仅具有电子式电能表的各种优点，而且电能计量采用先进的微电子技术进行数据采集、处理和保存，实现先付费后用电的管理功能，如图 6.44（c）所示。

（4）多费率电能表。多费率电能表或称分时电能表、复费率表，俗称峰谷表，属电子式或机械式电能表，是近年来为适应峰谷分时电价的需要而提供的一种计量装置。它可按预定的峰、谷、平时段的划分，分别计量高峰、低谷、平段的用电量，从而对不同时段的用电量采用不同的电价，发挥电价的调节作用，鼓励用电客户调整用电负荷，移峰填谷，合理使用电力资源，充分挖掘发电、供电、用电设备的潜力，如图 6.44（d）所示。

（a）长寿式机械电能表　（b）静止式电能表　（c）电卡预付付费电能表　（d）多费率电能表

图 6.44　新型电能表

二、提高功率因数的方法和意义

1. 提高功率因数的方法

如图 6.45 所示为实际工程中常见的感性负载与电容器并联的交流电路，如实际线圈与电容器的并联电路。

因为并联电路两端的电压相等，所以分析感性负载与电容器并联交流电路以电压为参考正弦量。

设感性负载与电容器并联交流电路的电压为

$$u=U_\mathrm{m}\sin\omega t$$

线圈支路电流的有效值为

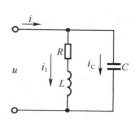

图 6.45　实际线圈与电容器的并联电路

$$I_1=\frac{U}{\sqrt{R^2+X_\mathrm{L}^2}}$$

线圈支路电流比电压滞后 φ_1

$$\varphi_1=\arctan\frac{X_\mathrm{L}}{R}$$

线圈支路电流的瞬时值为

$$i_1 = \frac{U_m}{\sqrt{R^2 + X_L^2}} \sin\left(\omega t - \arctan\frac{X_L}{R}\right)$$

电容支路的电流为

$$i_C = \frac{U_m}{X_C} \sin\left(\omega t + \frac{\pi}{2}\right)$$

电路总电流的瞬时值等于各支路电流瞬时值之和,即

$$i = i_1 + i_C$$

由此作出感性负载与电容器并联交流电路的矢量图,如图 6.46 所示。

由图 6.46 可以看出,电路的总电流为

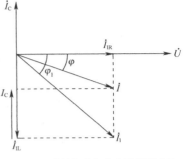

图 6.46　感性负载与电容器并联交流电路的矢量图

$$I = \sqrt{(I_1\cos\varphi_1)^2 + (I_1\sin\varphi_1 - I_C)^2} \tag{6-31}$$

总电流与电压的相位差为

$$\varphi = \arctan\frac{I_1\sin\varphi_1 - I_C}{I_1\cos\varphi_1} \tag{6-32}$$

由图 6.46 还可以看出:感性负载与电容器并联后,总电流 I 减小,功率因数 $\cos\varphi$ 增大,但有功功率 P 是不变的(因为电阻消耗的功率不变),电压 U 也是不变的(因为并联电路电压处处相等)。因此,在工程中,可以采用在电感性负载两端并联电容器的方法来提高电路的功率因数,这种方法普遍应用在工矿企业等用电单位中。

提示

在工程中,提高功率因数的方法有很多,主要通过提高自然功率因数和人工进行无功补偿来实现。提高自然功率因数即提高用电设备本身的功率因数,如合理选择配电变压器容量,避免容量过大;合理选择电动机容量,避免"大马拉小车"等。人工进行无功补偿的方法,可以采用电力电容器和同步调相机等进行补偿。电力电容器补偿是当前广泛采用的补偿方式,有串联补偿和并联补偿两种方法。串联补偿主要适用于远距离输电线路上,并联补偿主要适用于用电单位。

2. 提高功率因数的意义

功率因数是用电设备的一个重要技术指标。生产中使用的电气设备多属于感性负载,如变压器、异步电动机、带镇流器的日光灯等,它们的功率因数都比较低。因此,在工程中,提高用户的功率因数对于节约电能提高电网运行的经济效益具有重要意义。

(1)提高供电设备的能量利用率。由公式

$$\lambda = \cos\varphi = \frac{P}{S}$$

可知:当视在功率(即供电设备的容量)一定时,功率因数越大,用电设备的有功功率也越大,电源的利用率就越大。

（2）减小输电线路的能量损失。输电线路的能量损失主要是输电线路电流的热效应引起的，其损失的能量为

$$\Delta Q = I^2 Rt$$

当功率因数 $\cos\varphi$ 提高后，因其有功功率 P 和电压 U 是不变的，由公式

$$P = UI \cos\varphi$$

可知：电流 I 将减小。因此，输电线路电流的热效应引起的能量损失 ΔQ 也减小了。

阅读材料

在原电力工业部颁布的《供电营业规则》中，对用户功率因数的规定是：100kVA 及以上高压供电的用户功率因数为 0.90 以上；其他电力用户和大、中型排灌站、趸购转售电企业，功率因数为 0.85 以上；农业用电，功率因数为 0.80。供电企业对实行考核的用户装设无功电能计量装置，按用户每月实用有功电量和无功电量，计算月平均功率因数，并根据国家规定的功率因数调整电费办法予以考核，增减当月电费。

课堂练习

一、填空题

1. 电能表又称_____，又叫千瓦小时表，俗称_____，是计量电能的仪表。

2. 在感性负载两端并联上电容器以后，线路上的总电流将_____，负载电流将_____，线路上的功率因数将_____，有功功率将_____。

3. 提高功率因数，能够提高供电设备的_____，减少输电线路的_____。

二、选择题

1. 电能表可以测量（　　）。

    A. 电压   B. 电流   C. 电功   D. 电功率

2. 交流电路中负载消耗的功率 $P = UI\cos\varphi$，因此并联电容器使电路的功率因数提高后，负载消耗的功率将（　　）。

    A. 减小   B. 不变   C. 增加   D. 无法判断

*第6节　谐振电路

谐振是正弦交流电路中的一种特殊现象。工作在谐振状态下的电路称为谐振电路，谐振电路在电子技术与工程技术中有着广泛的应用。如何分析谐振电路呢？

一、串联谐振电路

做一做　　电路如图 6.47 所示，将 22Ω 的电阻器、180mH 的电感器与 1μF 的电容器串联，接到低频信号发生器中，交流电流表可以测量电路电流。保持低频信号发生器的电压不变，调节

低频信号发生器的频率，将电流表的读数填入表6.1中。

电路	电量	数据1	数据2	数据3	数据4	数据5
RLC 串联电路	频率 f（Hz）					
	电流 I（mA）					

表 6.1　　　　　串联谐振实验记录表

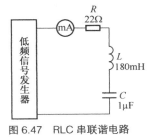

图 6.47　RLC 串联谐电路

从实验数据可以得出结论：当电源频率 $f =$ _____ 时，RLC 串联电路的电流最大，此时，电路发生串联谐振。

当 RLC 串联电路的电流最大，电源电压和电流同相时，电路呈电阻性，电路的这种状态称为串联谐振。

1. 串联谐振条件与谐振频率

（1）谐振条件。在 RLC 串联电路中，当电路端电压和电流同相时，电路呈电阻性，此时

$$X_L = X_C$$

所以串联谐振条件是电路的感抗等于容抗。

（2）谐振频率。串联谐振时

$$X_L = X_C \quad 即 \quad 2\pi f L = \frac{1}{2\pi f C}$$

所以，谐振频率

$$f_0 = f = \frac{1}{2\pi \sqrt{LC}} \qquad （6\text{-}33）$$

式中：f_0——谐振频率，单位是赫兹（Hz）；

　　　L——线圈的电感，单位是亨利（H）；

　　　C——电容器的电容，单位是法拉（F）。

提示　　谐振频率 f_0 仅由电路参数 L 和 C 决定，与电阻 R 的大小无关，它反映电路本身的固有性质。因此，f_0 也称为电路的固有频率。电路发生谐振时，外加电源的频率必须等于电路的固有频率。在实际应用中常利用改变电路参数 L 或 C 的办法来使电路在某一频率下发生谐振。

2. 串联谐振的特点

（1）总阻抗最小。串联谐振时，$X_L = X_C$，电路总阻抗 $z = R$ 为最小，且为电阻性。

（2）总电流最大。串联谐振时，因总阻抗最小，在电压 U 一定时，谐振电流最大，谐振电流为

$$I_0 = \frac{U}{z} = \frac{U}{R} \qquad （6\text{-}34）$$

且电流与电源电压同相位，$\varphi = 0$。

（3）电阻两端的电压等于电源电压，电感与电容器两端的电压等于电源电压的 Q 倍。即

$$U_R = R I_0 = R\frac{U}{R} = U$$

$$U_L = X_L I_0 = \frac{\omega_0 L}{R} U = QU$$

$$U_C = X_C I_0 = \frac{1}{\omega_0 CR} U = QU$$

Q 称为串联谐振电路的品质因数。品质因数

$$Q = \frac{\omega_0 L}{R} = \frac{1}{\omega_0 CR}$$

式中：Q——品质因数，没有单位；

　　　　ω_0——谐振时的角频率，单位是弧度 / 秒（rad/s）；

　　　　R——电阻，单位是欧姆（Ω）；

　　　　L——线圈电感，单位是亨利（H）；

　　　　C——电容器电容，单位是法拉（F）。

设

$$\rho = \omega_0 L = \frac{1}{\omega_0 C} = \sqrt{\frac{L}{C}}$$

ρ 称为特性阻抗，特性阻抗其实就是电路谐振时的感抗或容抗，单位是欧姆（Ω）。

因此，品质因数也可以表示为

$$Q = \frac{\rho}{R} = \frac{1}{R}\sqrt{\frac{L}{C}} \tag{6-35}$$

品质因数是谐振电路的特性阻抗与电路中电阻的比值，反映电路的性能，其大小由电路参数 R、L 和 C 决定，与电源频率 f 无关。

　　　　一般串联谐振电路的 R 值很小，因此 Q 值总大于 1，其值一般为几十至几百。串联谐振时，电感和电容元件两端的电压达到电源电压的 Q 倍，所以串联谐振又叫电压谐振。在电子技术中，由于外来信号微弱，常常利用串联谐振来获得一个与信号电压频率相同，但数值大很多倍的电压。

3. 串联谐振的应用

　　串联谐振时，电感和电容器两端的电压是电源电压的 Q 倍。利用这一特性，串联谐振在电子技术中得到了广泛应用，如收音机中的调谐。

　　在收音机电路中，利用串联谐振电路选择所要接收的电台信号，称为调谐。如图 6.48（a）所示为收音机中的输入回路，它的作用是将需要接收的电台信号从天线收到的众多不同频率的电台信号中选择出来，而将其他不需要的电台信号尽量抑制掉。输入回路的主要部分是接收天线、天线线圈及电感线圈 L 和可变电容 C。天线接收的众多不同频率的信号，经过与 L 之间的电磁感应，在 L 上产生众多不同频率的感应电动势 e_1、e_2、$e_3\cdots$，它们的频率分别为 f_1、f_2、$f_3\cdots$，这些感应电动势与 L 及其损耗电阻 R 和 C 构成了串联谐振电路，如图 6.48（b）所示。

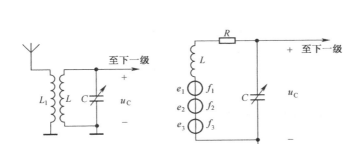

（a）　　　　　　　　　　　　　（b）

图 6.48　收音机调谐原理

调节 C 的容量，改变电路谐振频率，使之等于所要接收的电台频率（如 f_1），那么电路中频率为 f_1 的电流达到最大值，同时在 C 两端频率为 f_1 的电压也就最高。而对其他频率的信号，电路不对它们谐振，在 C 两端形成的电压就很小，即被抑制掉了。这样，串联谐振电路就完成了"选择信号、抑制干扰"的任务。

但是在电力系统中，由于串联谐振时，电感和电容器上的电压等于电源电压的 Q 倍，过高的电压会远远超过电气设备的额定电压和绝缘等级，造成设备的损坏及人员伤害，因此，电力系统应避免发生串联谐振。

【**例 6.15**】　在电阻、电感、电容器串联谐振电路中，电阻 $R=2\Omega$，电感 $L=16\text{mH}$，电容 $C=0.4\mu\text{F}$，外加电压有效值 $U=10\text{mV}$。求：（1）电路的谐振频率；（2）谐振时的电流；（3）电路的品质因数；（4）电容器两端的电压。

【**分析**】　根据谐振时的相关公式代入数据即可。

解：（1）电路的谐振频率

$$f_0 = \frac{1}{2\pi\sqrt{LC}} = \frac{1}{2\times\pi\times\sqrt{16\times10^{-3}\times0.4\times10^{-6}}} = 1\,990\text{Hz}$$

（2）谐振时的电流 $I_0 = \dfrac{U}{R} = \dfrac{10}{2} = 5\text{mA}$

（3）电路的品质因数 $Q = \dfrac{1}{R}\sqrt{\dfrac{L}{C}} = \dfrac{1}{2}\sqrt{\dfrac{16\times10^{-3}}{0.4\times10^{-6}}} = 100$

（4）电容器两端的电压 $U_C = QU = 100\times10 = 1\,000\text{mV} = 1\text{V}$

二、并联谐振电路

常见的并联谐振电路是电感线圈和电容器并联组成的电路，即感性负载与电容器并联谐振电路。谐振时，电源电压和电流同相，电路呈电阻性。

1. 并联谐振频率

理论和实验证明，在一般情况下线圈的电阻 R 很小，谐振频率近似为

$$f_0 \approx \frac{1}{2\pi\sqrt{LC}} \tag{6-36}$$

2. 并联谐振的特点

（1）总阻抗最大。并联谐振时，在 R 很小时，电路总阻抗近似为

$$z = R_0 \approx \frac{L}{CR}$$

由上式可知：线圈的电阻 R 越小，并联谐振时的阻抗 $z = R_0$ 就越大。当 R 趋于 0 时，谐振阻抗趋于无穷大，即理想电感与电容器发生并联谐振时，其阻抗为无穷大，总电流为零。但在 LC 回路内却存在 I_L 与 I_C，它们大小相等，相位相反，使总电流为零。

（2）总电流最小。并联谐振时，因总阻抗最大，在电压 U 一定时，谐振电流最小。并联谐振电流为

$$I_0 = \frac{U}{R_0}$$

且电流与电源电压同相位，$\varphi = 0$。

（3）支路电流等于总电流的 Q 倍，即

$$I_L = I_C = QI \qquad\qquad （6\text{-}37）$$

其中，

$$Q = \frac{\rho}{R} = \frac{1}{R}\sqrt{\frac{L}{C}} \qquad\qquad （6\text{-}38）$$

因此，并联谐振也叫电流谐振。

 并联谐振电路主要用做选频器或振荡器，如电视机、收音机中的中频选频电路就是并联谐振电路。

三、谐振电路的选择性和通频带

1. 选择性

电路的品质因数 Q 的大小是标志谐振电路质量优劣的重要指标，它对谐振曲线（即电流随频率变化的曲线）有很大的影响。Q 值不同，谐振曲线的形状不同，谐振电路的质量也不同。

如图 6.49 所示为一组谐振曲线。由图可知，Q 值越高，曲线就尖锐；Q 值越低，曲线就趋于平坦。当 Q 值较高时，频率偏离谐振频率，电流从谐振时的最大值急剧下降，电路对非谐振频率下的电流有较强的抑制能力。因此，Q 值越高，电路的选择性就越好；反之，Q 值越低，电路的选择性就越差。在无线通信技术中，常常应用谐振电路从许多不同频率的信号中选出所需要的信号。

2. 通频带

一首美妙动听的乐曲，既有高音，又有中音和低音，说明一首乐曲有一个宽广的频率范围。无线电信号在传输中也需要占用一定的频率范围。如果谐振电路的 Q 值过高，曲线过于尖锐，就会过多削弱所要接收信号的频率。因此，谐振电路的 Q 值不能太高。为更好地传输信号，既要考虑电路的选择性，又要考虑一定频率范围内允许信号通过的能力，规定在谐振曲线上，$I = \dfrac{I_0}{\sqrt{2}}$ 所包含的频率范围称为电路的通频带，用字母 BW 表示，如图 6.50 所示。

$$BW = f_2 - f_1 = 2\,\Delta f \qquad\qquad （6\text{-}39）$$

理论和实验证明，通频带与谐振频率 f_0、品质因数 Q 的关系为

$$BW = \frac{f_0}{Q} \qquad\qquad (6\text{-}40)$$

式中：BW——电路的通频带，单位是赫兹（Hz）；

$\quad\quad f_0$——电路的谐振频率，单位是赫兹（Hz）；

$\quad\quad Q$——电路的品质因数。

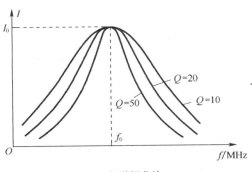

图 6.49　一组谐振曲线　　　　　　　图 6.50　电路的通频带

　　在实际应用中，既要考虑电路的选择性，又要考虑电路的通频带。因此，要恰当合理地选择电路的品质因数。

课堂练习

一、填空题

1. 在 RLC 串联电路中，当电源电压和电流同相时，电路呈_____性，电路的这种状态称为串联谐振。

2. 串联谐振的条件为_____，谐振频率 f = _____，品质因数 Q = _____。

3. 电感线圈和电容器并联电路谐振时，电感或电容支路电流等于总电流的_____倍，所以并联谐振又称为_____谐振。

二、选择题

1. 在 RLC 串联谐振电路中，当 $f > f_0$ 时，电路的阻抗呈（　　）。

A. 电阻性　　　　　　B. 电感性　　　　　　C. 电容性　　　　　　D. 中性

2. 在 RLC 串联谐振电路中，电阻 R 减小，其影响是（　　）。

A. 谐振频率增大　　　B. 谐振频率减小　　　C. 电路总电流增大　　　D. 电路总电流减小

技 能 实 训

实训 1　测量交流电流与电压

　◎学会交流电流、电压的测量方法。

◎会使用示波器观察信号波形，会测量正弦电压的频率和峰值，会观察电阻、电感、电容元件上的电压与电流之间的关系。

 情境聚焦　　暑假的一天，小明与往常一样，搬出了电风扇，打开开关。可是，电风扇却怎么也转不起来。小明用万用表一测，电源插座两端的电压为零。怎么回事？仔细一查，原来是插座的接线松了。小明拿来工具，重新接好了线。那么，小明是如何测量交流电压的呢？一起来学一学，做一做！

 知识准备

➤ 知识 1　交流电流表和交流电压表

（1）交流电流表。交流电流表是用来测量交流电流的仪表，如图 6.51（a）所示，其使用方法与直流电流表的使用方法基本相同。不同之处一是不必考虑串联接入电路的电流表极性；二是在交流高压电路或大电流的电路中，不能采用电流表直接串入电路中测量电流，必须应用具有一定工作电压的电流互感器将高压分隔开来或将电流变小，然后接电流表进行测量。

（2）交流电压表。交流电压表是用来测量交流电压的仪表，如图 6.51（b）所示，其使用方法与直流电压表的使用方法基本相同。不同之处一是不必考虑并联接入电路的电压表极性，二是在交流高压电路中，不能采用电压表直接并联接入电路中测量电压。必须应用具有一定工作电压的电压互感器将高电压降为低电压，然后接电压表进行测量。

用交流电流表、交流电压表测量交流电流、交流电压的接线图如图 6.51（c）所示。

  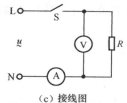

（a）交流电流表　　　（b）交流电压表　　　（c）接线图

图 6.51　交流电流表与交流电压表

➤ 知识 2　示波器使用要点

示波器能够直观显示各种信号的波形，测量信号频率、幅度，比较相位等，是一种常用的电子设备。

（1）示波器面板分显示屏和操作面板两部分，如图 6.52 所示，其左边为显示屏，右边为操作面板。

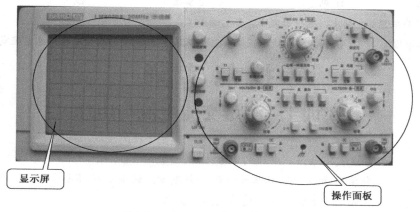

图 6.52　LM8020 双踪示波器面板图

（2）示波器操作面板各控制件作用如表 6.2 所示。

表 6.2　　　　　　　　　　　示波器操作面板各控制件作用

序号	名称	功能
1	辉度（INTEN）	调节光迹的亮度
2	聚焦（FOCUS）/辅助聚焦（ASTIG）	调节光迹的清晰度
3	光迹旋转（ROTATION）	调节扫线与水平刻度线平行
4	电源指示灯	电源接通时，灯亮
5	电源开关（POWER）	接通或断开电源
6	校正信号（CAL）	提供幅度为 0.5V，频率为 1kHz 的方波信号，用于校正 10:1 探极的补偿电容器和检测示波器垂直与水平的偏转因数
7/8	垂直位移（POSITION）	调节光迹在屏幕上的垂直位置
9	垂直方式（MODE）	CH1 或 CH2：通道 1 或 2 单独显示 ALT：两个通道交替显示 CHOP：两个通道断续显示，用于扫描速度较慢时的双踪显示
10	通道 2 倒相（CH2 INV）	CH2 倒相开关，在 ADD 方式时使 CH1+CH2 或 CH1-CH2
11/12	垂直衰减开关（VOLTS/DIV）	调节垂直偏转灵敏度，周围标识灯指示当前灵敏度的挡位
13/14	垂直微调（VAR）	连续调节垂直偏转灵敏度，顺时针旋足为校正位置
15/16	耦合方式（AC-DC-GND）	选择被测信号馈入垂直通道的耦合方式
17/18	CH1 OR X，CH2 OR Y	垂直输入端或 X-Y 工作时，X、Y 输入端
19	水平位移（POSITION）	调节光迹在屏幕上的水平位置
20	电平（LEVEL）	调节被测信号在某一电平触发扫描
21	触发极性（SLOP）	选择信号的上升沿或下降沿触发扫描
22	触发方式（TRIG MODE）	常态（NORM）：无信号时，屏幕上无显示，有信号时，与电平控制配合显示稳定波形 自动（AUTO）：无信号时，屏幕上显示光迹，有信号时，与电平控制配合显示稳定波形 电视场（TV）：用于显示电视场信号 峰值自动（P—P AUTO）：无信号时，屏幕上显示光迹；有信号时，无须调节电平即能获得稳定波形显示
23	触发指示（TRIG'D）	在触发同步时，指示灯亮
24	水平扫速开关（SEC/DIV）	调节扫描速度
25	水平微调（VAR）	连续调节扫描速度，顺时针旋足为校正位置
26	内触发源（INT SOURCE）	选择 CH1、CH2 电源或交替触发
27	触发源选择	选择内（INT）或外（EXT）触发
28	接地（GND）	与机壳相连的接地端
29	外触发输入（EXT）	外触发输入插座
30	X—Y 方式开关（CH1X）	选择 X—Y 工作方式
31	扫描扩展开关	按下时扫速扩展 10 倍
32	交替扫描扩展开关	按下时屏幕上同时显示扩展后的波形和未被扩展的波形

序号	名称	功能
33	扫线分离（TRAC SEP）	交替扫描扩展时，调节扩展和未扩展波形的相对距离：扫速 1mS/DIV ～ 0.5S/DIV（蓝色）变为 10mS/DIV ～ 5S/DIV（仅 LM8010M、LM8020M）
34	释抑控制（HOLD OFF）	改变扫描休止时间，同步多周期复杂波形
35	信号输出（SIGNAL OUT）	用于外监频
36	电源插座及熔断器	220V 电源插座，熔断器 0.5A（在后面板上）

（3）操作方法。

①检查电网电压。本系列示波器电源电压为 220±10%，接通电源前，检查当地电源电压，如果不相符合，则严格禁止使用。

②将有关控制件按如表 6.3 所示的位置置位。

表6.3　　　　　　　　　　　控制件作用位置

序号	控制件名称	作用位置	序号	控制件名称	作用位置
1	辉度（INTEN）〖1〗	居中	7	触发方式〖22〗	峰值自动
2	聚焦（FOCUS）〖2〗	居中	8	水平扫描开关 SEC/DIV〖24〗	0.5ms
3	位移（CH1，CH2，X）〖7〗〖8〗〖9〗	居中	9	触发极性（SLOPE）〖21〗	正
4	垂直方式（MODE）〖9〗	CH1	10	触发源选择〖27〗	INT
5	垂直衰减开关（VOLTS/DIV）〖11〗〖12〗	10mV	11	内触发源〖26〗	CH1
6	垂直微调（VAR）〖13〗〖14〗	校正位置	12	耦合方式〖15〗〖16〗	AC

③接通电源，电源指示灯亮，稍候预热，屏幕上出现光迹，分别调节辉度、聚焦、辅助聚焦、光迹旋转，使光迹清晰并与水平刻度平行。

④用 10:1 探极将校正信号输入至 CH1 输入插座。

⑤将探极换至 CH2 输入插座，垂直方式置于"CH2"，重复第④步操作，得到与图 6.53 相符合的波形。

图 6.53　校正信号波形图

（4）测量前的检查和调整。

为了得到较高的测量精度，减小测量误差，在测量前应对如下项目进行检查和调整。

①检查扫描基线与水平刻度线是否平行，如不平行，用螺丝刀调整前面板"光迹旋转"控制器。

②探极补偿。探极的调整用于补偿由于示波器输入特性的差异而产生的误差，观察标准信号显示的波形补偿是否适中，如图 6.54 所示，否则调整微调修正电容器，如图 6.55 所示。

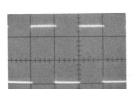 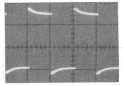 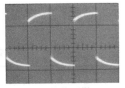

（a）补偿适中　　　　　　（b）补偿过冲　　　　　　（c）补偿下塌

图 6.54　探极补偿波形

微调修正电容

图 6.55　探极调整元件位置

 实践操作

　元件清单

根据学校实际，将所需的元件及导线的型号、规格和数量填入表 6.4 中。

表 6.4　　　　　　　　　　　交流电流、电压的测量元件清单

序 号	名 称	符 号	规 格	数 量	备 注
1	交流电流表	Ⓐ			可以用万用表的交流电流挡代替
2	交流电压表	Ⓥ			可以用万用表的交流电压挡代替
3	电笔				
4	交流电源	~			
5	调压变压器	T			
6	开关	S			
7	用电器	R			可以用电阻、白炽灯泡等
8	连接导线			若干	

做一做　测量交流电流和交流电压

（1）用交流电流表测交流电流。测量简单交流电路的电流，将测量结果填入表 6.5 中。

（2）用交流电压表测交流电压。测量单相交流电源、调压变压器的输出电压，将测量结果填入表 6.5 中。

（3）用电笔测量交流电。单相交流电的 2 根电源线有火线（L）和零线（N）之分，用电笔可以区分单相交流电路中的火线和零线。用电笔的金属笔尖与电路中的一根线接触，手握笔尾的金属体部分。若这时验电笔中的氖管发光了，金属笔尖所接触的那根线就是火线，另一根则为零线。

（4）用双踪示波器观测纯电感、纯电容电路电流与电压的波形，并确定相位差，画出波形图和矢量图。

表6.5　　　　　　　　　　　　　　交流电流、电压测量结果表

测量项目	测量仪表量程	测量对象	测量数据			测量结果（平均值）
			第1次	第2次	第3次	
交流电流						
交流电压						

 实训总结　　把测量交流电流、电压的收获、体会填入表6.6中，并完成评价。

表6.6　　　　　　　　　　　测量交流电流与电压训练总结表

课题	测量交流电流与电压						
班级		姓名		学号		日期	
训练收获							
训练体会							
训练评价	评定人	评　　语				等级	签名
	自己评						
	同学评						
	老师评						
	综合评定等级						

实训拓展

➢ **拓展1　毫伏表**

　　毫伏表是一种测量交流电压的仪器。一般万用表的交流电压挡只能测量1V以上的交流电压，而且测量交流电压的频率一般不超过1kHz。毫伏表测量的最小量程是10mV，测量电压的频率可以为50Hz~100kHz，是测量音频放大电路必备的仪表之一。如图6.56所示为常用的交流毫伏表，其满刻度感度为300μV，频率测量范围为10Hz~1MHz，测量挡位为 − 70dB ~ +40dB 共 12 挡。

➢ **拓展2　信号发生器**

　　信号发生器是指产生所需参数的电测试信号的仪器，按信号波形可分为正弦信号、函数（波形）信号、脉冲信号和随机信号发生器4大类。信号发生器又称信号源或振荡器，在生产实践和科技领域中有着广泛的应用。常用的信号发生器有函数信号发生器、低频信号发生器和高频信号发生器。

（1）函数信号发生器。函数信号发生器又称波形发生器，如图 6.57（a）所示。它能产生某些特定的周期性时间函数波形（主要是正弦波、方波、三角波、锯齿波、脉冲波等）信号。频率范围可从几毫赫甚至几微赫的超低频直到几十兆赫。

（2）低频信号发生器。低频信号发生器如图 6.57（b）所示，它包括音频（200 ~ 20 000Hz）和视频（1Hz ~ 10MHz）范围的正弦波发生器。主振级一般用 RC 振荡器，也可用差频振荡器。为便于测试系统的频率特性，要求输出幅频特性平和，波形失真小。

（3）高频信号发生器。高频信号发生器如图 6.57（c）所示，它是频率为 100kHz ~ 30MHz 的高频、30 ~ 300MHz 的甚高频信号发生器，一般采用 LC 调谐式振荡器，频率可由调谐电容器的度盘刻度读出，主要用于测量各种接收机的技术指标。

图 6.56　毫伏表

（a）函数信号发生器

（b）低频信号发生器

（c）高频信号发生器

图 6.57　信号发生器

实训 2　安装照明电路配电板

学习目标

◎ 了解照明电路配电板的组成。

◎ 了解电能表、开关、保护装置等器件的外部结构、性能和用途，会安装照明电路配电板。

情境聚焦

　　小明家要造新房子了。爸爸请来了电工师傅，小明自告奋勇地要做帮手。师傅用怀疑的眼光看着他，问："你会吗？"小明说："当然会，我在学校里学过了。"于是，小明开始动手安装配电板。很快，小明安装完毕，师傅检查完后，竖起大拇指夸奖他："真不错！"你知道小明是如何安装照明电路配电板的吗？一起来学一学，做一做！

　知识准备

➤ **知识 1　照明电路配电板的基本组成**

家庭常用的照明电路配电板的接线图如图 6.58 所示，主要由单相电能表、开启式负荷开关和熔断器组成。有的配电板还装有漏电保护器。

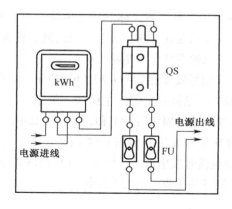

图 6.58　家庭常用配电板的接线图

➤ 知识 2　单相电能表安装要点

电能表安装和使用要求如下。

（1）电能表应按设计装配图规定的位置进行安装，不能安装在高温潮湿多尘及有腐蚀气体的地方。

（2）电能表应安装在不易受震动的墙上或开关板上，离墙面以不低于 1.8m 为宜。这样不仅安全，而且便于检查和"抄表"。

（3）为了保证电能表工作的准确性，电能表必须严格垂直装设。如有倾斜，会发生计数不准或停走等故障。

（4）接入电能表的导线中间不应有接头。接线时接线盒内的螺丝应拧紧，不能松动，以免接触不良，引起桩头发热而烧坏。配线应整齐美观，尽量避免交叉。

（5）电能表在额定电压下，当电流线圈无电流通过时，铝盘的转动不超过一转，功率消耗不超过 1.5W。根据实践经验，一般 5A 的单相电能表无电流通过时每月耗电不到 1kWh。

（6）电能表装好后，开亮电灯，电能表的铝盘应从左向右转动。若铝盘从右向左转动，说明接线错误，应把相线（火线）的进出线调接一下。

（7）单相电能表的选用必须与用电器总功率相适应。

（8）电能表在使用时，电路不允许短路及过载（不超过额定电流的 125%）。

➤ 知识 3　刀开关的安装要点

刀开关是结构最简单、应用最广泛的一种手动操作的电器，常用做电源隔离开关，也可用于不频繁地接通和断开小电流配电电路或直接控制小容量电动机的起动和停止。刀开关主要由操作手柄、动触刀、静插座和绝缘底板组成。如图 6.59 所示的开启式负荷开关主要用于照明、电热设备电路和功率小于 5.5kW 的异步电动机直接起动的控制电路中，供手动不频繁地接通或断开电路。

图 6.59　开启式负荷开关

开启式负荷开关的安装要点如下。

（1）将开启式刀开关垂直安装在配电板上，并保证手柄向上推为合闸。不允许平装或倒装，以防止产生误合闸。

（2）接线时，电源进线应接在开启式刀开关上面的进线端子上，负载出线接在刀开关下面的出线端子上，保证刀开关分断后，闸刀和熔体不带电，如图 6.60（a）所示。

（3）开启式负荷开关必须安装熔体。安装熔体时熔体要放长一些，形成弯曲形状，如图 6.60（b）所示。

（4）开启式负荷开关应安装在干燥、防雨、无导电粉尘的场所，其下方不得堆放易燃易爆物品

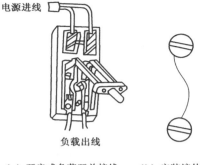

电源进线

负载出线

（a）开启式负荷开关接线　（b）安装熔体

图 6.60　开启式负荷开关的安装

➤ 知识 4　熔断器的安装要点

家庭常用的熔断器是瓷插式熔断器。瓷插式熔断器的安装要点如下。

（1）熔断器应完整无损，安装低压熔断器时应保证熔体和夹头以及夹头和夹座接触良好，并具有额定电压、额定电流值标志。

（2）安装熔体时，必须保证接触良好，不允许有机械损伤。若熔体为熔丝时，应预留安装长度，固定熔丝的螺丝应加平垫圈，将熔丝两端沿压紧螺丝顺时针方向绕一圈，压在垫圈下，用适当的力拧紧螺钉，以保证接触良好，如图 6.61 所示。同时注意不能损伤熔丝，以免减小熔体的截面积，产生局部发热而产生误动作。

（3）熔断器内要安装合格的熔体，不能用多根小规格熔体并联代替一根大规格熔体；各级熔体应相互配合，并做到下一级熔体规格比上一级规格小。

（4）更换熔体或熔管时，必须切断电源。尤其不允许带负荷操作，以免发生电弧灼伤。

（5）安装熔断器除保证适当的电气距离外，还应保证安装位置间有足够的间距，以便于拆卸、更换熔体。

➤ 知识 5　漏电保护器安装要点

漏电保护器又称触电保安器或漏电开关，是用来防止人身触电和设备事故的主要技术装置。在连接电源与用电设备的线路中，当线路或用电设备对地产生的漏电电流到达一定数值时，通过保护器内的互感器捡取漏电信号并经过放大去驱动开关而达到断开电源的目的，从而避免人身触电伤亡和设备损坏事故的发生。其外形如图 6.62 所示。漏电保护器的安装要点如下。

（1）漏电保护器的安装接线应符合产品说明书的规定装置在干燥、通风、清洁的室内配电盘上。电源进线必须接在漏电保护器的上方，即外壳标有进线的一方；两个出线桩头与户内出线相连。

（2）漏电保护器垂直安装好后，应进行试跳，试跳方法即将试跳按钮按一下，如漏电保护器开关跳开，则为正常。如发现拒跳，则应送修理单位检查修理。

（3）日常因电器设备漏电过大或发生触电时，保护器因此动作跳闸，这是正常的情况，决不能因动作频繁而擅自拆除漏电保护器。

熔丝

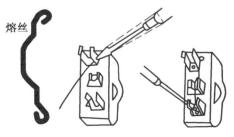

图 6.61　熔体的安装　　　　图 6.62　漏电保护器

 电路图

安装照明电路配电板实训电路图如图 6.63 所示，后面部分为负载。

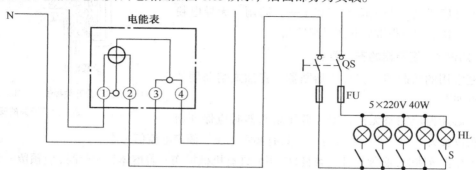

图 6.63　安装照明电路配电板实训电路图

　元件清单

根据学校实际，将所需的元件及导线的型号、规格和数量填入表 6.7 中。

表 6.7　　　　　　　　　　安装照明电路配电板元件清单

序号	名　称	规　格　型　号	数量	备注
1	电能表			
2	漏电保护器			
3	闸刀开关			
4	熔断器			
5	开关			
6	方木			
7	灯座			
8	灯泡			
9	电工板			
10	导线			

做一做　照明电路配电板

（1）固定元件。将元件固定在控制板上。要求元件安装牢固，并符合工艺要求。安装照明电路配电板实训电路元件布置参考图如图 6.64 所示。

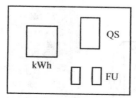

（a）量电装置　　　　　　（b）负载

图 6.64　安装照明电路配电板实训电路元件布置参考图

178

（2）接线。

①单相电能表的接线图如图 6.65 所示。

②连接闸刀开关 QS 和熔断器 FU。

③连接负载。

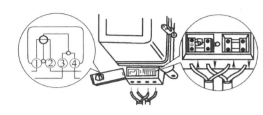

图 6.65　单相电能表接线图

 线路检测

（1）照明电路配电安装好后，按电路图或接线图从电源端开始，逐段核对接线有无漏接、错接、冗接之处，检查导线接点是否符合要求，压接是否牢固，以免带负载运行时产生闪弧现象。

（2）用万用表电阻挡检查电路接线情况。检查时，断开总开关，选用倍率适当的电阻挡，并欧姆调零。

①导线连接检查：将表笔分别搭在同一根导线两端，万用表读数应为"0"。

②电源电路检查：将表笔分别搭在两线端上，读数应为"∞"。接通负载开关时，万用表应有读数；断开负载开关时，万用表读数应为"∞"。

③用兆欧表检查：两导线间的绝缘电阻（需断开负载开关），导线对地间的绝缘电阻。

（3）用测电笔检查：接通电路，用测电笔检查相线（火线）是否有电。

（4）用交流电压表检查：用万用表交流电压挡检查电源电压是否正常。

读一读　通电试验

线路检查无误后，通电试灯。

 实训总结　把安装照明电路配电板的收获体会填入表 6.8 中，并完成评价。

表 6.8　　　　　　　　　　　安装照明电路配电板训练总结表

课　题	安装照明电路配电板					
班　级		姓　名		学　号		日　期	
训 练 收 获						
训 练 体 会						
训 练 评 价	评定人	评　　　语			等　级	签　名
	自己评					
	同学评					
	老师评					
	综合评 定等级					

 实训拓展

➤ 拓展1 家庭配电箱安装要点

常用的照明电路配电箱如图6.66所示。照明电路配电箱分金属外壳和塑料外壳两种，有明装式和暗装式两类，其箱体必须完好无损。箱体内接线汇流排应分别设立零线、保护接地线、相线，且要完好无损，具有良好绝缘。空气开关的安装座架应光洁无阻并有足够的空间。配电箱门板应有透明检查窗。

图6.66 照明电路配电箱

配电箱的安装要点如下。

（1）应安装在干燥、通风部位，且无妨碍物，方便使用。绝不能将配电箱安装在箱体内，以防火灾。

（2）配电箱不宜安装过高，一般安装标高为1.8m，以便操作。

（3）进配电箱的电管必须用锁紧螺帽固定。

（4）若配电箱需开孔，孔的边缘须平滑、光洁。

（5）配电箱埋入墙体时应垂直、水平，边缘留5~6mm的缝隙。

（6）配电箱内的接线应规则、整齐，端子螺丝必须紧固。

（7）各回路进线必须有足够长度，不得有接头。

（8）安装后应表明各回路使用名称。

（9）安装完成后须清理配电箱内的残留物。

➤ 拓展2 常用电光源

在日常生活和工作中，电光源起着极其重要的作用。良好的照明能提高学习、工作的效率，减少眼疾和事故。常用电光源有白炽灯、日光灯管等。

白炽灯是一种热发射电光源，广泛应用于住宅、办公室等场合照明，其基本结构如图6.67所示。

日光灯管又叫荧光灯管，它是一种发光效率较高的气体放电光源，广泛应用于住宅、办公室等场合照明，其基本结构如图6.68所示。常见的日光灯管有长管形、环管形、U管形、H管形、D管形等，如图6.69所示，发光颜色有日光色、冷白色、暖白色等。

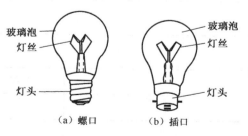

（a）螺口　　　（b）插口

图6.67 白炽灯基本结构

图6.68 日光灯管基本结构

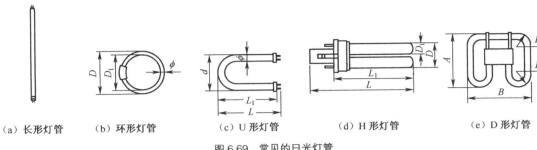

（a）长形灯管　　（b）环形灯管　　　（c）U形灯管　　　（d）H形灯管　　　（e）D形灯管

图 6.69　常见的日光灯管

实训 3　安装日光灯和提高功率因数

◎ 了解常用电光源。

◎ 会绘制日光灯电路图，会按图纸要求安装日光灯电路，能排除日光灯电路的简单故障。

◎ 会使用仪表测量交流电路的功率和功率因数。

◎ 了解单相调压器。

　　小明家的新房子终于盖好了。新房子里需要安装日光灯。于是，在电工师傅的指导下，小明开始安装日光灯。一盏日光灯不久就安装好了，经过电工师傅检查，通电试灯，"哇，亮了！"小明高兴地跳了起来。你知道如何安装日光灯吗？一起来学一学，做一做！

 知识准备

➤ 知识 1　日光灯的组成

　　日光灯主要由灯管、镇流器、启辉器等部分组成，如图 6.70 所示。

　　（1）灯管。灯管是一根直径为 15~40.5mm 的玻璃管。两端各有一个灯丝，灯管内充有微量的氩和稀薄的汞蒸气，内壁上涂有荧光粉。两个灯丝之间的气体导电时发出紫外线，使涂在管壁上的荧光粉发出柔和的近似日光色的可见光。

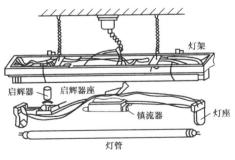

图 6.70　日光灯

　　（2）镇流器。镇流器是一个带铁心的电感线圈，它有两个作用：一是在启动时与启辉器配合，产生瞬时高压点燃灯管；二是在工作时利用串联于电路的高电抗限制灯管电流，延长灯管使用寿命。

　　（3）启辉器。启辉器主要是一个充有氖气的小玻璃泡，里面装有两个电极，一个是固定不动的静触片，另一个是用双金属片制成的 U 形动触片。动触片与静触片平时分开。与氖泡并联的电容器，容量为 5 000pF 左右，它的作用有：一是与镇流器线圈组成 LC 振荡回路，能延长灯丝预热时间和维持脉冲放电电压；二是能吸收干扰收录机、电视机等电子设备的干扰杂波信号。

知识2 日光灯的基本原理

当日光灯开关闭合后，电源把电压加在启辉器的两极之间，使氖气放电而发出辉光。辉光产生的热量使动触片膨胀伸长，跟静触片接触而把电路接通，于是镇流器的线圈和灯管的灯丝中就有电流通过。

电路接通后，启辉器中的氖气停止放电，U形动触片冷却收缩，两个触片分离，电路自动断开。在电路突然中断的瞬间，由于镇流器中的电流急剧减小，会产生很高的自感电动势，方向与原来电压的方向相同，这个自感电动势与电源电压加在一起，形成一个瞬时高电压，加在灯管两端，使灯管中的气体开始放电，于是日光灯管成为电流的通路开始发光。

知识3 功率表

功率表也称瓦特表，可用于测量直流电路和交流电路的功率。功率表是测量某一瞬时发电、供电或用电设备所发出、传递或消耗的电能（功率）的仪表，如图6.71所示，一般分瓦特表（表盘上标有"W"）和千瓦表（表盘上标有"kW"）。功率表通常是采用电动式仪表的测量机构，由电压线圈和电流线圈组成，它可以测量直流电的功率，也可以测量单相交流电的功率。

图6.71 功率表

功率表大多采用电动式测量机构，一般有两组线圈，一组与负载串联，反映出流过负载的电流；另一组与负载并联，反映出流过负载的电压，两者结合正好适于用来测量电功率。其中，与负载串联的线圈是定圈，称为电流线圈；与负载并联的线圈是动圈，称为电压线圈。功率表的电流回路和电压回路都有一个接线端，并标以符号"*"或"±"，称为对应端。如将对应端接在一起，则当功率表的指针正向偏转时，表示能量由左向右传送；若指针反向偏转，表示能量由右向左传送；电流线圈的任一接线端应与电压线圈标有"*"符号的接线端连接，这样线圈间电位比较接近，可减小其间的寄生电容电流和静电力，保证功率表的准确度和安全。

知识4 功率因数表

功率因数表是用来测量交变电路中某一时刻线路的功率因数的仪表，如图6.72所示，常见的有电动系、铁磁电动系、电磁系、变换器式等几种。单相功率因数表有4个接线端子，其中两个为电压端子，另两个为电流端子（当电流、电压量限不止一个时，则端子会更多一些，接线时需注意），在电压和电流端子中的一个端子上标有特殊标记，即"发电机端"，它们的接线方法和功率表完全一样，也分电压线圈前接法和电压线圈后接法两种。

图6.72 功率因数表

 实训操作

列一列 根据学校实际，将所需的元件及导线的型号、规格和数量填入表6.9中。

表 6.9 安装日光灯和提高功率因数元件清单

序 号	名 称	代 号	规 格	数 量	备 注
1	日光灯管	EL			
2	日光灯座				与日光灯管配套
3	镇流器	L			与日光灯管配套
4	启辉器				与日光灯管配套
5	开关	S			
6	熔断器	FU			
7	调压变压器	T			
8	电容器	C			
9	功率表	W			
10	功率因数表	$\cos\varphi$			

画一画 日光灯的原理图

将如图 6.73 所示的日光灯原理图补画完整。

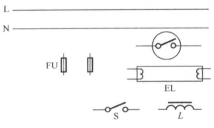

图 6.73 日光灯原理图

做一做 安装日光灯

吊挂式直管日光灯安装的步骤如表 6.10 所示。

表 6.10 吊挂式直管日光灯的安装

序 号	示 意 图	安 装 说 明
1	灯座和启辉器座的安装示意图	灯座和启辉器座的安装。把两只灯座固定在灯架左右两侧的适当位置（以灯管长度为标准），再把启辉器座安装在灯架上
2	灯座与启辉器接线示意图	灯座与启辉器接线。用单导线（花线或塑料软线）连接灯座大脚上的接线柱 3 与启辉器的接线柱 6，启辉器座的另一个接线柱 5 与灯座的接线柱 1，也用单导线连接
3	镇流器接线示意图	镇流器接线。将镇流器的任一根引出线与灯座的接线柱 4 连接

续表

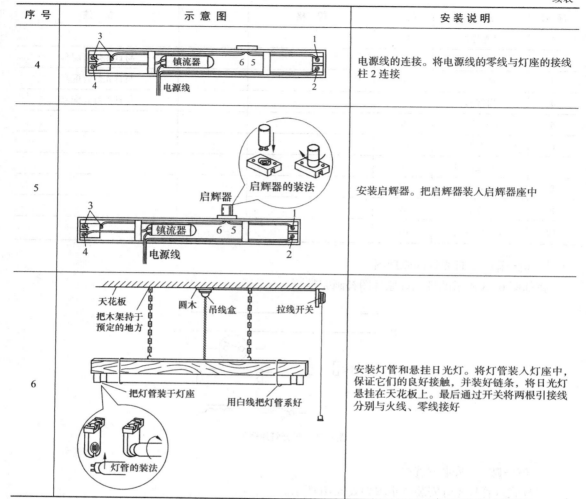

序 号	示 意 图	安装说明
4		电源线的连接。将电源线的零线与灯座的接线柱 2 连接
5		安装启辉器。把启辉器装入启辉器座中
6		安装灯管和悬挂日光灯。将灯管装入灯座中，保证它们的良好接触，并装好链条，将日光灯悬挂在天花板上。最后通过开关将两根引接线分别与火线、零线接好

注：在操作中，可根据实际情况安装日光灯，不一定将日光灯悬挂到天花板上。

测一测　日光灯的最低启动电压和熄灭电压

（1）将日光灯接入调压变压器的二次侧。

（2）将调压变压器的二次侧电压调至 100V 左右。合上日光灯开关，此时日光灯不亮，逐渐调高电压，使日光灯点亮，此时的电压即为日光灯的最低启动电压，填入表 6.11 中。

（3）将调压变压器的二次侧电压调至 220V。逐渐调低电压，使日光灯熄灭，此时的电压即为日光灯的熄灭电压，填入表 6.11 中。

表 6.11　　　　　　　　　　　　　日光灯的最低启动电压和熄灭电压

实验次数	最低启动电压（V）	熄灭电压（V）
1		
2		
平均值		

（4）按图 6.74 所示连接电路。检查无误后，闭合开关 S_1，将测得的电源电压 U、灯管电压

U_L、总电流 I、日光灯电流 I_1 的数据填入表 6.12 中；再闭合开关 S_2，将测得的电源电压 U、灯管电压 U_L、总电流 I、日光灯电流 I_1 及电容器支路电流 I_2 的数据填入表 6.12 中。

（5）计算并联电容器前后的视在功率 S、有功功率 P 和功率因数的值，填入表 6.13 中。

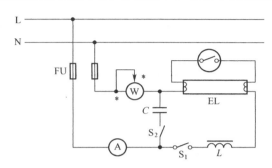

图 6.74　提高功率因数

表 6.12　　　　　　　　　　　　　　提高功率因数实验记录表 1

实 验 数 据	电 源 电 压 U（V）	灯 管 电 压 U_L（V）	总 电 流 I（A）	日 光 灯 电 流 I_1（A）	电容器支路电流 I_2（A）
并联电容器前					
并联电容器后					

表 6.13　　　　　　　　　　　　　　提高功率因数实验记录表 2

实 验 数 据	视 在 功 率 S（VA）	有 功 功 率 P（W）	功 率 因 数 $\cos\varphi$
并联电容器前			
并联电容器后			

 日光灯电路分析与故障排除

（1）日光灯的启辉器是装在专用插座上的，当日光灯正常发光后，取下启辉器，会影响灯管发光吗？为什么？如果启辉器丢失，作为应急措施，可以用一小段带绝缘外皮的导线启动日光灯吗？怎样做？简述理由。

（2）在操作过程中，接通电源合上开关后，小王同学安装的日光灯不能点亮，请帮他分析可能产生故障的原因，并排除故障。

（3）家中和教室里的日光灯经常会出现哪些故障，请排除这些故障。

 实训总结　把安装日光灯和提高功率因数的收获体会填入表 6.14 中，并完成评价。

表 6.14　　　　　　　　　　　　　安装日光灯和提高功率因数训练总结表

课题	安装日光灯和提高功率因数					
班级		姓名		学号		日期
训练收获						
训练体会						

续表

训练评价	评定人	评　　语	等　级	签　名
	自己评			
	同学评			
	老师评			
	综合评定等级			

 实训拓展

➤ 拓展1　节能灯

节能灯指的是采用稀土三基色荧光粉为原料研制而成的节能灯具，如图6.75所示。它一般采用电子整流器来驱动。目前，灯采用稀土三基色荧光粉的应用已进入一个新的发展阶段，节能光源的发展趋势是光源几何尺寸越做越小，光效越做越高，以较少的电能，得到最高的光通量。一只7W的三基色节能灯亮度相当于一只45W的白炽灯，而寿命是普通白炽灯泡的8倍。

➤ 拓展2　碘钨灯

碘钨灯是将碘充到石英灯管中，把蒸发下来的钨原子重新送回到钨丝上，这不仅控制了灯丝的升华，而且可以大幅度提高灯丝温度，发出与日光相似的光，如图6.76所示。碘钨灯具有亮度高、寿命长的特点，碘钨灯的亮度大约是普通灯泡的5倍。

随着研究的深入，人们发现把卤族元素的某些化合物充入白炽灯内能取得更好的效果，例如把溴化氢充入白炽灯中，制成的溴钨灯比碘钨灯还要好，这样就产生了各种各样的卤钨灯。卤钨灯适用于车间、剧院、舞台、摄影棚等场合。看到电视台记者拍摄电视新闻时，手里举着一个很亮的光源，那就是卤钨灯。它的缺点是辐射出来的热量很大，有时甚至可用它来烘烤物体。

➤ 拓展3　高压汞灯

照明用高压汞灯外壳用石英玻璃制成，内充一定数量的汞和少量氩气，如图6.77所示。高压汞灯除了有高发光效率外，还能发出强的紫外线，因而不仅可以照明，还可用于晒图、保健日光浴、化学合成、塑料及橡胶的老化试验、荧光分析、探伤等方面。高压汞灯有较高的光效，且其发光体小，亮度高，因而适合于室外照明。但是它的光色偏蓝、绿，缺少红色成分，所以被照物不能完全显示原来的颜色。

图6.75　节能灯　　　　图6.76　碘钨灯　　　　图6.77　高压汞灯

➤ 拓展4　单相调压器

单相调压器也称自耦变压器，如图6.78（a）所示。它的铁心上只有一个绕组，原、副绕组是共用的，副绕组是原绕组的一部分，它们之间不仅有磁耦合，还有电的关系，它可以输出连续可调的交流电压，如图 6.78（b）所示。调节操作手柄的位置，可以改变输出电压。

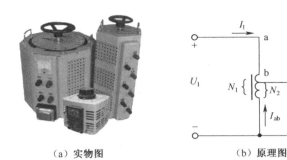

（a）实物图　　　　　　　　　　　（b）原理图

图 6.78　自耦变压器

自耦变压器在使用时，一定要注意正确接线，否则易于发生触电事故。

这一单元学习了单相正弦交流电路。单相正弦交流电是日常生活中使用最多的电源，单相正弦交流电路的基本知识和基本分析方法是学习电子技术、交流电动机、变压器等知识的基础，一定要切实掌握。

1. 什么是单相正弦交流电？表征正弦交流电的物理量有哪些？交流电最大值、有效值和平均值各是什么？写出它们的关系式。频率、周期、角频率各是什么？写出它们的关系式。初相位是什么？如何比较同频率正弦交流电的相位？什么是正弦交流电的三要素？

2. 正弦交流电的表示方法有哪些？如何用解析法、图像法和旋转矢量图表示正弦交流电？这些表示方法与正弦交流电的三要素之间如何转换？

3. 在正弦交流电中，负载有电阻、电感和电容器，这些元件在正弦交流电路中的电压与电流的关系如何？它们的有功功率、无功功率分别为多少？完成表 6.15。

表 6.15　　　　　　　　　　　单一元件交流电路比较表

电路	阻抗	电压与电流关系		功　率	
		数　量　关　系	相　位　关　系	有　功　功　率	无　功　功　率
纯电阻电路					
纯电感电路					
纯电容电路					

4. 串联交流电路的电压与电流的关系如何？它们的有功功率、无功功率、视在功率和功率因数分别为多少？完成表 6.16。

表 6.16　　串联交流电路比较表

电路	阻抗	电压与电流关系		功　率			功率因数
		数量关系	相位关系	有功功率	无功功率	视在功率	
RLC 串联电路							
RL 串联电路							
RC 串联电路							

5. 电能用什么仪表测量？提高功率因数的常用方法是什么？为什么要提高功率因数？

6. 串联谐振电路与并联谐振电路的条件与特点有什么不同？完成表 6.17。

表 6.17　　串联谐振电路与并联谐振电路比较表

项　目	RLC 串联谐振电路	电感线圈与电容器并联谐振电路
谐振条件		
谐振频率		
谐振阻抗		
谐振电流		
品质因数		
各元件上电压（电流）		

7. 如何测量交流电流和电压？如何安装照明电路配电板？如何安装日光灯？如何提高电路的功率因数？其操作要点各是什么？

思考与练习

一、填空题

1. 正弦交流电的三要素是＿＿＿＿、＿＿＿＿、＿＿＿＿。

2. 已知正弦交流电动势 $e = 311\sin(314t - \frac{\pi}{6})$ V，则其有效值为＿＿＿，频率为＿＿＿，初相位为＿＿＿＿。

3. 我国民用交流电压的频率为＿＿＿＿，有效值为＿＿＿＿。

4. 当 $R = 2\Omega$ 的电阻通入交流电，已知交流电流的表达式为 $i = 8\sin(314t - 60°)$A，则电阻消耗的功率是＿＿＿＿。

5. RLC 串联电路发生谐振时，若电容器两端电压为 100V，电阻两端电压为 2V，则电感两端电压为＿＿＿＿，品质因数 Q 为＿＿＿＿。

二、选择题

1. 通常所说的交流电压 220V 或 380V，是指它的（　　）。

A. 瞬时值　　　　　B. 有效值　　　　　C. 最大值　　　　　D. 平均值

2. 在一个 RLC 串联电路中，已知 $R = 30\Omega$，$X_L = 60\Omega$，$X_C = 40\Omega$，则该电路呈（　　）。

A. 电容性　　　　　B. 电感性　　　　　C. 电阻性　　　　　D. 中性

3. 功率表测量的是（　　）。

A. 有功功率　　　　B. 无功功率　　　　C. 视在功率　　　　D. 瞬时功率

4. 在如图 6.79 所示的电路中，当外接 220V 的正弦交流电源时，灯 A、B、C 的亮度相同。当改接为 220V 的直流电源后，下述说法正确的是（　　）。

A. A 灯比原来亮　　　B. B 灯比原来亮　　　C. C 灯比原来亮　　　D. A、B 灯和原来一样亮

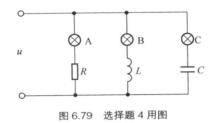

图 6.79　选择题 4 用图

三、计算题

1. 有一线圈，电阻为 40Ω，电感为 95.5mH，接到 $u = 220\sqrt{2}\sin 314t$ V 的交流电源上。求：（1）线圈的阻抗；（2）通过电路电流的有效值；（3）电路的有功功率。

2. 将阻值为 80Ω 的电阻和电容为 53μF 的电容器串联，接到"220V 50Hz"的交流电源上，组成 RC 串联电路。求：（1）电路的阻抗；（2）通过电路电流的有效值；（3）电路的有功功率；（4）电路的功率因数。

3. 在 RLC 串联交流电路中，电路两端的交流电压 $u=220\sqrt{2}\sin 314t$ V，$R=12\Omega$，$L=51$mH，$C=455$μF，求：（1）电路的阻抗；（2）通过电路电流的有效值；（3）各元件两端电压的有效值；（4）电路的有功功率、无功功率和视在功率。

第7单元

三相正弦交流电路

知识目标

- 了解三相交流电的概念，理解相序的概念。
- 了解三相电源星形联结的特点，了解我国电力系统的供电制。
- *● 了解三相对称负载星形、三角形接法的特点。
- 了解保护接地的原理，掌握保护接零的方法，了解其应用。

技能目标

- *● 会应用三相对称负载星形、三角形接法的特点分析三相交流电路。
- *● 观察三相负载在有、无中线时的运行情况，测量相关数据，并进行比较。

情 景 导 入

在电力系统中，广泛应用的是三相交流电，如图7.1和图7.2所示，因为与单相交流电相比，三相交流电有更多的优点：三相发电机比尺寸相同的单相发电机输出功率要大；三相输电线路比单相输电线路更经济。

在工程中，也广泛使用三相交流电动机作为拖动机械，如图7.3和图7.4所示，因为三相电动机比单相电动机结构简单，平稳可靠，输出功率大。

因此，目前世界上电力系统的供电方式，大多数采用三相制供电，通常的单相交流电是三相交流电的一相，从三相交流电源获得。那么，三相交流电路有哪些特点？如何分析和计算三相交流电路？一起来学一学三相交流电路吧。

图7.1 发电厂

图7.2 输电线路

图7.3 生产车间1

图7.4 生产车间2

知 识 链 接

第1节 三相交流电路基础知识

为三相交流电路提供电能的装置是三相交流电源，三相交流电源是如何产生的？三相异步电动机的旋转方向又是由什么决定的？我国电力系统的供电制又有哪些？

一、三相交流电的基本概念

三相交流电是通过三相交流发电机获得，如图7.5（a）所示。三相交流发电机与单相交流发电机的结构相似，由定子和转子组成。定子有3个结构相同的绕组，3个绕组在定子的位置彼此相隔120°，3个绕组的始端分别以U_1、V_1、W_1来表示，末端分别以U_2、V_2、W_2来表示。当转子匀速旋转时，3个绕组由于切割磁感线而产生3个不同相位的三相交流电，如图7.5（b）和（c）所示。

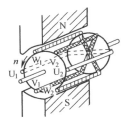

（a）简单三相交流发电机

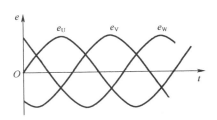

（b）三相交流电的波形图

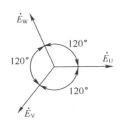

（c）三相交流电的矢量图

图7.5 三相交流电的基本概念

在工程中，最大值相等、频率相同、相位互差 120° 的 3 个正弦电动势，称为三相对称电动势。如果以 e_U 为参考正弦量，那么各相电动势的瞬时值表达式为

$$\begin{cases} e_U = E_m \sin \omega t \\ e_V = E_m \sin(\omega t - 120°) \\ e_W = E_m \sin(\omega t + 120°) \end{cases} \tag{7-1}$$

二、三相交流电的相序

三相对称电动势随时间按正弦规律变化，它们到达最大值（或零值）的先后次序，叫做相序。由如图 7.5（c）所示的矢量图可以看出，3 个电动势按顺时针方向的次序到达最大值（或零值），即按 U-V-W-U 的顺序，称为正序或顺序；若按逆时针方向的次序到达最大值（或零值），即按 U-W-V-U 的顺序，称为负序或逆序。

工程应用 如图 7.6 所示为工厂中常用的三相笼型异步电动机。三相笼型异步电动机旋转方向由三相电源的相序决定，改变三相电源的相序可改变三相异步电动机的旋转方向。在工程中，经常采用任意对调三相电源的两根电源线来实现三相笼型异步电动机的正反转控制。

图 7.6 三相笼型异步电动机

三、三相交流电源

三相发电机的每一个绕组都是独立的电源，都可以单独向负载供电，但这样供电需要 6 根导线。在工程中，三相电源是按照一定的方式连接后再向三相负载供电的，通常采用星形联结方式。

将三相发电机绕组的 3 个末端 U_2、V_2、W_2 连接成公共点，3 个首端 U_1、V_1、W_1 分别与负载连接，如图 7.7 所示，这种连接方式称为星形联结，用符号"Y"表示。3 个末端 U_2、V_2、W_2 连接成的公共点称为中性点（中点）或零点，用符号"N"表示，从中点引出的导线称为中性线（中线）或零线，一般用黑色线或白色线；从三相绕组首端引出的 3 根导线称为相线或火线，分别用符号"U、V、W"表示，用黄、绿、红 3 种颜色区分。这种由 3 根相线和 1 根中线组成的供电系统称为三相四线制供电系统，用符号"Y_0"表示，通常在低压配电系统中采用；在高压输电系统中，通常采用只由 3 根相线组成的三相三线制供电系统，用符号"Y"表示。

三相四线制供电系统可输送两种电压，即相电压和线电压。

相电压是相线与中线之间的电压，分别用符号"U_U、U_V、U_W"表示 U、V、W 各相电压的有效值，通用符号用"U_P"表示。因为三相电动势是对称的，所以 3 个相电压也是对称的。

线电压是指相线与相线之间的电压，分别用符号"U_{UV}、U_{VW}、U_{WV}"表示 UV、VW、WV 之

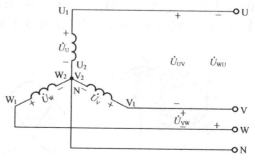

图 7.7 三相四线制电源

间的电压有效值，通用符号用"U_L"表示。线电压与相电压之间的关系为

$$\dot{U}_{UV} = \dot{U}_U - \dot{U}_V$$

$$\dot{U}_{VW} = \dot{U}_V - \dot{U}_W$$

$$\dot{U}_{WU} = \dot{U}_W - \dot{U}_U$$

由此作出相应的矢量图如图 7.8 所示。

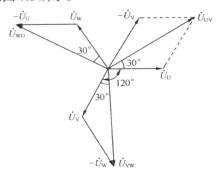

图 7.8　三相四线制电源电压矢量图

由矢量图可知，线电压 U_{UV} 与相电压 U_U 之间的数量关系为

$$U_{UV} = \sqrt{3}\, U_U$$

同理可得：

$$U_{VW} = \sqrt{3}\, U_V$$

$$U_{WU} = \sqrt{3}\, U_W$$

因此，线电压与相电压之间的数量关系为

$$U_L = \sqrt{3}\, U_P \qquad\qquad (7\text{-}2)$$

由矢量图还可以看出：线电压与相电压的相位关系为线电压超前相应的相电压 30°。

因此，相电压是对称的，线电压也是对称的。

 提示　在我国的电力系统中，高压输电系统通常采用三相三线制供电系统，低压配电系统通常采用三相四线制供电系统。

在三相四线制供电系统中，动力线路接在 3 根相线上，任意 2 根相线之间的电压是 380V（线电压），照明线路接在 1 根相线和 1 根中线上，它们之间的电压是 220V（相电压）。

【例 7.1】　已知在三相四线制供电系统中，V 相电动势的瞬时值表达式为 $e_V = 380\sqrt{2}\ \sin\omega t$，按正序写出 e_U、e_W 的瞬时值表达式。

【分析】　先画出 V 相的矢量图，再根据正序画出 U 相、W 相的矢量图，如图 7.9 所示，即可写出 e_U、e_W 的瞬时值表达式。

解：由矢量图可知，e_U、e_W 的瞬时值表达式为

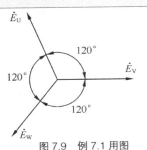

图 7.9　例 7.1 用图

$$e_U = 380\sqrt{2}\sin(\omega t + \frac{2\pi}{3})$$

$$e_W = 380\sqrt{2}\sin(\omega t - \frac{2\pi}{3})$$

> **提示**　如果将三相电源的每相绕组首尾端依次相连，称为三相电源的三角形接法。三角形接法由于绕组容易形成环流，使绕组过热，甚至烧毁。因此，三相发电机一般不采用三角形接法，三相变压器大多采用三角形接法，但要求连线前必须检查三相绕组的对称性及接线顺序。

课堂练习

一、填空题

1. 有一对称三相电动势，若 U 相电动势为 $u_U = 311\sin(314t - 30°)$，则 V 相和 W 相电动势分别为 $u_V = $ _____，$u_W = $ _____。

2. 在工程中，U、V、W 3 根相线通常用_____3 种颜色区分，中线一般用_____颜色。

3. 在我国的供电系统中，低压配电系统通常采用_____制，高压输电系统通常采用_____制。

二、选择题

1. 三相交流电相序 U-V-W-U 属（　　）。

A. 正序　　　　B. 负序　　　　C. 零序　　　　D. 无法判断

2. 在三相四线制供电系统中，相电压为 220V，则相线与相线间的电压为（　　）。

A.127V　　　　B.220V　　　　C.311V　　　　D.380V

*第2节　三相负载的接法

负载是消耗电能的装置。负载按它对电源的要求分为单相负载和三相负载。单相负载是指用单相电源（即照明电源）供电的设备，如电灯、电炉及各种家用电器等。三相负载是指用三相电源（即动力电源）供电的设备，如三相异步电动机、三相电炉等。各相负载的大小和性质都相等的三相负载称为三相对称负载，如三相异步电动机、三相电炉等；否则，称为三相不对称负载，如三相照明电路中的负载。三相负载的接法有星形联结（Y）和三角形联结（△）。它们的特点如何？如何分析呢？

一、三相负载的星形联结

1. 联结方式

将各相负载的末端 U_2、V_2、W_2 连在一起接到三相电源的中线上，把各相负载的首端 U_1、V_1、W_1 分别接到三相交流电源的 3 根相线上，这种连接方式称为三相负载有中线的星形联结法，用符号 Y_0 表示。如图 7.10（a）所示为三相负载有中线的星形联结的原理图，如图 7.10（b）所示为其实际电路图。

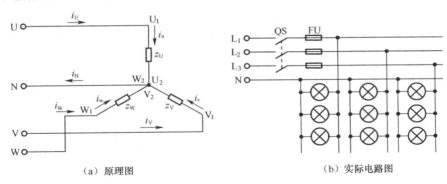

（a）原理图　　　　　　　（b）实际电路图

图 7.10　三相负载有中线的星形连接电路图

2. 电路特点

三相负载作星形联结有中线时，每相负载两端的电压称为负载的相电压，用符号 U_{YP} 表示。当输电线的阻抗忽略不计时，负载的相电压等于电源的相电压，负载的线电压等于电源的线电压。因此，负载的线电压与负载的相电压的关系为

$$U_L = \sqrt{3}\ U_{YP} \tag{7-3}$$

在三相交流电路中，流过每根相线的电流称为线电流，分别用 I_U、I_V、I_W 表示 U、V、W 各线电流的有效值，通用符号用 I_{YL} 表示；流过每一相负载的电流称为相电流，分别用 I_u、I_v、I_w 表示 U、V、W 各相电流的有效值，通用符号用 I_{YP} 表示；流过中线的电流称为中线电流，用 I_N 表示。

在三相电路中，三相电压是对称的，如果三相负载也是对称的，那么流过三相负载的各相电流也是对称的，即

$$I_{YP} = I_U = I_V = I_W = \frac{U_{YP}}{z}$$

各相电流的相位差仍是 120°。

由图 7.10（a）可以看出，三相负载作星形联结时，线电流等于相电流，即

$$I_{YL} = I_{YP} \tag{7-4}$$

由图 7.10（a）还可以看出，中线电流与相电流的之间的关系为

$$\dot{I}_N = \dot{I}_u + \dot{I}_v + \dot{I}_w$$

由此作出相应的矢量图，如图 7.11 所示。

由矢量图可知，对称三相负载作星形联结时，中线电流等于零，即

$$I_N = 0 \tag{7-5}$$

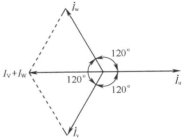

图 7.11　三相对称负载星形联结电流矢量图

> **工程应用**　　对称三相负载作星形联结时，中线电流等于零。在这种情况下，中线没有电流流过，去掉中线不影响电路的正常工作。因此，为节约导线，在高压输电系统中常常采用三相三线制电路。常用的三相电动机是三相对称负载，因此只要接上 3 根相线电动机就能正常工作。

【例 7.2】 有 3 个电阻 $R=100\Omega$，将它们作星形联结，接到电压为 380V 的对称三相电源上，求相电压、相电流、线电流和中线电流分别为多少？

【分析】 电源电压如没有特殊说明一般是指线电压。三相电路的欧姆定律是 $I_P=\dfrac{U_P}{z}$，题中负载阻抗 $z=R=100\Omega$，因此，要先求出相电压，才可求出相电流。

解：对称负载作星形联结时，负载的相电压 $U_P=\dfrac{U_L}{\sqrt{3}}=\dfrac{380}{\sqrt{3}}=220$V

流过负载的相电流 $I_P=\dfrac{U_P}{z}=\dfrac{200}{100}=2.2$A

线电流 $I_L=I_P=2.2$A

因为负载对称，中线电流 $I_N=0$

3. 中线的作用

当三相负载不对称时，各相电流的大小就不相等，相位差也不一定是 120°，中线电流就不等于零了。此时，中线就绝对不能断开。下面来分析三相四线制电路中中线的重要作用。

【例 7.3】 如图 7.12（a）所示，额定电压为 220V，功率为 100W、40W、60W 的 3 个灯泡 A、B、C 分别接入三相四线制电源中，电源电压为 380V，分别由开关 S_U、S_V、S_W 控制，并在中线上接开关 S_N。请分析：

（1）开关 S_N、S_U、S_V、S_W 全部闭合时，灯泡 A、B、C 能否正常发光；

（2）开关 S_W 断开，开关 S_N、S_U、S_V 闭合时，灯泡 A、B 能否正常发光；

（3）开关 S_V、S_W 断开，开关 S_N、S_U 闭合时，灯泡 A 能否正常发光；

（4）开关 S_N、S_W 断开，开关 S_U、S_V 闭合时，灯泡 A、B 能否正常发光？

【分析】（1）开关 S_N、S_U、S_V、S_W 全部闭合时，每个灯泡两端的相电压为 220V，它等于灯泡的额定电压为 220V，因此，灯泡 A、B、C 能正常发光。

（2）开关 S_W 断开，开关 S_N、S_U、S_V 闭合时，灯泡 A、B 两端的相电压仍为 220V，因此，灯泡 A、B 能正常发光。

（3）开关 S_V、S_W 断开，开关 S_N、S_U 闭合时，灯泡 A 两端的相电压仍为 220V，因此，灯泡 A 仍能正常发光。

（4）开关 S_N、S_W 断开，开关 S_U、S_V 闭合时，电路如图 7.12（b）所示，灯泡 A、B 串联接在两根相线上，即加在灯泡 A、B

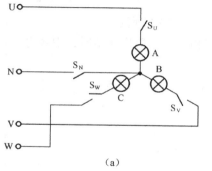
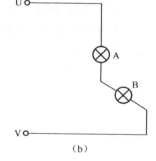

（a）　　　　　　　　　（b）

图 7.12　例 7.3 用图

两端的是线电压 380V。

灯泡 A（100W）的电阻为 $R_B = \dfrac{U_B^2}{P} = \dfrac{220^2}{100} = 484\,\Omega$

灯泡 B（40W）的电阻为 $R_A = \dfrac{U_A^2}{P} = \dfrac{220^2}{40} = 1\,210\,\Omega$

灯泡 A（100W）两端的电压为 $U_A = \dfrac{R_A}{R_A + R_B} U_{UV} = \dfrac{484}{484 + 1\,210} \times 380 = 109V$

灯泡 B（40W）两端的电压为 $U_B = \dfrac{R_B}{R_A + R_B} U_{UV} = \dfrac{1\,210}{484 + 1\,210} \times 380 = 271V > 220V$

因此，灯泡 A（100W）两端的电压小于 220V，灯泡反而较暗；灯泡 B（40W）两端因电压大于 220V，可能因过热而烧毁，导致电路开路。

由以上分析可知，在三相电路中，如果负载不对称，必须采用带中线的三相四线制供电。若无中线，可能使一相电压过低，该相用电设备不能正常工作，而另一相电压过高，导致该相用电设备烧毁。因此，在三相四线制电路中，中线的作用是使不对称负载两端的电压保持对称，从而保证电路安全可靠地工作。

 提示 电工安全操作规程规定：三相四线制电路中线的干线上不准安装保险丝和开关，有时还采用钢芯线来加强其机械强度，以免断开。同时，在连接三相负载时，应尽量保持三相平衡，以减小中线电流。

二、三相负载的三角形联结

1. 联结方式

将三相负载分别接到三相电源的两根相线之间，这种连接方式称为三相负载的三角形联结法，用符号"△"表示。如图 7.13（a）所示为三相负载三角形联结的原理图，图 7.13（b）所示为其实际电路图。

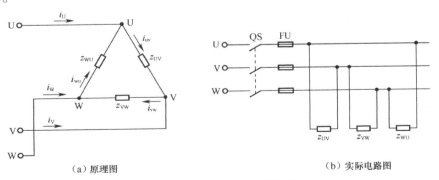

（a）原理图　　　　　　　　　　（b）实际电路图

图 7.13　三相负载三角形联结电路图

2. 电路特点

三相负载作三角形联结时，每相负载接在两根相线之间，电源线电压等于负载的相电压。因

此，负载的线电压与负载的相电压的关系为

$$U_L = U_{\triangle P} \tag{7-6}$$

在三相电路中，三相电压是对称的，如果三相负载也是对称的，那么流过三相负载的各相电流也是对称的，即

$$I_{\triangle P} = I_{uv} = I_{vw} = I_{wu} = \frac{U_{\triangle P}}{z}$$

各相电流的相位差仍是 120°。

由图 7.13（a）可以看出，线电流与相电流之间的关系为

$$\dot{I}_U = \dot{I}_{uv} - \dot{I}_{wu}$$
$$\dot{I}_V = \dot{I}_{vw} - \dot{I}_{uv}$$
$$\dot{I}_W = \dot{I}_{wu} - \dot{I}_{vw}$$

由此作出相应的矢量图，如图 7.14 所示。

由矢量图可知，线电流 I_u 与相电流 I_u 之间的数量关系为

$$I_U = \sqrt{3}\, I_{uv}$$

同理可得：

$$I_V = \sqrt{3}\, I_{vw}$$

$$I_W = \sqrt{3}\, I_{wu}$$

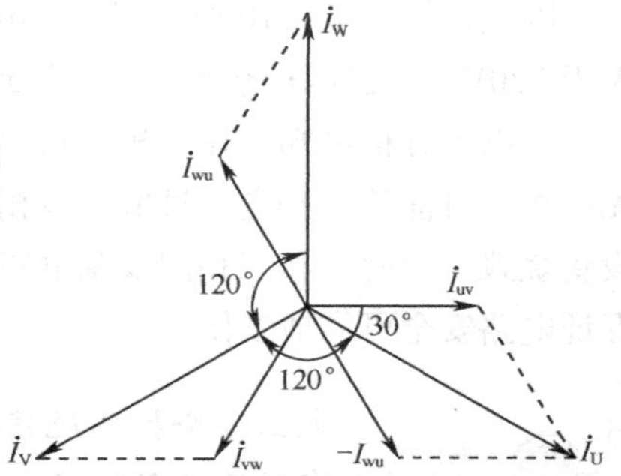

图 7.14　三相对称负载三角形联结电流矢量图

因此，线电流与相电流之间的数量关系为

$$I_{\triangle L} = \sqrt{3}\, I_{\triangle P} \tag{7-7}$$

由矢量图还可以看出：线电流与相电流的相位关系为线电流滞后相应的相电流 30°。

【例 7.4】 有 3 个电阻 $R=100\Omega$，将它们作三角形联结，接到电压为 380V 的对称三相电源上，求相电压、相电流和线电流分别为多少？

【分析】 根据三相负载三角形连接线电压与相电压、欧姆定律及线电流与相电流的关系即可求出有关未知量。

解： 对称负载作三角形联结时，负载的相电压 $U_P = U_L = 380V$

流过负载的相电流 $I_P = \dfrac{U_P}{z} = \dfrac{380}{100} = 3.8V$

线电流 $I_L = \sqrt{3}I_P = \sqrt{3} \times 3.8 = 6.6A$

【例 7.5】 有一个三相对称负载，每相负载的电阻 $R=40\Omega$，感抗 $X_L=30\Omega$，接在电压为 380V 的三相对称电源上，求 :（1）将它们作星形联结时，线电压、相电压、相电流、线电流分别为多少？（2）将它们作三角形联结时，线电压、相电压、相电流、线电流分别为多少？

【分析】 解题时注意区分三相负载星形联结和三角形联结时线电压与相电压、线电流与相电流的关系不同。

解： 不论负载作星形联结还是三角形联结，负载阻抗 $z = \sqrt{R^2 + X_L^2} = \sqrt{40^2 + 30^2} = 50\Omega$

（1）负载接成星形联结时，线电压 $U_L = 380V$

负载的相电压 $U_{YP} = \dfrac{U_L}{\sqrt{3}} = \dfrac{380}{\sqrt{3}} = 220V$

流过负载的相电流 $I_{YP} = \dfrac{U_{YP}}{z} = \dfrac{220}{50} = 4.4A$

线电流 $I_{YL} = I_{YP} = 4.4A$

（2）负载作三角形联结时，线电压 $U_L = 380V$

负载的相电压 $U_{\triangle P} = U_L = 380V$

流过负载的相电流 $I_{\triangle P} = \dfrac{U_{\triangle P}}{z} = \dfrac{380}{50} = 7.6A$

线电流 $I_{\triangle L} = \sqrt{3} I_{\triangle P} = \sqrt{3} \times 7.6 = 13.2A$

通过本题的计算可知：

$$\frac{U_{\triangle P}}{U_{YP}} = \frac{380}{220} = \sqrt{3} , \quad \frac{I_{\triangle P}}{I_{YP}} = \frac{7.6}{4.4} = \sqrt{3} , \quad \frac{I_{\triangle L}}{I_{YL}} = \frac{13.2}{4.4} = 3$$

 在同一对称三相电源作用下，同一对称负载作三角形联结的相电压、相电流是作星形联结时的相电压、相电流的 $\sqrt{3}$ 倍，同一对称负载作三角形联结的线电流是作星形联结时的线电流的 3 倍。

 三相负载可以星形联结，也可以三角形联结，其接法根据负载的额定电压（相电压）与电源电压（线电压）的数值而定，必须使每相负载所承受的电压等于额定电压。对电源电压为 380V 的三相电源来说，当负载的额定电压是 220V 时，负载应作星形联结；当负载的额定电压是 380V 时，负载应作三角形联结。

三、三相交流电路的功率

在三相交流电路中，三相负载消耗的总功率等于各相负载消耗的功率之和，即

$$P = P_U + P_V + P_W = U_U I_U \cos\varphi_U + U_V I_V \cos\varphi_V + U_W I_W \cos\varphi_W \tag{7-8}$$

式中：P——三相负载总有功功率，单位是瓦特（W）；

U_U、U_V、U_W——U、V、W 各相的相电压，单位是伏特（V）；

I_U、I_V、I_W——U、V、W 各相的相电流，单位是安培（A）；

$\cos\varphi_U$、$\cos\varphi_V$、$\cos\varphi_W$——U、V、W 各相负载的功率因数。

在对称三相电路中，各相电压是对称的，各相负载是对称的，因此，各相电流也是对称的，即

$$U_P = U_U = U_V = U_W$$

$$I_P = I_U = I_V = I_W$$

$$\cos\varphi = \cos\varphi_U = \cos\varphi_V = \cos\varphi_W$$

因此，在对称三相电路中，三相对称负载消耗的总功率为

$$P = 3U_P I_P \cos\varphi \tag{7-9}$$

式中：P——三相负载总有功功率，单位是瓦特（W）；

U_P——负载的相电压，单位是伏特（V）；

I_P——流过负载的相电流，单位是安培（A）；

$\cos\varphi$——三相负载的功率因数。

由式（7-9）可知，对称三相电路的总有功功率等于单相有功功率的3倍。

 提示 　　在实际工作中，相电压、相电流一般不易测量。如没有特殊说明，三相电路的电压和电流都是指线电压和线电流。因此，三相电路的总有功功率常用线电压和线电流来表示。

当三相对称负载作星形联结时

$$U_L = \sqrt{3}\ U_{YP},\ I_{YL} = I_{YP}$$

$$P = 3U_P I_P \cos\varphi = 3\ \frac{U_L}{\sqrt{3}}\ I_L \cos\varphi = \sqrt{3}\ U_L I_L \cos\varphi$$

当三相对称负载作三角形联结时

$$U_L = U_{\triangle P},\ I_{\triangle L} = \sqrt{3}\ I_{\triangle P}$$

$$P = 3U_P I_P \cos\varphi = 3U_L\ \frac{I_L}{\sqrt{3}}\ \cos\varphi = \sqrt{3}\ U_L I_L \cos\varphi$$

因此，三相对称负载不论作星形联结还是作三角形联结，对称三相电路的总有功功率为

$$P = \sqrt{3}\ U_L I_L \cos\varphi \tag{7-10}$$

式中：P——三相负载总有功功率，单位是瓦特（W）；

　　　　U_L——三相负载的线电压，单位是伏特（V）；

　　　　I_L——三相负载的线电流，单位是安培（A）；

　　　　$\cos\varphi$——三相负载的功率因数。

同理，三相对称负载的无功功率和视在功率的计算公式为

$$Q = \sqrt{3}\ U_L I_L \sin\varphi \tag{7-11}$$

$$S = \sqrt{3}\ U_L I_L \tag{7-12}$$

【例7.6】 有一个三相对称负载，每相负载的电阻 $R=40\Omega$，感抗 $X_L=30\Omega$，接在电压为380V的三相对称电源上，求：（1）将它们作星形联结时，有功功率为多少；（2）将它们作三角形联结时，有功功率为多少？

【分析】 由【例7.5】计算可知，负载作星形联结时，线电流 $I_{YL}=4.4$A，负载作三角形联结时，线电流 $I_{\triangle L}=13.2$A，根据有功功率计算公式代入即可。

解： 三相对称负载的功率因数 $\cos\varphi = \dfrac{R}{z} = \dfrac{40}{50} = 0.8$

（1）三相对称负载作星形联结时，有功功率

$$P_Y = \sqrt{3}\ U_L I_L \cos\varphi = \sqrt{3}\ \times 380 \times 4.4 \times 0.8 = 2\ 316.7\text{W}$$

（2）三相对称负载作三角形联结时，有功功率

$$P_\Delta = \sqrt{3}\ U_L I_L \cos\varphi = \sqrt{3}\ \times 380 \times 13.2 \times 0.8 = 6\ 950.4\text{W}$$

$$\frac{P_\Delta}{P_Y} = \frac{6\ 950.4}{2\ 316.7} = 3$$

这说明，在同一对称三相电源作用下，同一对称负载作三角形联结的有功功率是负载作星形联结时的有功功率的3倍。因此，在工程中，大功率的三相电动机常作三角形联结。

 提示　　在电力系统中，常用三相有功电能表和三相无功电能表来分别计量有功电能和无功电能。计量有功电能 W_P 即计量用户消耗的电能；计量无功电能 W_Q 是为了计量用户的功率因数，便于供电部门对用户采取必要的功率因数奖惩措施。用户在某段时间（如一个月）内的平均功率因数计算公式为 $\cos\varphi = \dfrac{W_P}{\sqrt{W_P^2 + W_Q^2}}$。

课堂练习

一、填空题

1．三相负载的接法有＿＿＿＿和＿＿＿＿两种。

2．三相负载作星形联结，线电流等于相电流＿＿＿＿倍，线电压等于相电压的＿＿＿＿倍。如果是三相对称负载，中线电流等于＿＿＿＿。

3．有一台三相异步电动机，每相绕组额定电压是220V，当它们作星形联结时，应接到电压为＿＿＿＿的三相电源上才能正常工作；当它们作三角形联结时，应接到电压为＿＿＿＿的三相电源上才能正常工作。

二、选择题

1．三相对称负载接入同一三相对称电源中，负载作三角形联结时的有功功率为作星形联结时有功功率的（　　）。

A．3 倍　　　　B．$\sqrt{2}$ 倍　　　　C．2 倍　　　　D．1 倍

2．三相异步电动机每相绕组的额定电压为220V，为保证电动机接入线电压为380V 的三相交流电源中能正常工作，电动机应接成（　　）。

A．星形　　　　B．三角形　　　　C．串联　　　　D．并联

第3节　用电保护

在第1单元大家已经学过了安全用电的基本常识，现在大家基本学完了本课程，对今后从事的"电"的工作有了一定的了解。作为未来的专业电工，为了更好地预防电气意外的发生，如何做好用电保护呢？

一、接地装置

1."地"的概念

"地"是指电气上的"地",即指如图 7.15 所示的距接地点 20 m 以外地方的电位（该处的电位已接近零）。电位等于零的地方,就是电气上的"地"。

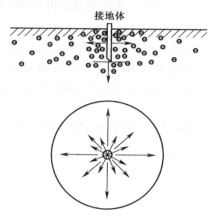

图 7.15　接地电流的电位分布曲线图

2. 接地的作用与种类

接地的主要作用是保证人身和设备的安全。若按接地的目的及工作原理来分,有保护接地、保护接零、工作接地和重复接地 4 种。

（1）保护接地。保护接地就是将正常情况下不带电,而在绝缘材料损坏后或其他情况下可能带电的电气设备金属部分（即与带电部分相绝缘的金属结构部分）用导线与接地体可靠连接的一种保护接线方式,如图 7.16 所示。保护接地一般用于配电变压器中性点不直接接地（三相三线制）的供电系统中,用以保证当电气设备因绝缘损坏而漏电时产生的对地电压不超过安全范围。

如果电气设备未采用接地保护,当某一部分的绝缘损坏或某一相线碰及外壳时,家用电器的外壳将带电,人体万一触及到该绝缘损坏的电气设备外壳时,就会有触电的危险；相反,若将电气设备做了接地保护,单相接地短路电流就会沿接地装置和人体这两条并联支路分别流过。通常,人体的电阻大于 $1\ 000\ \Omega$,接地体的电阻按规定不能大于 $4\ \Omega$,所以流经人体的电流就很小,而流经接地装置的电流很大,这样就减小了电气设备漏电后人体触电的危险。

（2）保护接零。保护接零是将电气设备的外壳及金属支架等与零线连接,以保护人身安全的一种用电安全措施,如图 7.17 所示。在三相四线制中性点直接接地的电网中,广泛采用保护接零。

把电气设备的金属外壳和电网的零线连接在电压低于 1 000V 的接零电网中,若电气设备因绝缘损坏或意外情况而使金属外壳带电时,形成相线对中性线的单相短路,则线路上的保护装置（自动开关或熔断器）迅速动作,切断电源,从而使设备的金属部分不致于长时间存在危险的电压,这就保证了人身安全。

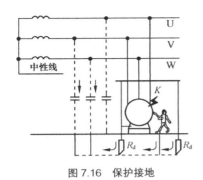

图 7.16　保护接地

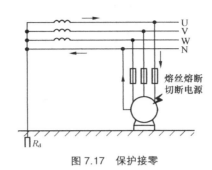

图 7.17　保护接零

 工程应用

　　家用电器插座是供移动电器设备如台灯、电风扇、电视机、洗衣机等连接电源用的。因为家庭用电中的供电系统一般为 TT 系统（采用保护接地方式），所以为了保证用电安全，插座的接线必须做到："左零右火上接地"，接线时专用接地插孔应与专用的保护接地线相连，如图 7.18 所示。如果供电系统为 TN 系统（采用保护接零方式），则插座上面的插孔为接零线，这根接零线必须接在零线的干线上（一般从电源端专门引来），而不应就近利用引入插座的零线。

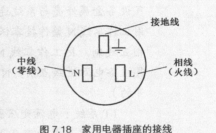

图 7.18　家用电器插座的接线

 比一比　保护接地与保护接零的区别。

　　① 保护原理不同。保护接地是限制设备漏电后的对地电压，使之不超过安全范围；保护接零是借助接零线路使设备形成短路，促使线路上的保护装置动作，以切断故障设备的电源。

　　② 适用范围不同。保护接地既适用于一般不接地的高低压电网，又适用于采取了其他安全措施（如装设漏电保护器）的低压电网；保护接零只适用于中性点直接接地的低压电网。

　　③ 线路结构不同。如果采取保护接地措施，电网中可以无工作零线，只设保护接地线；如果采取保护接零措施，则必须设工作零线，利用工作零线作接零保护。保护零线不应接开关、熔断器，当在工作零线上装设熔断器等时，还必须另装保护接地线或接零线。

 提示

　　在同一供电线路上，不允许一部分电气设备保护接地，另一部分电气设备保护接零。因为接地设备绝缘损坏外壳带电时，若有人同时接触到接地设备外壳和接零设备的外壳，人体将承受相电压，这是非常危险的。

　　（3）工作接地。工作接地是为保证用电设备安全运行，将电力系统中的变压器低压侧中性点接地，如图 7.19 所示。如电力变压器和互感器的中性点接地，都属于工作接地。

　　（4）重复接地。重复接地是在三相四线制保护接零电网中，除了变压器中性点的工作接地之外，在零线上一点或多点与接地装置的连接，如图 7.20 所示。

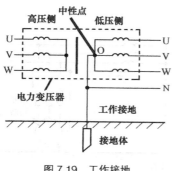

图 7.19　工作接地

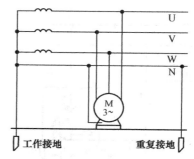

图 7.20　重复接地

　根据国际电工委员会（IEC）规定，将低压配电系统按接地方式不同分为 3 类，即 TN、TT、IT 系统。

TN 系统：电源变压器中性点接地，电气设备金属外壳与中性线相连。根据电气设备金属外壳与系统连接的不同方式又可分 3 类：即 TN-C 系统（三相四线制，用工作零线 N 兼作接零保护线 PE，称为保护中性线，可用 NPE 表示）、TN-S 系统（三相五线制，把工作零线 N 和专用保护线 PE 严格分开）、TN-C-S 系统（在低压电气设备电源进线点前，N 线和 PE 线是合一的；电源进线点后，N 线和 PE 线是分开的）。

TT 系统：电源变压器中性点接地，电气设备金属外壳采用保护接地。

IT 系统：电源变压器中性点不接地（或通过高阻抗接地），而电气设备金属外壳采用保护接地。

　到图书馆或上网查询 TN、TT、IT 系统的特点和应用场合。

二、用电保护措施

为防止发生触电等电气事故，除应注意开关必须安装在火线上以及合理选择导线与熔断丝外，还必须采取防护措施。常见的用电保护措施如下。

1. 正确安装用电设备

电气设备要根据说明和要求正确安装，不可马虎。带电部分必须有防护罩或放到不易接触到的高处，以防触电。

2. 电气设备采用保护接地

电气设备采用保护接地后，即使外壳绝缘不好而带电，这时工作人员碰到机壳就相当于人体和接地电阻并联，而人体的电阻远比接地电阻大，因此流过人体的电流就很微小，从而保证了人身安全。

3. 电气设备采用保护接零

电气设备采用保护接零后，即使电气设备的绝缘损坏而碰壳，由于中线的电阻很小，因此短路电流很大，立即使电路中的熔丝烧断，切断电源，从而消除触电危险。

4. 采用漏电保护装置

漏电保护装置的作用主要是防止由漏电引起的触电事故和单相触电事故；其次是防止由漏电引起火灾事故以及监视或切除一相接地故障，有的漏电保护装置还能切除三相电动机的断相运行故障。

5. 采用各种安全保护用具

为保护工作人员的操作安全，要求操作者必须严格遵守操作规程，并使用绝缘手套、绝缘鞋、绝缘钳、绝缘垫等保护用具。

一、填空题

1. 在电源中性点接地的三相四线制中，把电气设备的外壳及金属支架与零线连接，称为_____。

2. 为保证用电设备安全运行，将电力系统中的变压器低压侧中性点接地称为_____，如电力变压器和互感器的中性点接地。

二、选择题

1. 把电气设备的金属部分用导线和接地体可靠连接，称为（　　）。

A. 保护接地　　　B. 保护接零　　　C. 工作接地　　　D. 重复接地

2. 关于家庭电路中电器安装的说法，错误的是（　　）。

A. 开关应接在火线上　　　　　B. 螺丝口灯泡的螺旋套一定要接在零线上

C. 开关应和灯泡并联　　　　　D. 三孔插座应有接地线

*技 能 实 训

实训　测量三相负载的电压与电流

◎观察三相负载星形接法有、无中线时的运行情况，测量相关数据，并进行比较。
◎观察三相负载三角形接法时的运行情况，测量相关数据。

小明家有一个家庭小工厂，里面的小型车床是用三相电动机拖动的。这天，本来正常工作的车床忽然"罢工"了。小明爸爸连忙拿来万用表检查。不一会儿，原因找到了，是车床电动机的一根接线松动了。小明爸爸接好线后车床又开始工作了。那么，你知道三相负载的电压与电流是如何测量的吗？一起来学一学，做一做！

 知识准备

➤ **知识 1　三相负载的接法**

三相负载的接法有星形联结（Y）和三角形联结（△）两种。想想这两种接法的接法和特点。

将各相负载的末端 U_2、V_2、W_2 连在_____上，把各相负载的首端 U_1、V_1、W_2 分别接到_____上，这种连接方式称为三相负载有中线的星形联结法。

星形联结时，$U_{YL} = $\_\_\_\_$U_{YP}$，$I_{YL} = $\_\_\_\_$I_{YP}$。

将三相负载分别接到_____，这种连接方式称为三相负载的三角形联结法。三角形联结时，$U_{\triangle L} = $\_\_\_\_$U_{\triangle P}$，$I_{\triangle L} = $\_\_\_\_$I_{\triangle P}$。

➢ **知识2　中线的作用**

在三相四线制电路中，中线的作用是_____，从而保证电路安全可靠地工作。

➢ **知识3　三相负载接法选择**

三相负载接法选择根据_____和_____而定，务必使每相负载所承受的电压等于额定电压。如对线电压为 380 V 的三相电源来说，当电动机每相绕组的额定电压为 220 V 时，电动机应连成_____；当电动机每相绕组的额定电压为 380 V 时，则应连成_____。

实践操作

列一列　根据学校实际，将所需的元器件及导线的型号、规格和数量填入表 7.1 中。

表 7.1　　　　　　　　测量三相负载的电压与电流元器件清单

序 号	名 称	符 号	规 格	数 量	备 注
1	三相调压器	T			
2	三相闸刀开关	QS			
3	灯 座				
4	灯 泡	L			
5	单极开关	S			
6	交流电压表	Ⓥ			
7	交流电流表	Ⓐ			
8	接线板				
9	连接导线				

做一做　测量三相负载的电压与电流

（1）按图 7.21 所示电路图接好线路，即三相灯组负载经三相自耦调压器接通三相对称电源，将三相调压器的旋柄置于三相电压输出为0V的位置。经指导教师检查后，方可合上三相电源开关。然后调节调压器的输出，使输出的三相线电压为 220V，按表 7.2 所列各项要求分别测量三相负载的线电压、相电压、线电流（相电流）、中线电流，将测量结果填入表 7.2 中。并观察各相灯组亮暗的变化程度，特别要注意观察中线的作用。

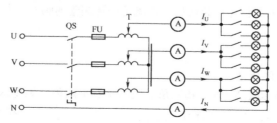

图 7.21　三相负载作星形联结的实训线路

（2）按图 7.22 所示改接电路，经指导教师检查合格后接通三相电源，调节调压器，使其输出线电压为 220V，并按表 7.3 要求进行测量，将测量结果填入表 7.3 中。

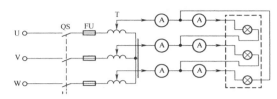

图 7.22 三相负载作三角形联结的实训线路

 测量结果

表 7.2 　　　　　　　　三相负载作星形联结实训记录表

负载情况		开灯盏数			线电流（A）			线电压（V）			相电压（V）			中线电流 I_N（A）
		U相	V相	W相	I_U	I_V	I_W	U_{UV}	U_{VW}	U_{WU}	U_U	U_V	U_W	
对称负载	有中线	3	3	3										
	无中线	3	3	3										
不对称负载	有中线	1	2	3										
	无中线	1	2	3										

表 7.3 　　　　　　　　三相负载作三角形联结实训记录表

负载情况	开灯盏数			线电流（A）			相电流（A）			线电压（V）			相电压（V）		
	U相	V相	W相	I_U	I_V	I_W	I_U	I_V	I_W	U_{UV}	U_{VW}	U_{WU}	U_U	U_V	U_W
对称负载	3	3	3												
不对称负载	3	3	3												

 实训总结 　把测量三相负载的电压与电流的收获、体会填入表 7.4 中，并完成评价。

表 7.4 　　　　　　　测量三相负载的电压与电流训练总结表

课题	测量三相负载的电压与电流					
班级		姓名		学号		日期
训练收获						
训练体会						
训练评价	评定人	评　语			等级	签　名
	自己评					
	同学评					
	老师评					
	综合评定等级					

 实训拓展

➢ **拓展 1　三相异步电动机定子绕组接线图**

三相异步电动机定子绕组接线图如图 7.23 所示。

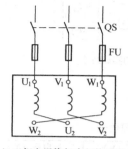

（a）三相定子绕组内部接线图

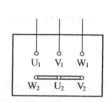

（b）星形联结

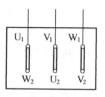

（c）三角形联络

图 7.23　三相异步电动机定子绕组接线图

➢ **拓展 2　钳形电流表**

钳形电流表是一种在不断开电路的情况下就能测量交流电流的专用仪表，如图 7.24 所示。用钳形电流表测量三相交流电时，夹住 1 根相线测得的是本相线电流值，夹住 2 根相线读数为第三相线电流值，夹住 3 根相线时，如果三相平衡，则读数为零，若有读数则表示三相不平衡，读出的是中性线的电流值。

➢ **拓展 3　三相电能表**

三相电能可以用三相电能表测量。三相电能表的结构和工作原理与单相电能表基本相似，其连接方式有直接接入方式和间接接入方式。在低压电流较小线路中，电能表可采用直接接入方式，三相电能表的直接接入方式如图 7.25（a）所示；在低压电流大线路中，若线路负载电流超过电能表的量程，须经电流互感器将电流变小，即将电能表以间接接入方式接在线路上，如图 7.25(b) 所示。在计算用电量时，只要把电能表上的耗电数值，乘以电流互感器的倍数，就是实际耗电量。

图 7.24 钳形电流表

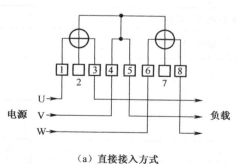

（a）直接接入方式

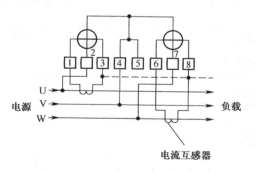

（b）间接接入方式

图 7.25　三相电能表的接入方式

这一单元学习了三相交流电路。三相交流电路在电力系统中应用广泛，要掌握三相交流电路的特点，了解它的应用。

1. 三相交流电是怎样产生的？什么是三相对称电动势？什么是三相交流电的相序？三相交流电源通常采用什么连接方式？

2. 什么是三相对称负载？三相负载有哪两种连接方式？它们的线电压与相电压、线电流与相电流之间的关系如何？三相对称负载功率如何计算？

一、填空题

1. 由 3 根相线和 1 根中线所组成的供电体系称为_____供电体系。

2. _____相等、_____相同、相位互差_____的 3 个正弦电动势，称为三相对称电动势。

3. 在三相四线制供电系统中，三相对称电源的线电压是相电压的_____倍，线电压的相位_____相应的相电压30°。

4. 电工安全操作规程规定：在三相四线制电路中，_____线不允许安装保险丝和开关，有时还采用_____来加强其机械强度，以免断开。

二、选择题

1. 三相四线制供电系统中，相电压为 220V，则火线与火线间的电压为（ ）。

A.127V　　　　　B. 220V　　　　　C. 311V　　　　　D.380V

2. 我国高压输电线路的最高电压等级是 500kV，它指的是（ ）。

A. 线电压的有效值　　　　B. 相电压的有效值

C. 线电压的最大值　　　　D. 相电压的最大值

3. 日常生活中常用的照明电路的接法为（ ）。

A. 星形联结，三相三线制　　　　B. 星形联结，三相四线制

C. 三角形联结，三相三线制　　　　D. 可以是三相三线制，也可以是三相四线制

4. 在如图 7.26 所示电路中，属于三角形接法的是（ ）。

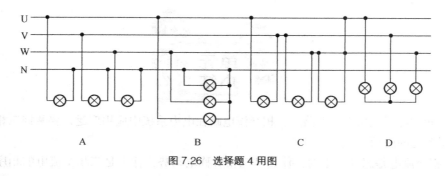

图7.26 选择题4用图

三、综合题

1. 有一个三相交流电路，电源电压为380V，负载为三相对称负载，各相电阻为8Ω，电感为6Ω。求:(1)负载作星形联结时的线电流、相电流和有功功率;(2)负载作三角形联结时的线电流、相电流和有功功率。

2. 某三相四线制供电电路，已知电源线电压为380V，每相负载的阻抗均为11Ω。求:(1)负载的相电压、相电流和线电流;(2)当中性线断开时，负载的相电压、相电流和线电流;(3)当中性线断开且第一相短路时，负载的相电压和相电流。

*第8单元

非正弦交流电路

知识目标
● 了解非正弦周期波的分解方法。
● 理解谐波的概念。

技能目标
● 会分解常见非正弦波形。

情 景 导 入

前面几单元，学的都是正弦交流电路。但在实际工作中，经常会遇到一些电压或电流，如图8.1所示的计算机，它所用的信号是矩形脉冲；在如图8.2所示的显示器中，看到的是三角波。这些电压或电流，虽然是按周期性变化的，但不是按正弦规律变化的。

如图8.3所示家用电路中有时候会出现照明灯光和电视画面忽明忽暗的闪烁，这是谐波引起电压波动的闪变；在如图8.4所示的电力系统中，谐波会对电力系统的正常运行造成危害，也会对通信设备和电子设备造成干扰。这些谐波，与非正弦交流电有关。

什么叫非正弦交流电？如何分析非正弦交流电路呢？一起来学一学吧！

图8.1 计算机用的矩形脉冲

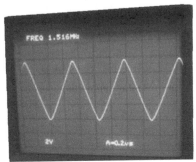

图8.2 显示器中的三角波

图8.3 谐波对家用电路产生影响　　　　　　　图8.4 谐波对电力系统产生影响

知 识 链 接

第1节　非正弦交流电的产生

　　正弦交流电是由交流发电机产生的。但在实际工作中，还会经常遇到不按正弦规律作周期性变化的电压或电流，这些电压或电流是如何产生的呢?

　　不按正弦规律作周期性变化的电流、电压和电动势，统称为非正弦交流电。常见的非正弦交流电如图8.5所示，（a）为方波（也叫矩形波），（b）为三角波，（c）为锯齿波，（d）为矩形脉冲。

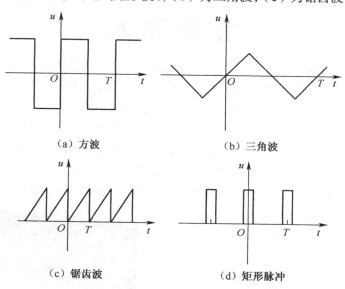

（a）方波　　　　　　　　　　　　（b）三角波

（c）锯齿波　　　　　　　　　　　　（d）矩形脉冲

图8.5　常见的非正弦交流电

产生非正弦交流电主要有如下原因。

一、电路中有不同频率的电源共同作用

最常见的是一个直流电源和一个正弦交流电源串联起来，外接一个线性电阻，如图 8.6（a）所示。设直流电源的电动势为 E_0，交流电动势为 e_1，那么总电动势 e 为

$$e = E_0 + e_1 = E_0 + E_{1m}\sin\omega t$$

总电动势 e 的波形如图 8.6（b）所示。显然，电动势 e 不是正弦量。电路中的电流

$$i = \frac{e}{R} = \frac{E_0}{R} + \frac{E_{1m}}{R}\sin\omega t$$

此电流和电阻两端的电压都不是正弦量。

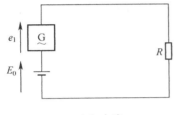 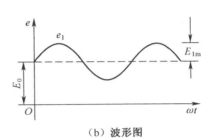

（a）电路　　　　　　　　　　　　　　（b）波形图

图 8.6　非正弦交流电路及波形

二、电路中存在非线性元件

如果电路中有非线性元件，这样的元件在外加电压变化时，电路中产生的电流就不成正比变化。如铁心线圈就是一种非线性元件，其电感量 L 不是常数。那么，即使在一个铁心线圈两端加上正弦电压，其电流也不是正弦电流，如图 8.7 所示；图 8.8（a）所示为一个二极管半波整流电路，虽然电源电压 u 是正弦波，但由于二极管 VD 具有单向导电性，使正弦交流电只能在一个方向通过，于是流过负载的电流便成为非正弦电流。

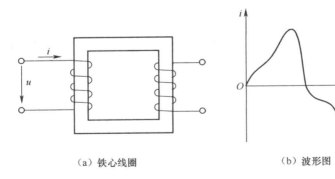

（a）铁心线圈　　　　　　　　　　　　（b）波形图

图 8.7　铁心线圈及波形

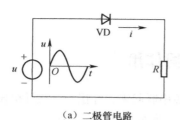

（a）二极管电路　　　　　　　　　（b）波形图

图8.8　二极管电路及波形

三、采用非正弦交流电源

有些电源如方波发生器、锯齿波发生器等脉冲信号源，输出的电压就是非正弦周期电压。又如工业供电的交流发电机，由于沿电枢表面的磁感应强度不是严格按正弦规律分布，因此在发电机电枢绕组中感应的电动势也就很难保证是正弦波。又如音频放大器中的信号电流是随声波变化规律而变化的，它也不是正弦波。

课堂练习

一、填空题

1. 不按正弦规律作周期性变化的电流、电压和电动势，统称为 _____。

2. 常见的非正弦交流电有 _____、_____、_____ 等。

二、选择题

1. 能产生非正弦交流电的是（　　）。

A. 三相交流发电机　　　　　　　　　　　B. 两个直流电源叠加

C. 电路中有二极管　　　　　　　　　　　D. 电路中有电阻

2. 将两个不同频率的正弦波叠加，其结果为（　　）。

A. 正弦波　　　　　　　　　　　　　　　B. 非正弦波

C. 三角波　　　　　　　　　　　　　　　D. 直流电

第2节　非正弦交流电的谐波分析

在第6单元已经学过，两个同频率正弦交流电叠加，其结果为同频率的正弦交流电。两个不同频率的正弦交流电叠加，可以合成一个非正弦交流电。那么，一个非正弦交流电能否分解成几个不同频率的正弦交流电呢？

一、非正弦交流电的合成

一个非正弦波的周期信号，可以看做是由一些不同频率的正弦波信号叠加的结果，这个过程称为谐波分析。

做一做　将两台音频信号发生器（频率为 20~20 000Hz 的正弦信号发生器）串联，如图 8.9（a）所示，把 e_1 的频率调到 100Hz，e_2 的频率调到 300Hz，然后将两个端点接到示波器的 Y 轴输入端，示波器显示屏上将显示出 e_1 和 e_2 合成后的波形，如图 8.9（b）所示，它是一个非正弦波。

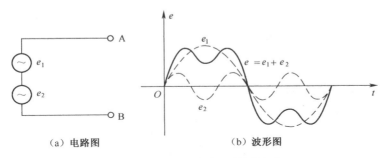

（a）电路图　　　　　（b）波形图

图 8.9　两个不同频率正弦波的合成

二、非正弦交流电的分解

由上可知，两个频率不同的正弦波可以合成一个非正弦波；反之，一个非正弦波也可分解成几个不同频率的正弦波。

由图 8.9（b）可知，总的电动势为

$$e = e_1 + e_2 = E_{1m}\sin\omega t + E_{2m}\sin 3\omega t$$

数学推导和实验已经证明：任何一个周期性的非正弦波都可以分解成为不同频率的正弦分量。非正弦波的每一个正弦分量，称为它的一个谐波分量，简称谐。如 e_1 和 e_2 就是 e 的谐波分量。

角频率依次为 ω、2ω、3ω…的谐波分量依次称为一次谐波（一次谐波又叫基波）、二次谐波、三次谐波……。二次以上的谐波，又统称为高次谐波。在某些非正弦波周期信号中，含有直流分量，可以看做是频率为零的正弦波，叫零次谐波。

谐波按频率可分为奇次谐波和偶次谐波。奇次谐波是频率为基波频率的 1、3、5…倍的一组谐波，偶次谐波是频率为基波频率的 2、4、6…倍的一组谐波。

提示　谐波分析就是对一个已知的波形信号，求出它所包含的多次谐波分量，并用谐波分量的形式表示。

阅读材料　近年来，各种电力电子装置的迅速发展使得公用电网的谐波污染日趋严重，由谐波引起的各种故障和事故也不断发生，谐波危害的严重性已引起人们高度的关注。

谐波的危害十分严重。谐波使电能的生产、传输和利用的效率降低，使电气设备过热，产生振动和噪声，并使绝缘老化，使用寿命缩短，甚至发生故障或烧毁。谐波可引起电力系统局部并联谐振或串联谐振，使谐波含量放大，造成电容器等设备烧毁。谐波还会引起继电保护和自动装置误动作，使电能计量出现混乱。对于电力系统外部，谐波对通信设备和电子设备会产生严重干扰。

图 8.10　滤波补偿装置

为解决电力电子装置和其他谐波源的谐波污染问题，基本思路有两条：一是装设谐波补偿装置来补偿谐波，这对各种谐波源都是适用的；二是对电力电子装置本身进行改造，使其不产生谐波，且功率因数可控制为 1，这当然只适用于作为主要谐波源的电力电子装置。目前，治理谐波的主要方法就是在谐波源处安装滤波器，就近吸收谐波源产生的谐波电流，现在广泛采用的滤波器为无源滤波器。如图 8.10 所示为电力系统中常用的滤波补偿装置。

三、常见非正弦波形

常见非正弦波形及其谐波表示式如表 8.1 所示。

表 8.1　　　　　　　　　　常见非正弦波形及其谐波表示式

序号	名称	波形	谐波表示式
1	方波	$f(t)$, A, O, $\frac{T}{2}$, T, t	$f(t) = \dfrac{4A}{\pi}\left(\sin\omega t + \dfrac{1}{3}\sin 3\omega t + \dfrac{1}{5}\sin 5\omega t + \cdots\right)$
2	等腰三角波	$f(t)$, A, O, $\frac{T}{2}$, T, t	$f(t) = \dfrac{8A}{\pi^2}\left(\sin\omega t + \dfrac{1}{9}\sin 3\omega t + \dfrac{1}{25}\sin 5\omega t - \cdots\right)$
3	锯齿波	$f(t)$, A, O, $\frac{T}{2}$, T, t	$f(t) = \dfrac{A}{2} - \dfrac{A}{\pi}\left(\sin 2\omega t + \dfrac{1}{2}\sin 4\omega t + \dfrac{1}{3}\sin 6\omega t + \cdots\right)$
4	正弦全波整流波	$f(t)$, A, O, $\frac{T}{2}$, T, t	$f(t) = \dfrac{4A}{\pi}\left(\dfrac{1}{2} - \dfrac{1}{3}\cos 2\omega t - \dfrac{1}{15}\cos 4\omega t - \dfrac{1}{35}\cos 6\omega t - \cdots\right)$
5	方形脉冲	$f(t)$, A, O, $\frac{T}{2}$, τ, T, t	$f(t) = \dfrac{\tau A}{T} + \dfrac{2A}{\pi}\left(\sin\dfrac{\tau A}{T}\cos\omega t + \dfrac{1}{2}\sin\dfrac{2\tau A}{T}\cos 2\omega t + \dfrac{1}{3}\sin\dfrac{3\tau A}{T}\cos 3\omega t + \cdots\right)$
6	正弦半波整流波	$f(t)$, A, O, $\frac{T}{2}$, T, t	$f(t) = \dfrac{2A}{\pi}\left(\dfrac{1}{2} + \dfrac{1}{4}\sin\omega t - \dfrac{1}{3}\cos 2\omega t - \dfrac{1}{15}\cos 4\omega t\cdots\right)$

 课堂练习

一、填空题

1. 任何一个周期性的非正弦波都可以分解成为 _____ 的正弦分量。

2. 谐波按频率可分为 _____ 和 _____。

二、判断题

1. 两个频率不同的正弦波可以合成一个非正弦波；反之，一个非正弦波也可分解成几个不同频率的正弦波。（   ）

2. 3 次以上的谐波，统称为高次谐波。（   ）

这一单元学习了非正弦交流电。

1. 什么叫非正弦交流电？非正弦交流电是如何产生的？

2. 非正弦交流电如何合成和分解？你能写出常见非正弦交流电的谐波分量表达式吗？

一、填空题

1. 有些电源如 _____、锯齿波发生器等脉冲信号源，输出的电压就是非正弦周期电压。

2. 非正弦波的每一个正弦分量，称为它的一个 _____，简称 _____。

二、选择题

1. 非正弦交流电流 $i = 6\sqrt{2}\sin\omega t + 2\sqrt{2}\sin 3\omega t$，其基波分量是（   ）

A. $6\sqrt{2}$ B. $2\sqrt{2}$ C. $6\sqrt{2}\sin\omega t$ D. $2\sqrt{2}\sin 3\omega t$

2. 非正弦交流电压 $u = \dfrac{100}{\pi}\left(\dfrac{1}{2} + \dfrac{1}{4}\sin\omega t - \dfrac{1}{3}\cos 2\omega t - \dfrac{1}{15}\cos 4\omega t \cdots\right)$，其奇次谐波分量是（   ）。

A. $\dfrac{100}{\pi}$ B. $\dfrac{25}{\pi}$ C. $\dfrac{100}{\pi}\sin\omega t$ D. $\dfrac{25}{\pi}\sin\omega t$

三、综合题

1. 非正弦交流电产生的原因是什么？

2. 写出等腰三角波、锯齿波的谐波表达式。

3. 到电力企业实地调查和上网查询，调查谐波对电力系统的影响。

综合实训——组装和调试万用表

情 景 导 入

　　小明的哥哥刚刚进入一家企业学习电工技能，他需要一只万用表。小明进入职业学校电工专业学习已经快一年了，他想自己装一只万用表试试。于是，小明购买了万用表组装所需要的元件和机械零件，在老师的指导下，小明顺利地完成了万用表的组装与调试。拿给哥哥一试，不错，丝毫不比商店里买来的万用表差。那么，如何组装与调试万用表呢？一起来学一学，做一做！

知 识 链 接

一、电烙铁使用方法

　　电烙铁是用来熔化焊锡、熔接元件的一种工具。烙铁头是由紫铜做成，具有较好的传热性能。烙铁头的体积、形状、长短与工作所需的温度和工作环境等有关。常用的烙铁头有方形、圆锥形、椭圆形等。电烙铁根据烙铁芯与烙铁头位置的不同可分为内热式和外热式2种。如图9.1所示为常用的内热式电烙铁，其发热器件装置于烙铁头的内部，常用的规格有20W、30W、35W、50W等。如图9.2所示为目前工厂常用的恒温电烙铁。

（a）电烙铁实物图　　　　（b）电烙铁结构图

图9.1　内热式电烙铁

图9.2　恒温电烙铁

（1）电烙铁握法。在焊接时，电烙铁的握持方法并无统一的规定，应以不易疲劳、便于焊接为原则，一般有正握、反握和笔握3种，如图9.3所示。笔握法就像拿笔写字一样，适用于初学者和小功率电烙铁焊接印制电路板。

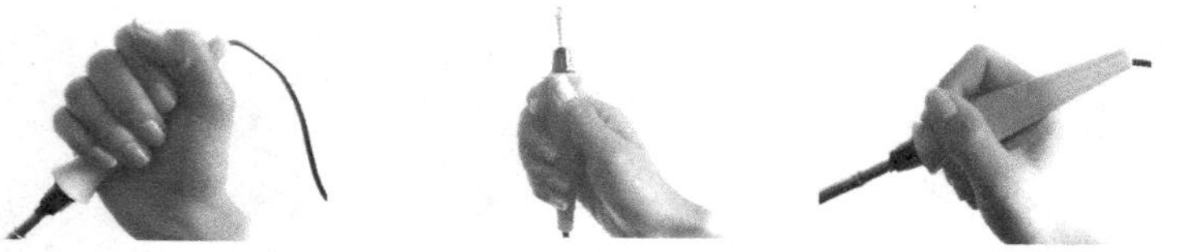

（a）反握法

（b）正握法

（c）笔握法

图9.3 电烙铁的握法

（2）焊接方法。在长期的生产实践中，人们总结出了焊接操作的很多方法。常用的手工焊接5步焊接法如表9.1所示。

表9.1 手工焊接5步焊接法

序 号	步 骤	示 意 图	操 作 要 点
1	准备施焊	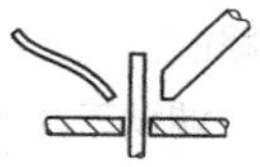	准备工序，烙铁头和焊锡丝同时指向连接点，烙铁头和焊锡丝分居于被焊元件两侧
2	加热焊件	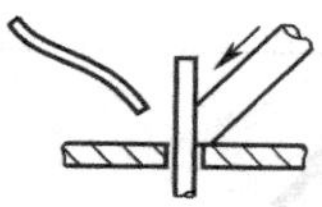	烙铁头先接触连接点，加热焊接部位，使被焊元件端子和焊盘在内的整个焊件均匀受热
3	送入焊丝	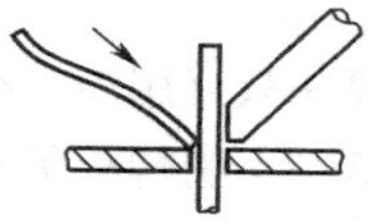	焊锡丝接触焊接部位，熔化焊锡
4	移开焊丝	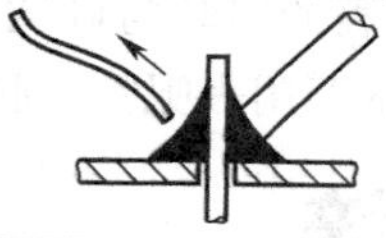	熔化适量焊锡后，撤离焊锡丝
5	移开烙铁	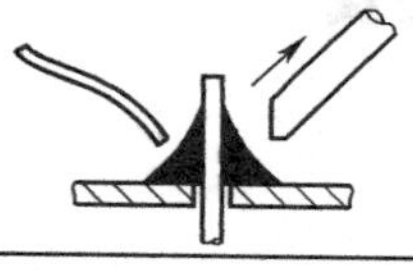	在焊料流满整个焊接部位时，从斜上方约45°的方向移开电烙铁

提示　良好的焊点应有足够的连接面积和稳定的结合层，不应出现缺焊、虚焊等；焊料用量恰到好处，外表有金属光泽，平滑，没有裂纹、针孔、夹渣、拉尖等现象。

选用电烙铁时应注意：①根据焊接物体的大小来选择电烙铁；②焊接不同导线或元件时，应掌握好不同的焊接时间和温度；③及时清除烙铁头上的氧化物，并在烙铁头上涂一薄层焊料，以防止烙铁头的氧化。

二、电阻器的识别与检测方法

（1）电阻器识别方法。电子线路中的电阻器一般采用金属膜色环电阻，色环电阻器通过不同颜色带在电阻器表面标出标称阻值和允许误差。电阻器色环符号规定如表9.2所示。

表9.2   电阻器色环符号对照表

颜色	有效数字	倍乘数	允许误差（%）	颜色	有效数字	倍乘数	允许误差（%）
黑	0	10^0	—	紫	7	10^7	± 0.1
棕	1	10^1	± 1	灰	8	10^8	—
红	2	10^2	± 2	白	9	10^9	—
橙	3	10^3	—	金	—	10^{-1}	± 5
黄	4	10^4	—	银	—	10^{-2}	± 10
绿	5	10^5	± 0.5	无色	—	—	± 20
蓝	6	10^6	± 0.25				

普通电阻器用 4 色环表示，前 3 条表示电阻值，最后一条表示误差；精密电阻器用 5 色环表示，前 4 条表示阻值，最后一条表示误差，如图 9.4 所示。如某 4 环电阻器的色环按顺序排列分别为橙、白、棕、金色，则该电阻器电阻值为 39×10^1，即 390Ω，误差为 ± 5%。

（a）普通电阻   （b）精密电阻

图 9.4   色环电阻识别

（2）电阻器检测方法。电阻器可以用万用表的电阻挡检测详见第 2 单元实训 2 测量电阻。

三、电位器的识别与检测方法

（1）电位器识别方法。电位器的外形和符号如图 9.5 所示。

（a）一般电位器结构与符号   （b）开关电位器结构与符号   （c）薄膜电位器

（d）实心电位器   （e）绕线式电位器   （f）开关电位器   （g）直滑式电位器

图 9.5   电位器识别

（2）电位器检测方法。检测电位器时，首先要看转轴转动是否平滑，开关是否灵活（带开关电位器）。

①根据电位器的标称阻值选择量程，并进行欧姆调零。

②将表笔与电位器边上的两脚相连，其读数应为电位器的标称阻值，如图 9.6 所示。

③把表笔分别与边上的脚和中间的脚相连，将电位器的转轴逆时针旋转，指针应平滑移动，

电阻值逐渐减小；若将电位器的转轴顺时针旋转，电阻值应逐渐增大，直至接近电位器的标称值，如图 9.7 所示。

图 9.6　用万用表测电位器标称阻值　　　　图 9.7　用万用表测电位器阻值变化

四、电容器的识别与检测方法

电容器识别与检测方法见第 4 单元技能实训。

五、二极管的识别与检测方法

（1）二极管识别方法。有一条色带标志的一端为二极管的负极，另一端为二极管的正极，如图 9.8 所示。

（2）二极管检测方法。先将万用表的量程开关拨到 R×100 或 R×1k 挡，用表笔分别与二极管的两极相连，测出两个电阻值。在所测得阻值较小的一次，与黑表笔相接的一端即为二极管的正极。同理，在测得阻值较大的一次，与黑表笔相接的一端即为二极管的负极，如图 9.9 所示。如果测得的反向电阻很小，说明二极管内部短路；若正向电阻很大，则说明管子内部断路。

图 9.8　二极管正负极性的识别

图 9.9　二极管正反向电阻测量

实 训 操 作

 读一读　　MF47 型万用表的电路原理图如图 9.10 所示。

列一列　　元件清单

根据电路原理图，列出组装万用表 的电子元件的符号、规格和数量，填入表 9.3 中。

表 9.3　　　　　　　　　组装万用表的电子元件明细表

序 号	名 称	符 号	规 格	数 量	备 注
1	电阻器	$R_1 \sim R_{28}$	详见电路原理图	各 1	
2	分流器	R_{29}	$0.05\,\Omega$	1	
3	压敏电阻	YM1	27V	1	
4	电位器	RP_1、RP_2	$10k\Omega$，$500\,\Omega$	各 1	
5	二极管	$VD_1 \sim VD_6$	1N4007	6	
6	电解电容器	C_1	$10\mu F$ 25V	1	
7	涤纶电容器	C_2	$0.01\mu F$	1	

焊一焊　元件的焊接与安装

（1）清除元件表面氧化层。

（2）按工艺要求对元件的引脚进行成形加工。

（3）按焊接工艺要求对元件进行焊接，直到所有元件焊完为止。MF47 万用表印制板正面图如图 9.11 所示。

（4）安装电位器、分流器。

（5）安装插管、晶体管插座。

（6）焊接电池极板。

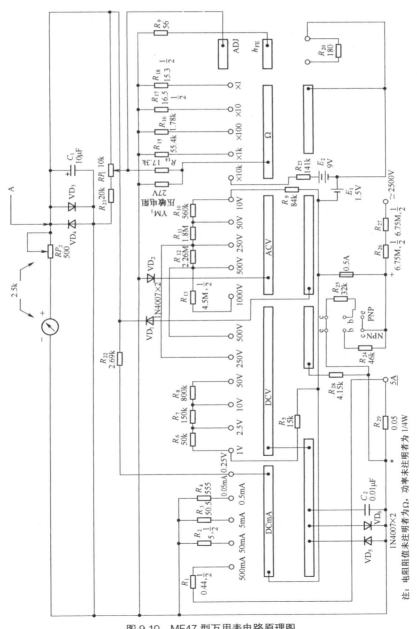

图 9.10　MF47 型万用表电路原理图

提示 　　焊接时要注意电刷轨道上一定不能粘上锡，否则会严重影响电刷的运转。为了防止电刷轨道粘锡，切忌用电烙铁运载焊锡。由于焊接过程中有时会产生气泡，使焊锡飞溅到电刷轨道上，因此应用一张圆形厚纸垫在线路板上。

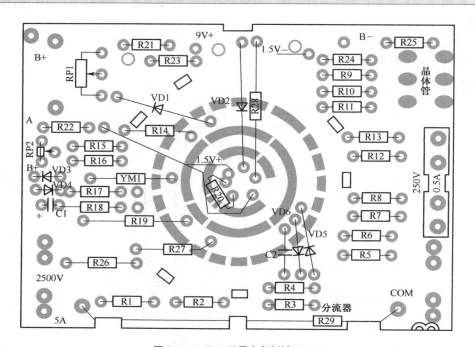

图9.11　MF47万用表印制板正面图

装一装　　机械部件的安装调整

（1）提把的安装。后盖侧面的两个"O"形小孔，是提把铆钉安装孔。观察其形状，思考如何将其卡入，但注意现在不能卡进去。

①将提把放在后盖上，将两个黑色的提把橡胶垫圈垫在提把与后盖中间，然后从外向里将提把铆钉按其方向卡入，听到"咔嗒"声后说明已经安装到位。如果无法听到"咔嗒"声可能是橡胶垫圈太厚，应更换后重新安装。

②用大拇指放在后盖内部，4指放在后盖外部，用4指包住提把铆钉，大拇指向外轻推，检查铆钉是否已安装牢固。注意一定要用4指包住提把铆钉，否则会使其丢失。

③将提把转向朝下，检查其是否能起支撑作用，如果不能支撑，说明橡胶垫圈太薄，应更换后重新安装。

（2）电刷旋钮的安装。

①取出弹簧和钢珠，并将其放入凡士林油中，使其粘满凡士林。加油有两个作用：使电刷旋钮润滑，旋转灵活；起黏附作用，将弹簧和钢珠黏附在电刷旋钮上，防止其丢失。

②将加上润滑油的弹簧放入电刷旋钮的小孔中，如图9.12所示。钢珠黏附在弹簧的上方，注意切勿丢失。

③观察面板背面的电刷旋钮安装部位，如图9.13所示。它由3个电刷旋钮固定卡、2个电刷

旋钮定位弧、1 个钢珠安装槽和 1 个花瓣形钢珠滚动槽组成。

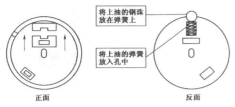

正面   反面

图 9.12 弹簧和钢珠的安装图

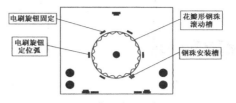

图 9.13 面板背面的电刷旋钮安装部位

④将电刷旋钮平放在面板上，如图 9.14 所示，注意电刷放置的方向。用螺丝刀轻轻顶，使钢珠卡入花瓣槽内，然后手指均匀用力地将电刷旋钮卡入固定卡。

⑤将面板翻到正面，如图 9.15 所示。将挡位开关旋钮轻轻套在从圆孔中伸出的小手柄上，慢慢转动旋钮，检查电刷旋钮是否安装正确，应能听到"咔嗒"、"咔嗒"的定位声，如果听不到则可能钢珠丢失或掉进电刷旋钮与面板间的缝隙，这时挡位开关无法定位，应拆除重装。

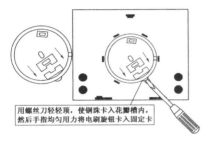

用螺丝刀轻轻顶，使钢珠卡入花瓣槽内，然后手指均匀用力将电刷旋钮卡入固定卡

图 9.14 电刷旋钮安装

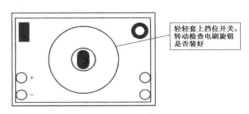

轻轻套上挡位开关，转动检查电刷旋钮是否装好

图 9.15 检查电刷旋钮

⑥将挡位开关旋钮轻轻取下，用手轻轻顶小孔中的手柄，如图 9.16 所示。同时反面用手依次轻轻扳动 3 个固定卡，注意用力一定要轻且均匀，否则会把固定卡扳断。小心钢珠不能滚掉。

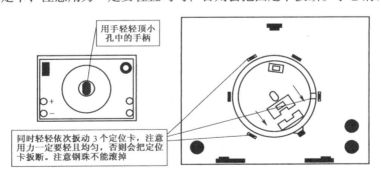

用手轻轻顶小孔中的手柄

同时轻轻依次扳动 3 个定位卡，注意用力一定要轻且均匀，否则会把定位卡扳断。注意钢珠不能滚掉

图 9.16 电刷旋钮的拆除

（3）挡位开关旋钮的安装。电刷旋钮安装正确后，将它转到电刷安装卡向上位置，如图 9.17 所示。将挡位开关旋钮白线向上套在正面电刷旋钮的小手柄上，向下压紧即可。

如果白线与电刷安装卡方向相反，必须拆下重装。拆除时用平口螺丝刀对称地轻轻撬动，依次按左、右、上、下的顺序，将其撬下。注意用力要轻且对称，否则容易撬坏，如图 9.18 所示。

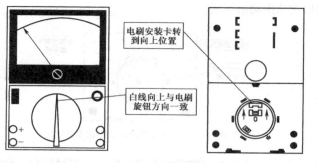

图9.17　挡位开关旋钮的安装

图9.18　挡位开关旋钮的拆除

（4）电刷的安装。将电刷旋钮的电刷安装卡转向朝上，V形电刷有一个缺口，应该放在左下角，因为线路板的3条电刷轨道中间2条间隙较小，外侧2条间隙较大，与电刷相对应，当缺口在左下角时电刷接触点上面2个相距较远，下面2个相距较近，一定不能放错，如图9.19所示。电刷四周都要卡入电刷安装槽内，用手轻轻按，看是否有弹性并能自动复位。

（5）线路板的安装。电刷安装正确后方可安装线路板。安装线路板前应先检查线路板焊点的质量及高度，特别是在外侧两圈轨道中的焊点，如图9.20所示。由于电刷要从中通过，安装前一定要检查焊点高度，不能超过2mm，直径不能太大，如果焊点太高会影响电刷的正常转动甚至刮断电刷。

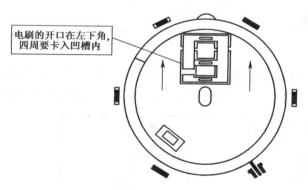
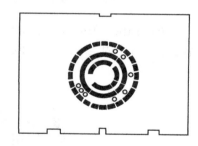

图9.19　电刷的安装

图9.20　检查焊点的高度

线路板用3个固定卡固定在面板背面，将线路板水平放在固定卡上，依次卡入即可。如果要拆下重装，依次轻轻扳动固定卡。注意在安装线路板前应先将表头连接线焊上。

（6）安装电池和后盖。装后盖时左手拿面板，稍高，右手拿后盖，稍低，将后盖向上推入面板，拧上螺丝，注意拧螺丝时用力不可太大或太猛，以免将螺孔拧坏。

试一试　万用表故障的排除

万用表组装与调试常见故障如表9.4所示。

表 9.4 　　　　　　　　　　　万用表组装与调试常见故障处理

序　号	故 障 现 象	故 障 原 因	故 障 处 理
1	表计没任何反应	（1）表头、表棒损坏	更换表头、表棒
		（2）接线错误	正确接线
		（3）保险丝没装或损坏	安装或更换保险丝
		（4）电池极板装错	正确安装电池极板
		（5）电刷装错	正确安装电刷
2	电压指针反偏	一般是表头引线极性接反。如果 DCA、DCV 正常，ACV 指针反偏，则为二极管 VD_1 接反	正确安装表头引线或二极管 VD_1
3	测电压示值不准	一般是焊接有问题	对被怀疑的焊点重新处理

实 训 总 结

把万用表组装和调试的收获、体会填入表 9.5 中，并完成评价。

表 9.5 　　　　　　　　　　　组装和调试万用表训练总结表

课题	组装和调试万用表					
班级		姓名		学号	日期	
训练收获						
训练体会						
训练评价	评定人	评　语			等　级	签　名
	自己评					
	同学评					
	老师评					
	综合评定等级					

实 训 拓 展

➢ 拓展 1　印制电路板元件插装和引线成型基本要求

（1）印制电路板上元件插装的基本要求。

①元件的插装应使其标记和色码朝上，以易于辨认。

②有极性的元件由其极性标记方向决定插装方向。

③插装顺序应该先轻后重、先里后外、先低后高。

④注意元件间的间距。印制板上元件的距离不能小于 1mm，引线间的间隔要大于 2mm，当有可能接触到时，引线要套绝缘套管。

（2）插装元件引线成型的基本要求。

①引线不应在根部弯曲，至少要离根部 1.5mm 以上。

②弯曲处的圆角半径 R 要大于两倍的引线直径。

③弯曲后的两根引线要与元件本体垂直，且与元件中心位于同一平面内。

④元件的标志符号应方向一致，以便于观察。

手工插装元件引线成型形状如图 9.21 所示。

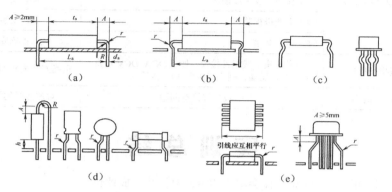

图 9.21　手工插装元件引线成型形状

➤ 拓展 2　万用表基本原理

万用表的基本原理是建立在欧姆定律和电阻串联分压、并联分流等规律基础之上的。

万用表的表头是进行各种测量的公用部分。表头内部有一个可动的线圈，叫做动圈，它的电阻 R_g 称为表头内阻。动圈处于永久磁铁的磁场中，当动圈通有电流之后会受到磁场力的作用而发生偏转。固定在动圈上的指针随着动圈一起偏转的角度，与动圈中的电流成正比。当指针指示到表盘刻度的满标度时，动圈中所通过的电流称为满偏电流 I_g。表头内阻 R_g 与满偏电流 I_g 是表头的两个主要参数。

（1）直流电压表。将表头串联一只分压电阻 R，即构成一个简单的直流电压表，如图 9.22 所示。

测量时将电压表并联在被测电压 U_x 的两端，通过表头的电流与被测电压 U_x 成正比

$$I = \frac{U_x}{R + R_g}$$

在万用表中，用转换开关分别将不同数值的分压电阻与表头串联，即可得到几个不同的电压量程，如图 9.23 所示。

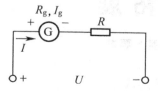

图 9.22　简单的直流电压表

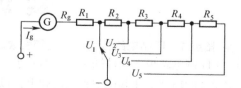

图 9.23　多量程直流电压表

（2）交流电压表。交流电压表的基本原理如图 9.24 所示。与直流电压表不同的，只是增加了一个与表头串联的二极管 VD_1 及并联的二极管 VD_2，被测的交流电压 U 经分压电阻 R 分压。由于二极管的单向导电性，虽然被测电压是交流电压，但通过表头的仍然是单方向电流，使指针所偏转的角度基本上与被测的交流电压 U 成正比，从而测出被测电压的值。

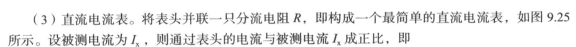

（3）直流电流表。将表头并联一只分流电阻 R，即构成一个最简单的直流电流表，如图 9.25 所示。设被测电流为 I_x，则通过表头的电流与被测电流 I_x 成正比，即

$$I_G = \frac{R}{R_g + R} I_x$$

分流电阻 R 的阻值由电流表的量程 I_L 和表头参数确定

$$R = \frac{I_g}{I_L - I_g} R_g$$

实际万用表是利用转换开关将电流表制成多量程的，如图 9.26 所示。

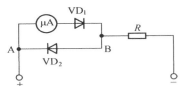

图 9.24　交流电压表原理

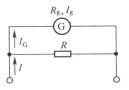

图 9.25　简单的直流电流表

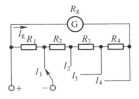

图 9.26　多量程的直流电流表

（4）欧姆表。万用表测量电阻的基本原理如图 9.27 所示。可变电阻 R 叫做调零电阻，当红、黑表笔相接时（相当于被测电阻 $R_x = 0$），如图 9.27（a）所示。调节 R 的阻值使指针指到表头的满刻度，即

$$I_g = \frac{E}{R_g + r + R}$$

则指针指到满刻度，表明红、黑表笔间的电阻为零。

当红、黑表笔不接触时，如图 9.27（b）所示，指针不偏转，表明电阻是无穷大。

当红、黑表笔间接被测电阻 R_x 时，如图 9.27（c）所示，通过表头的电流为

$$I = \frac{E}{R_g + r + R + R_x}$$

可见表头读数 I 与被测电阻 R_x 的阻值是一一对应的，并且接近于成反比关系，因此欧姆表刻度不是线性的。

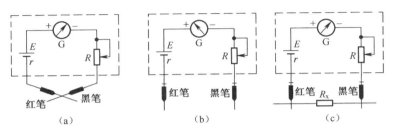

图 9.27　万用表测量电阻的基本原理

参 考 文 献

[1] 李瀚荪. 简明电路分析基础. 北京：高等教育出版社，2002.

[2] 新电气编辑部（日）编，杨凯译. 图解电工电子基础. 北京：科学出版社，2004.

[3] 欧姆社（日）编，马杰，孙文凯译. 图解家庭电工百科基础. 北京：科学出版社，2004.

[4] 李福民，姚建永. 电工基础. 北京：人民邮电出版社，2003.

[5] 刘志平. 电工基础. 北京：高等教育出版社，2001.

[6] 周绍敏. 电工基础. 北京：高等教育出版社，2001.

[7] 李书堂. 电工基础（第三版）. 北京：中国劳动社会保障出版社，2001.

[8] 周南星. 电工基础. 北京：中国电力出版社，1999.